Forgotten Latin America

被遺忘的拉美

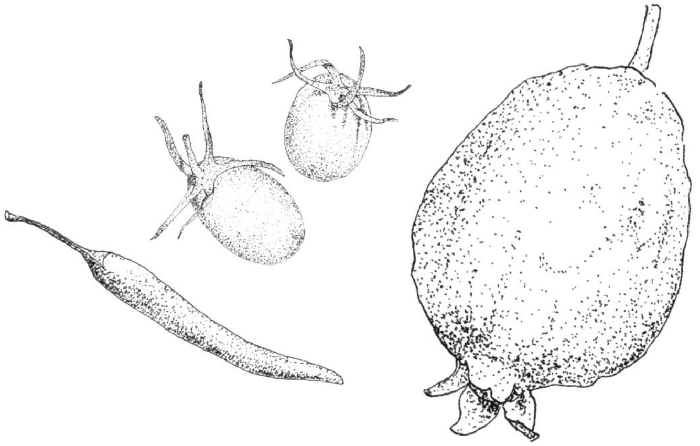

U0020326

福爾摩沙懷舊植物誌

胖胖樹 王瑞閔　著

真誠推薦

（學者專家依姓名筆畫排序）

我知道玉米、馬鈴薯、火龍果、曇花、釋迦、巴西橡膠樹等都是引進栽培的；從小就常看到的圓仔花、紫花霍香薊、長柄菊、土人參、百香果也都是從它們的故鄉拉丁美洲輾轉來到我們這。還有多少你不知道或根本就當作是本土的植物來自拉丁美洲呢，看了《被遺忘的拉美》，就知道您有多少錯誤的認知，且這些植物還與我們息息相關呢。

在新冠肺炎疫情越來越嚴重的現在，《被遺忘的拉美》除了讓您重溫來自拉丁美洲植物的重要性，透過胖胖樹的文章，我們也可以一窺亞馬遜雨林、薩滿文化、死藤水、當地特色餐飲、藥草浴、蛋診等神祕又少有機會接觸的體驗。

胖胖樹，與他認識不到六年以來，已因地主不再提供場地而搬了三次園子，所耗的人力、物力越來越龐大，而他不曾改變初心，為了熱愛的熱帶雨林植物，他認真工作、寫書、演講，希望能有錢買地讓他的植物可以安身立命。讓我們一起來認識拉美的植物與文化並幫助他完成他的初心吧！

——**王秋美** 國立自然科學博物館副研究員

上次趁著《悉達多的花園——佛系熱帶植物誌》上市，我在中廣流行網專訪了胖胖樹王瑞閔，結束訪談後，忍不住偷偷問：如此認真寫植物書，到底有沒有人看？因為我知道，胖胖樹寫植物是一本接一本不打算停手。

他笑咪咪回我，每一本都再刷好幾次，而事實也證明，王瑞閔來上節目，聽眾的回應都很熱烈。

胖胖樹醉心研究熱帶植物，並熱情為各種植物發聲，他的書跟他的人一樣，平易近人所以人見人愛。《被遺忘的拉美》從台灣土地出發，以拉丁美洲植物為軸，縱橫了歷史、地理、文化，還有植物追追追的拉美旅遊紀實，增廣見聞也趣味盎然。

——**王瑞瑤** 超級美食家主持人

作為一個環境史與科學史的教學者，在設計教學內容時，拉丁美洲一直是讓我非常棘手的一塊。那裡有全球最為豐饒的生態系，也是給洪堡德、達爾文、李維史陀等人帶來無限啟發的地方。然而，在台灣人的日常中，拉丁美洲又是如此遙遠，是個你只會在每四年的世界盃，以及當你好不容易有個長假、想規劃個一生只會一次的旅遊時，才會意識到的存在。

閱讀瑞閔的《被遺忘的拉美》，你會知道，原來拉美非但不遠，還滲入台灣人的日常生活中，成為傳統與鄉土的一部分。更讓人欣賞的，瑞閔不是以時間上的遙遠來置換空間的遙遠；我的意思是，他不是在說明「拉美一點都不遠」的同時，把拉美當成某種台灣鄉愁的投射對象。《被遺忘的拉美》還包含了瑞閔於拉美的考察日誌。於是，我們不僅透過拉美來重新認識台灣，更透過一個台灣囡仔的視角來認識拉美。謝謝胖胖樹，我們終於有了本以台灣為出發點的拉美博物誌。

——**洪廣冀**　台大地理環境資源學系副教授

我萬萬沒想到胖胖樹在這三、四年內這麼用心，幾乎每年一本，包括現在這本新書，先後系統將台灣新舊外來「移民」植物，即花草、果樹，甚至是盤中飧菜蔬類，以熱帶雨林連結東南亞、南亞與美洲時空層面，一一圖文並茂論述，四本都是很好的台灣自然史科普著作。

就如人文歷史，台灣有眾多原住民，以及後來不斷移入落地生根的外來族群，自然史的植物也一樣，有土著、有落難或入侵的外來種。外來植物中拉丁美洲種類又佔相當高的比例，讀者不妨就看看胖胖樹如何妙筆生花告訴我們這個事實，以及跟著他如身歷其境般回到拉丁美洲原鄉進行驚奇探險。

——**翁佳音** 中研院台灣史研究所副研究員

拉丁美洲是一座神祕的植物園，玉米、番薯、馬鈴薯、番茄、酪梨、辣椒、可可、香草、菸草等植物，在大航海時代隨著探險家四處移植，進而改變世界各地的飲食習慣與生活型態。沒有可可，就少了今日最具浪漫意義的巧克力；沒有辣椒，那麼串燒鐵定會少一味；沒有番茄，冰果室裡的水果切盤可能會更單調；沒有番薯，台灣人不會自稱番薯仔；沒有馬鈴薯，歐洲的飢荒時期也許會更加雪上加霜。還有，台灣農民精心改良的鳳梨、釋迦、芭樂，其前世也來自拉丁美洲，《被遺忘的拉美》為台灣與拉丁美洲搭起橋梁，探索我們周遭植物的前世與今生，考究深入，精彩可期！

——**陳小雀** 淡江大學拉丁美洲研究所教授兼國際長

因工作之緣，認識不少飲食專業者，但唯有胖胖樹，能以植物學觀點，帶給我食物上的新啟發。他不只是植物學家，也是個食客，當看到他寫「青椒跟辣椒是同個物種，在烤青椒串上灑辣椒粉，應該比照親子丼，稱為兄弟串燒」時，忍不住笑了出來（好有意思的觀點）。當大家討論著花生屬堅果還是豆類時？胖胖樹說，花生跟所有豆科植物一樣，都有兩片果殼，植物學上稱之為莢果，給了一個植物學家的眼界與答案。

胖胖樹愛雨林植物也愛台灣，然而這兩者的關係是如此緊密幽微隱而不顯，他抽絲剝繭，讓我們看見台灣的多元與混雜，在歷史洪流裡，鳳梨、花生、番薯、芭樂……都和拉美有關，卻也是真實的台灣滋味。

原生與否已不重要，回首來時路，看見真實的樣貌，繼續喜歡自己。胖胖樹，以台灣為地標，輻射出我們和世界，或說，世界和我們的關係——如同以熱帶植物寫詩，織出一幅名為台灣的真實圖像。

——**馮忠恬**　前《好吃》雜誌副總編輯、資深飲食編輯

胖胖樹是一個把熱帶雨林背在身上的人，我有幸與他同遊厄瓜多，親身體驗了本書所描述的精采故事。那趟旅行因為有他在，每一個團員都好像擴大了感知維度，在大家分享交流時，看到他拍的植物，便會有人感嘆，「我們去的是同一個地方嗎？」旅途中，有的團友把當地景觀傳回台灣，竟被吐槽「能不能拍一些不像台灣的照片！」

其實這也說明，我們有多麼輕忽台灣的雨林潛力。對沒機會親身造訪南美熱帶雨林的朋友來說，本書可說是紙上的 Discovery 頻道。尤有甚者，本書超越一般圖鑑遊記的眼光和深情，必定能感染大家去真誠地與植物互動。

——**溫佑君** 肯園與香氣私塾負責人

您是否想過，我們所熟悉的台灣土生蔬果，多數都不是本地種？

鳳梨、地瓜、花生、木瓜、玉米、番茄、芭樂……，青草巷裡從小喝大的青草茶，路邊尋常的家庭園藝，許多與台灣人生命息息相關的常見植物，竟然來自拉丁美洲？

在胖胖樹率領下，《被遺忘的拉美》打開台灣植物的新視野，彷彿怕不夠傳真，讀者隨之啟程中南美洲，遠渡重洋進行拉美植物尋根，在市場、叢林乃至神祕的薩滿儀式下，進行一場又一場民族植物的探險，猶如台灣拉美植物的原鄉風物志。

感謝胖胖樹為台灣這群來自拉美的植物立傳，述說它們越洋而來的曲折身世，他鄉與故鄉間，台灣日常的植物風景，因而顯得既熟悉又陌生。

——**董景生** 林業試驗所植物園組組長

從胖胖樹出版第一本書起，我就經常在他的文字間，尋找關於拉美植物的蛛絲馬跡；得知他即將進行厄瓜多之旅，作為忠實讀者的我，就不時敲碗，希望能讀到一本專屬於拉美植物的書，如今終於實現。

讀此書，像是與一個充滿熱情與好奇心的博物學者一同旅行：他會在車後座大喊停車，要摸不著頭緒的旅伴們下車看蟻塔；讓所有旅人感到困擾的罷工行動，他卻注意到，路障用的是號角樹和冰淇淋豆；碰到全員下車、拖行李步行穿越雨林的麻煩，他反而開心可以近距離觀察植物。

市面上的拉美遊記眾多，但你絕對沒想過，與一個植物狂逛拉美雨林原來是這種感覺！

——**褚縈瑩**　國立台北大學歷史學系助理教授

作者序

我在亞馬遜邂逅台灣鄉土植物

你的懷舊有多舊？你的傳統是從何時開始的傳統？你知道嗎？生活中有許許多多我們熟悉的食物、童玩、草藥、傳說、傳統產業、歷史建築、祭祀與婚禮、觀賞植物——記憶中農村的美好，柑仔店中的懷點滴，看似最道地的台灣味，其實都與拉丁美洲植物有關。這些由拉美植物構築的傳統，有的在阿公的阿公那時就存在，有的可能是從阿公小時候才開始建構。而這些拉美植物經過漫長的時間，早已在我們這塊土地落地生根，連台語名稱都有，以至於多數人都不清楚，它們最初是來自距離我們最遙遠也相對陌生的拉丁美洲。

從小我就對植物圖鑑裡原產地的欄位感到好奇，為什麼我們這塊土地有那麼多原產地不是台灣的植物？究竟是誰，在何時將它們帶來？為什麼帶來？大學後我開始從圖書館不斷蒐集資料，了解這些植物的身世。赫然發現，原來我從小在農村生活所接觸並認識的植物們，有相當多都不是台灣原生。

時至今日，數以百計的拉丁美洲植物，以雜糧、蔬果、花卉、藥品、精油、加工食品等形式，充斥在我們生活中。我迫不及待想告訴大家，原來拉丁美洲不只是遙遠而陌生的區域，也是我們最熟悉的生活風景，俯拾即是。

然而，隨著時代的變遷，我們一整個世代，不再想起這些植物的原產地，甚至這些拉美植物在台灣三、四百年來所建構的傳統也即將被遺忘。而這一切，便是我心中尋尋覓覓「被遺忘的拉美」。

記得在千禧年來臨前，全球刮起一陣懷舊旋風。不知道是擔心將被新世代遺忘，還是整個舊世代害怕自己會忘記，又或者是人類到了一定年紀後都會如此。大家不約而同開始蒐集那些外觀已泛黃或斑駁的時光小物，甚至復刻一部分舊有的生活方式。在這波懷舊風潮中，許多老照片被翻出，經典老歌被重新傳唱，懷舊風格的餐廳、小店如雨後春筍般冒出，甚至連老電影都被修復。懷舊，突然間成為了一種日常。那麼，我們生活中由無數植物所建構的農村風光與懷舊感呢？

仔細回想，從阿公家到夜市，從拜拜到台語歌，從柑仔店到校園，無論城市或鄉村，過去曾有許多植物充斥在我們的生活中。然而，隨著科技日新月異，網路發達，短短幾十年這些元素便消失大半，甚至連熱愛植物的我也快不記得了。直到一個契機，我開始逐漸想起這一切的一切。

我想，從遺忘到懷舊的過程，或許大同小異吧！還記得小時候總希望趕快長大，長大之後，特別是出了社會，我們卻頻頻回頭望。可能是失去太多，所以生怕忘記；

可能是煩惱太多，所以懷念幼時無憂無慮。然而，時間越久遠的記憶，想起來的頻率就會越來越低，慢慢就不再想起了。直到某個事件的觸發，所有被塵封的記憶逐漸昇華成懷舊的情緒。

二〇一九年，我有幸走訪一趟位在拉丁美洲的厄瓜多。在那個地球彼端遙遠的國度裡，或許是因為亞馬遜的雨林太美，或許是因為空氣新鮮，我的思緒無比清晰。不但打開身上所有感官，許多塵封的記憶也通通被召喚回來。

每天每天，在我身旁出現各式各樣的植物，從餐桌到市場，從安地斯山城到亞馬遜雨林，一直一直刺激我，讓我聯想到成長過程中的種種經驗。例如餐桌上的爆米花、亞馬遜叢林步道旁的土芭樂、安地斯山上的類炕窯、如牛墟一般什麼都有什麼都賣的露天市集……明明是陌生的環境、陌生的國度，卻一直將我拉進舊時光裡。

返台後生活回到常軌，但是在查詢拍攝植物名稱的過程中，照片仍持續勾起我腦海中許多兒時記憶——有些甚至幾乎遺忘。一種莫名的感覺油然而生，這趟遙遠的旅程與過去的種種經驗之間，彷彿有種特殊連結。

在一次又一次自我回顧之中，抽絲剝繭，不斷解構再建構。終於，我在拉丁美洲與台灣的傳統文化之間，找到了一座名為「懷舊」的橋梁，《被遺忘的拉美》一書在腦海中逐漸清晰。我開始整理、集結鄉土植物中來自拉丁美洲的元素。藉由大家最熟悉的夜市、傳統宗教、傳統產業、傳統文化，加上個人的學習經驗，跟大家分享，我們的歷史文化與拉丁美洲之間的特殊關聯，甚至當中有一部分植物的台語名稱，都可能是源自拉丁美洲當地語言。

除此之外，在書中第二部，我將在厄瓜多的所見所聞記錄下來，有十分獵奇的薩滿經驗、微冒險故事，以及吃喝玩樂的趣聞，並且跟第一部同樣連結到台灣的民俗或我個人的回憶。

世界上最遙遠的距離是，從小我就在你的身邊，你卻從來不曾問過，也不知道我的故鄉在哪裡！這本書既是全新的創作，同時也跟我之前三本書有類似的架構，連書名都是一樣的邏輯。由衷希望透過這本書，讓更多人記得那些屬於台灣農村或舊時代的風景，並認識到建構這些傳統的植物故鄉在拉丁美洲。

本書加上我先前三本著作，我一直想藉由植物溯源，帶大家從東南亞、南亞、拉丁美洲，認識這些地方跟台灣的關聯，最後串聯起整個地理大發現後，植物在世界舞台上扮演的重要角色。這本書除了介紹植物，也有很多我從亞馬遜返台後獲得的許多啟發。感謝大家陪著我從第一本書一路走來，這四年透過書寫既是與讀者對話，也是與自己內在的對話。從植物到歷史文化，從空間到時間的轉換。我不斷不斷追溯，追溯這些植物來台的歷史，追溯知識的本源，最後甚至在追溯我自己，重新認識我自己。

希望這本書也可以喚起大家更多回憶，更多認識自己。

感謝老天爺總是不斷幫我實現願望，感謝肯園公司與溫佑君老師邀請我一起前往厄瓜多，很幸運我在那裡找回了童年的記憶，也找到了現階段的人生目標。

感謝王秋美博士、王瑞瑤小姐、洪廣冀老師、翁佳音老師、陳小雀老師、馮忠恬總編、溫佑君老師、董景生博士、褚縈瑩老師的推薦。感謝王秋美博士、田碧鳳老師、陳煥森老師、李毅提供珍貴的照片。感謝顏定滄先生與顏定儀先生借我土地與水電、感謝好友偉成協助裝設自動灑水系統、感謝好友阿蛋總是替我張羅，讓我可以安置植物、安心去厄瓜多，並在回國後寫作這本書。

感謝我的經紀人蘇菲、家駒與外編子揚再次替我校稿。感謝 Bianco 再次設計這本書，以及雅云協助排版；感謝辛苦的編輯采芳，再一次替我完成了最困難的新書編輯工作。感謝總編貝羚在編輯過程提供許多寶貴建議。也要特別感謝淑貞社長再次給瑞閔機會，完成這本書。最後要感謝我的母親跟家人，總是在背後支持我。

contents

第二部

虛實中的亞馬遜——厄瓜多的薩滿文化與植物探索之旅

from TAIWAN to LATIN AMERICA

八、台灣夜市構築的亞馬遜夢——厄瓜多植物朝聖之旅 340

★本書所有草藥的療效與應用，供研究參考。實際使用必須要在醫師指導下，與相關藥材調配使用。請勿任意嘗試，以免危害身體。

Introduction

找尋被遺忘的拉美

生活中的拉丁美洲典故與植物

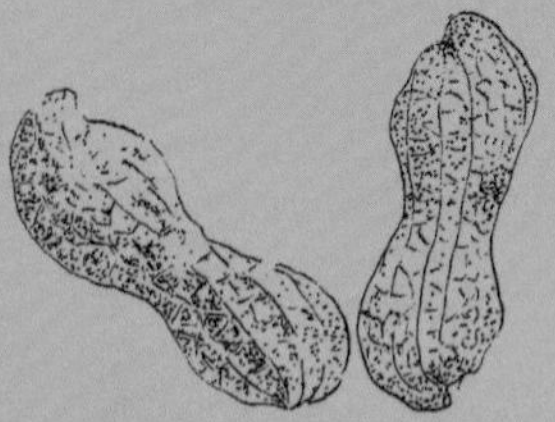

番薯、土豆、木瓜、鳳梨、番茄、馬鈴薯、金瓜、蓮蕉花、損破花……雖然這些植物都有台語名稱，卻都是不折不扣的拉美原住民。

數百年來，有許多自拉丁美洲「過鹹水」來台的植物，不知不覺成為台灣鄉土文化的一部分。如今，這些植物跟懷舊、傳統畫上了等號，以至於幾乎整個世代都忘了——它們曾是道道地地的拉丁美洲原住民。藉由這本書，希望能夠讓大家看見，我們台灣的歷史文化，如何透過植物，與拉丁美洲交會而互放光亮。

雖然過去幾年到拉丁美洲旅遊的國人越來越多，也誕生了一系列令人嚮往的拉美旅遊書籍。然而，拉丁美洲對多數人而言，仍舊是遙遠且陌生的代名詞。拉美拉美，不只是實際地理上遙遠，在台灣人心裡也有很深的距離感。

雖然遙遠，但在全球化的今日，拉美文化依舊深深影響我們的日常生活。提到拉丁美洲，大家聯想到的會是什麼呢？我猜想，或許會有印地安、足球，以及盛大而華麗的森巴嘉年華吧！不知道是從什麼時候開始，每隔四年世界盃足球賽開打，總是成為大家鎖定電視，或是下班聚會的理由。也許足球運動在台灣不如棒球或籃球風行，但是巴西足球那種森巴式的踢法，不知道風靡多少國人。

不過，拉丁文化對日常生活的影響不僅於此，從飲食文化、音樂、舞蹈、電影、卡通、文學作品、童玩，甚至我們的歷史建築、語言，或多或少都有受到拉丁美洲的影響。

許多人際關係大師都愛用拉丁舞來比喻人與人之間的相處，要像跳探戈一樣，你進我退，我退你進，這樣才不會踩到對方。這種節奏感強，演變成國際標準舞的探戈，便起源於拉美國家阿根廷。此外，全世界最受歡迎的恰恰也是拉丁舞，它跟愛情之舞倫巴，還有動作花俏而激情的騷莎舞，皆起源於古巴。

伴隨這些舞蹈的拉丁音樂，也融入了我們的生活。幾首旋律好記，容易紅遍大街小巷的歌，像是《失戀陣線聯盟》、《愛的初體驗》、《愛情恰恰》、《舞女》、《鼓聲若響》、《我的心裡只有你沒有他》、《路邊的野花不要採》，就是恰恰音樂的形式；旋律優雅的《夜來香》、《思慕的人》是倫巴音樂的節奏。其他還有一九六〇年代開始流行的雷鬼，則是來自牙買加的拉丁音樂。

喜歡西洋音樂或百老匯歌舞劇的人，相信都能對《阿根廷別為我哭泣[1]》一曲朗朗上口，這是瑪丹娜於一九九六年翻唱，與電影同名的經典歌曲，其歌詞及歌舞劇《艾薇塔[2]》所描述的主角，正是阿根廷前第一夫人。拉丁裔吉他歌手卡洛斯·山塔那[3]成立的山塔那合唱團[4]，是全球最暢銷的拉丁音樂與搖滾樂團，連電影《心動》裡男主角金城武都有演奏他們的歌。說到拉丁音樂，當然也少不了要提到在二〇二〇年底，於遊戲廣告中說出爆紅台詞「你剛攻擊我的村莊」的珍妮佛·羅培滋，是大家公認影視歌三棲的拉丁天后。

父母如果留意孩子們收看的電視節目，也會發現當中蘊含許多拉丁元素。例如美國的教育電視動畫《愛探險的朵拉》，主角朵拉便是拉丁裔的小女孩，每一集內容都是朵拉前往各地探險的故事，並且有不少場景設定在拉丁美洲。此外，為了讓孩子認識世界各地，由會變形的飛機杰特等角色構成的動畫《Super Wings》，藉由替小朋友送快遞到全世界，也介紹了不少拉丁美洲國家。還有以海洋與河川生態做為故事主軸的英國兒童電視節目《海底小縱隊[5]》也曾到亞馬遜河探險。或許因為如此，全世界的小朋友對拉丁美洲都不陌生，並且常常將拉丁美洲與冒險劃上等號。

喜歡看電影的人或許對《革命前夕的摩托車日記[6]》有印象，這是從醫學生變成革命家的切．格瓦拉[7]的日記同名故事，令人熱血沸騰又無限惆悵；而較少人看過的《揮灑烈愛[8]》則是墨西哥超現實主義畫家芙烈達．卡蘿[9]與丈夫迪亞哥．里維拉[10]的傳記電影，非常令人揪心。

描述拉美的經典文學作品，如《憂鬱的熱帶》、《魯賓遜漂流記》；舉世聞名的拉美文學與作家，如著有《百年孤寂》與《愛在瘟疫蔓延時》的諾貝爾文學獎得主馬奎斯，寫下「愛情太短，遺忘太長」的詩人聶魯達。還有膾炙人口的《牧羊少年奇幻之旅》、《我坐在琵卓河畔哭泣》、《少年小樹之歌》……太多與拉美有關的經典。

魔幻寫實也好，革命紀實也罷，即使拉丁美洲在遙遠的地球彼端，我們仍舊侃侃而談，彷彿就在我們身旁，彷彿說不出這些文本就不具有世界觀。

---

1 英文：*Don't Cry for Me Argentina*。
2 英文：Evita。
3 英文：Carlos Augusto Alves Santana。
4 英文：Santana。
5 英文：*The Octonauts*。
6 西班牙文：*Diarios de motocicleta*。
7 西班牙文：Ernesto Guevara。
8 西班牙文：*Frida*。
9 西班牙文：Frida Kahlo。
10 西班牙文：Diego Rivera。

當然，中美洲的馬雅、阿茲提克，以及位於南美洲祕魯的印加帝國遺跡馬丘比丘，都是大家耳熟能詳的拉丁美洲古文明，更是大家嚮往到美洲旅遊的景點。

還有邱吉爾、海明威、甘迺迪等名人都十分喜歡的古巴雪茄；以莎莎醬與玉米薄餅[11]為基底的墨西哥捲餅[12]、塔可夾餅[13]等知名墨西哥料理，在台灣也十分受歡迎。近年來聲名大噪的祕魯料理，如檸檬醃魚生[14]、紫玉米汁[15]，以及有一陣子幾乎到處都買得到的古巴三明治等，應該都是大家會聯想到，跟拉丁美洲有關的美食。

縮短大西洋到太平洋距離的巴拿馬運河，是大家念書時都學過的世界級工程。還有世界第一大河亞馬遜、世界最長的山脈安地斯山脈、世界面積最大的雨林，匯聚豐富的生態，都是拉丁美洲為世人稱道的自然景觀。來自拉美的動物，近期最火紅的便是動畫《天竺鼠車車》的主角，以及二〇二〇年底，被新聞熱烈報導的酷斯拉綠鬣蜥；水田農戶最傷腦筋的金寶螺福壽螺，還有嘉義火雞肉飯的主角家火雞，都是家喻戶曉的物種。

拉美拉美，即便遠得不像話，每個人心裡卻都有一份長長的拉美清單，既陌生又熟悉。

不過，我們生活中有更多習以為常，甚至漸漸被淡忘的農村意象，都跟拉丁美洲有關，這些被視為台灣傳統文化的往日美好，它們跟拉丁美洲的關聯反而都被忽略、遺忘了。

六、七年級世代還曾經歷過沒有3C產品的童年。那時，我們捉迷藏、跳房子、跳繩、踢毽子；那時，我們鬥草、做彈弓、串花圈、用花瓣的顏色塗指甲……可是這

塔可夾餅是玉米薄餅衍伸的墨西哥料理。

一切就如同小虎隊的歌曲《紅蜻蜓》：「當煩惱越來越多，玻璃彈珠越來越少，我知道我已慢慢地長大了，紅色的蜻蜓曾幾何時，也在我歲月慢慢不見了。」伴隨這些童玩所使用的植物：鹹酸仔草、芭樂樹、煮飯花……也在我們人生的長河中漸漸被遺忘。更甭提這些不知道是阿公還是阿公的阿公就開始玩，連台語名稱都有的植物，其實不是台灣原生種。在數百年的歷史中大家早已遺忘，這些植物的故鄉在拉丁美洲。

過去曾被當做台灣象徵的番薯，從救荒植物蛻變成養生聖品；曾經因為「生吃都不夠」而鬧上新聞的土豆；常與牛奶打成果汁，變成知名飲料的木瓜；比原產地還要好吃，不過已經鮮少人叫它番荔枝的釋迦；象徵旺旺來的鳳梨，以及番茄、馬鈴薯、金瓜、皇帝豆、敏豆、藕薯等蔬果，還有菸草、瓊花、番花、倒吊蓮、蓮蕉花、擷破花……雖然這些植物都有台語名稱，卻是不折不扣的拉美原住民。

看看百年歷史的青草巷、青草街裡的草藥吧！煮飯花頭、蚌蘭、仙人掌，早就深入台灣的草藥文化。還記得未ＰＵ化的學校操場嗎？草地上一摸就低頭的含羞草，承載我們幼時的頑皮，而學校前一整排大王椰子，落下的葉鞘被我們當船划，葉子被我們做成蚱蜢……太多太多舊日記憶，隨著年紀增長，隨著時代變遷而逐漸消逝。於是乎，我們遺忘的不只是這些植物的原產地，甚至連這些拉美植物所建構的農村傳統也

---

11 西班牙文：Tortilla de maíz；英文：corn tortilla。
12 西班牙文：Burrito；英文：Burrito。
13 西班牙文：Taco；英文：Taco。
14 西班牙文：Cebiche；英文：Ceviche。
15 西班牙文：Chicha morada。

即將遺忘。

一九九〇年代末期，一股懷舊旋風席捲全球，並且延續至今。不論是影視媒體、演唱會、餐廳、旅遊，許許多多行業都受到影響。老街、歷史建築搖身一變成為打卡聖地，小時候的童玩、零嘴、休閒活動，又重新受到重視。原本被視為過時而越來越不容易找到的商品，突然又在各地老街販售。隨著菸廠被改建成文創園區或美術館，懷舊成為一種時尚與商品，但又有多少人記得，菸廠、菸樓、沙士糖，它們與拉美的關聯？

童玩、農村、草藥、歷史建築，我們熟悉不過的一切，原來這當中竟然存在那麼多漂洋過海，越過半個地球來到台灣的拉丁美洲植物，而這一切，便是我心中尋尋覓覓「被遺忘的拉美」。

二〇一九年，我去了一趟拉丁美洲，突然間，它不再只是地球儀上遙遠的國度，不是書本裡的介紹，不是電視裡的畫面，而是實實在在地在我面前展開。每每想起這趟旅行，總是既真實，卻又像作夢一般，如同某個廣告詞所說的，「旅遊一陣子，回憶一輩子」。

這趟旅行，除了印證過去書中所介紹的拉丁美洲，也讓我對這個地方有了更多的認識。更特別的是，明明是陌生的國度，卻將我年幼時所有的記憶全部召喚回來。

回國後，我一方面爬梳整理旅程中見到的各種植物，一方面四處分享這段難忘的經歷。一次又一次，我過去的記憶跟這趟旅行出現了許許多多的呼應。我驚訝地發現，生活中有那麼多來自拉丁美洲的植物，可是因為過於熟悉，大家都忽略了。我迫不及待想對大家說，其實拉丁美洲就在我們身邊，只是我們都忘了它們的由來。

《被遺忘的拉美》這本書，一如我先前三本著作，有同樣的規則。書的編排有兩部分，第一部分，是大家熟悉卻不一定知道來自拉美的懷舊植物；第二部分，則是我實際到拉丁美洲的見聞，還有這些植物跟我過去所學的呼應。

從《看不見的雨林》開始，我不斷透過植物，想要跟大家分享，今日台灣文化當中的種種，其實融合了來自世界各地的元素，像是拼圖一樣，一片片拼湊而成。藉由《舌尖上的東協》、《悉達多的花園》，從離我們最近的東南亞出發，再到遠一點的南亞，我一方面想介紹那些台灣可見到的植物原鄉，一方面想跟大家介紹這些地方對我們的影響。

《被遺忘的拉美》也是如此，即使是最遙遠的地方，從大航海時代起，便透過許許多多的植物，一點一滴融入你我的日常生活，最終成為台灣文化的一部分。

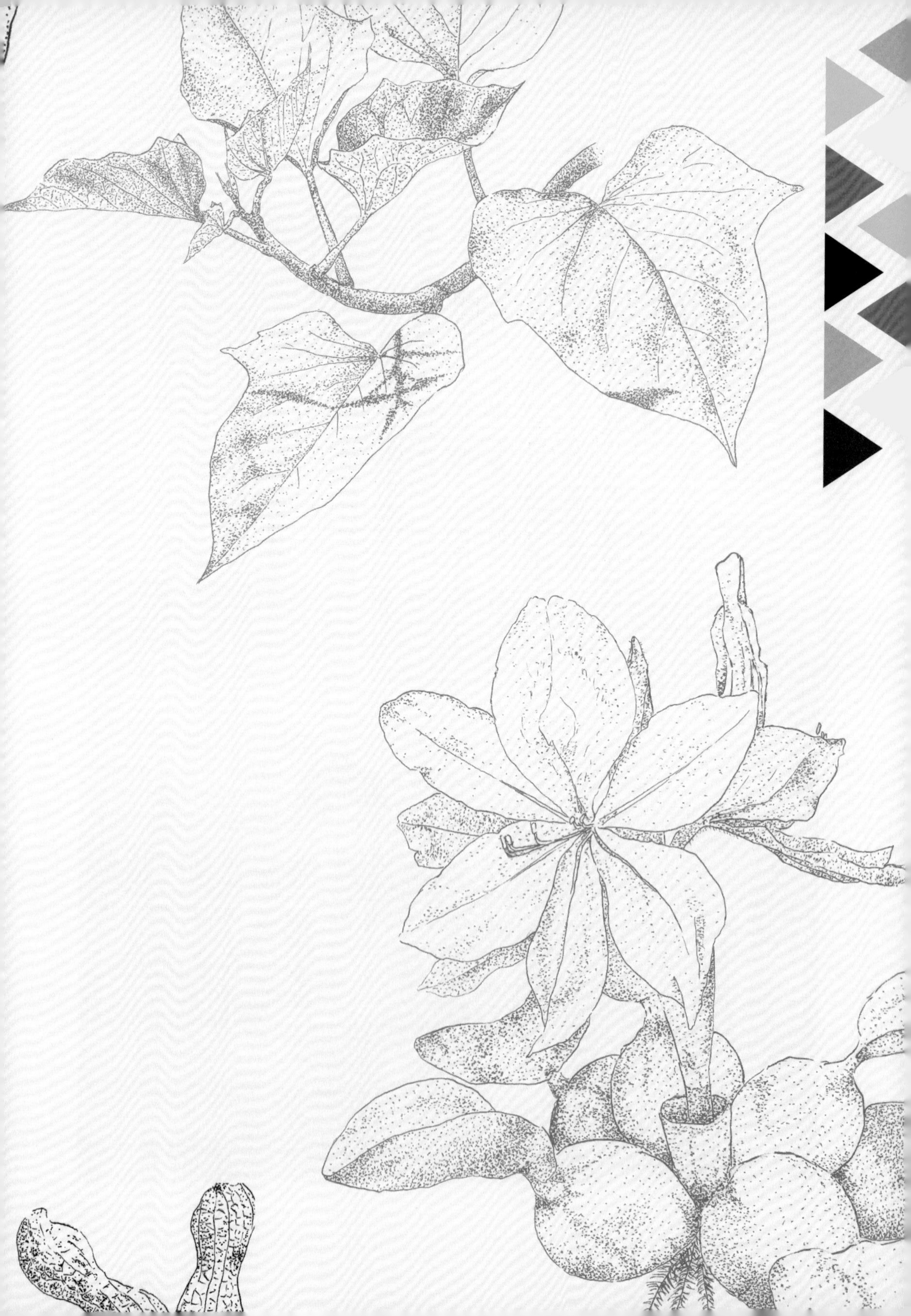

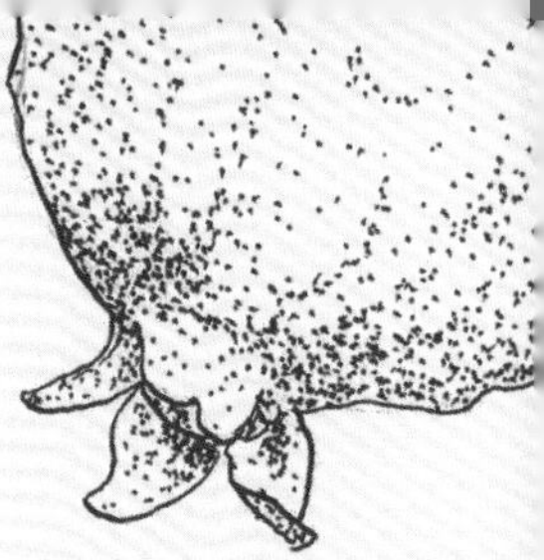

第一部

to TAIWAN

from LATIN AMERICA

被遺忘的拉美

懷舊風潮裡的拉丁美洲植物

chapter 1

大航海時代開始

台灣與拉美的親密接觸

◆去荷蘭啦——台灣栽培拉丁美洲植物的濫觴

荷蘭來台灣後，引進各式各樣的熱帶植物，包含從印尼引進芒果、蓮霧等熱帶亞洲水果，也從菲律賓或印尼輾轉帶來原產於拉丁美洲的釋迦、芭樂、番茄、辣椒……

為什麼英文裡各付各的要叫做go Dutch——去荷蘭？我總是喜歡打趣地問大家，因為某種程度上來說，這典故跟台灣有那麼一點點關係。

當初荷蘭來到台灣時還不是一個國家，只是荷蘭東印度公司。這家公司在一六〇二年成立，並建立了阿姆斯特丹證券交易所。這是史上第一家跨國公司暨股份有限公司，也是世界上最早的證券交易所，為荷蘭的黃金時代打下了基礎。

一五六八至一六四八年間，荷蘭為了獨立，不論在歐陸或海外，都一直攻打西班牙、葡萄牙建立的根據地。荷蘭兩度攻打澳門失敗而退到澎湖，卻又遭大明王朝驅逐。後來荷蘭表明來意，只是想做生意，於是在大明王朝的指引下來到台灣，一六二四從安平登陸，並在台灣西南方建立東亞與東南亞的貿易樞紐。一六三七年，日本爆發內亂，荷蘭協助江戶幕府鎮壓叛亂，從此壟斷了與日本的貿易。西班牙雖悄悄地從菲律賓派兵北上，占領了基隆，但由於駐兵甚少，完全無法突破荷蘭建立的封鎖線，以至於荷蘭也切斷了西班牙殖民地馬尼拉跟大明王朝的貿易。再加上荷蘭早先便控制了印尼諸多島嶼，可以說壟斷了整個東亞市場，支配了歐洲跟全世界的貿易，獲得巨大的財富，並且進一步在科學、藝術方面獲得高度成就。因此十七、十八世紀被稱為荷蘭的黃金時代。

不過，後來跟荷蘭競爭世界貿易龍頭的英國，為了貶低荷蘭，將英文中原本指荷蘭人、荷蘭語的 Dutch 賦予貶低的涵義。go Dutch 意思從「去荷蘭」變成「各付各的」，藉此嘲笑荷蘭人小氣，不願意請客。英文中還有 Dutch courage、Dutch uncle、Dutch wife、Dutch cap、do a Dutch 等，都是貶低荷蘭的用語。

先不說英國了。荷蘭來台灣後，引進各式各樣的熱帶植物，包含從印尼引進芒果、蓮霧等熱帶亞洲水果，也從菲律賓或印尼輾轉帶來原產於拉丁美洲的釋迦、芭樂、番茄、辣椒、雞蛋花、含羞草、銀合歡、馬纓丹、曇花、仙人掌等植物，而占據台灣北部的西班牙則引進了金露花。至於我們熟悉的番薯、玉米、花生，很可能在荷蘭來台之前便有栽種。

荷蘭來台後，還有許多先被引進華南地區的拉美植物，陸續跟著華南移民來到台灣，像是大家熟悉的皇帝豆、豆薯、太白薯、美人蕉、晚香玉、向日葵等蔬菜與花卉，大概就是荷治期間至清朝開始栽種。

荷蘭離台後，歐美幾乎遺忘了西太平洋海上的福爾摩沙。直到一八四二年鴉片戰爭清廷敗退，與英國簽訂《南京條約》，大清帝國對西方國家打開通商大門，並允許合法傳教。這時歐美又想起了這座寶島，於是在一八五八年第一次英法聯軍之役後，簽訂《天津條約》，開放基隆、淡水、安平、高雄四個台灣港口。

台灣開港後，歐美的宣教士與植物學家陸續抵台，當中大家最熟悉的便是一八七一年自加拿大來台的馬偕醫師。馬偕在台期間曾引進幾種觀賞植物，其中一八七二年從英國帶來的九重葛，是巴西大西洋雨林的原住民，今日已成為台灣大街小巷最常見的觀賞植物。馬偕推廣種植的四季豆，也是拉美重要的豆類蔬菜。另一位跟馬偕同年來台宣教的牧師甘為霖，也曾經嘗試引進金雞納樹，以治療台灣當時普遍的傳染病瘧疾。但可惜金雞納樹栽培不易，並沒有成功。

一八九四年甲午戰爭清廷戰敗，台灣割讓給日本。之後，各式各樣的拉丁美洲植物，便在日本建構熱帶植物栽培基地的夢想中，不斷地引進台灣，種類與數量都遠超過先前各階段。其中一些植物如橡膠，由於產量不夠，最後日本選擇放棄。絕大部分則因為氣候條件不合適，始終沒有實際應用。但仍有數種拉美植物栽培成功，日後甚至成為台灣基礎工業，如製藥、化工、製菸、製麻等產業的重要原料，影響台灣經濟甚鉅。

時至今日，台灣島上栽培的拉丁美洲植物有數百種，甚至有不少已經在鄉野間歸化自生。當中我們較為熟悉，而且已經有台語名稱的大概有一百種之多。

從荷蘭到日本，從飲食到觀賞，從工業到藥用，那些存在我們童年或老一輩記憶中的名稱，大家是否還記得？是否能用台語叫出它們的名字？

◆奔跑吧！阿波卡——從馬雅印加看拉美植物對世界的影響

有不少作物從華文就看得出身世，例如番薯、番麥、番椒、番茄、番石榴、番荔枝、番木瓜、番葛，「番」字暗示了拉美的血統。

不知道為什麼，從古至今，總是有人喜歡預言世界末日的來臨。特別是一九九〇年代末期，開始有千禧蟲問題導致世紀大亂這樣的說法。幾乎年年都有人說是世界末日，但是年年都被打臉。

最近一次也最多人大肆宣傳的預言：「根據馬雅曆法，二〇一二年十二月二十一日是世界末日。」突然間謠言滿天飛，甚至還被拍成科幻電影。即使科學家跟馬雅研究學者不斷出來澄清，這個訊息依舊甚囂塵上，每天新聞媒體都在報導。甚至到了二〇二〇年，還有人宣稱是曆法計算錯誤。追根究柢，我想是因為我們對遙遠的拉丁美洲不熟悉，以至於對這些古文明充滿各種想像吧！

除了馬雅預言，影視作品中也喜歡加入拉丁美洲古文明的元素，營造懸疑緊張或神祕感。例如二〇〇六年上映的《阿波卡獵逃》，這部電影我看了好幾回，因為影片中有大量中美洲熱帶雨林的場景。第一次當然是看劇情，往後我則是偵蒐般地不斷定格畫面，想看清楚電影拍到了什麼植物。這是在親自踏上拉丁美洲土地之前，我可以觀察並認識拉丁美洲植物的管道，也算是一種生活樂趣吧！

以拉丁美洲古文明做為背景故事的電影，《阿波卡獵逃》應該是最知名的一部了。電影場景有許多仿馬雅遺址的建築，最後還出現了歐洲發現新大陸的橋段。不過這不是歷史紀錄片，歷史學家也提出片中許多與馬雅歷史不符之處。例如馬雅人並不喜好戰爭，也不愛活人獻祭，而且中美洲當時已不存在純狩獵而無農耕的部落了。

我們不能直接從商業電影來認識馬雅，但仍舊可以解析影視作品中的元素。例如我最愛的日本史詩級動漫《航海王》[1]，當中也有不少改編自拉丁美洲歷史相關的題材。最顯著的便是空島篇。空島中的黃金之鄉香朵拉，整體建築是馬雅風格，整座城市掩沒在雨林中，像極了現今馬雅遺址，而香朵拉的原始居民香狄亞，很明顯是以印地安人的形象來塑造。

另外，四百年前發現香朵拉，但是後來被處死的角色——大騙子蒙布朗．諾蘭德，原型則來自兩個曾到南美洲探險的歷史人物。其外型應該是參考首位全程航行亞馬遜河的西班牙探險家佛朗西斯科．德．奧雷亞納[2]；事蹟則融合了到美洲探索黃金城未果，最後被處死的英國爵士華特．雷利。

---

1 原著名稱：ONE PIECE，日文：ワンピース，華文翻譯為海賊王或航海王。

2 西班牙文：Francisco de Orellana。

《航海王》中尋找黃金城的活動，怎麼看都很像是移植了一五二四年後西班牙在亞馬遜河、奧利諾科河流域一帶探險的真實歷史。甚至整部動漫，許許多多的海賊自世界各地出發，進入偉大的航道探險，尋找最終寶藏，就如同地理大發現時代歐洲各國紛紛派出艦隊，不斷探索世界每個角落一般。

以天文曆法聞名的馬雅，形塑近代墨西哥國家認同的阿茲提克，還有建造馬丘比丘的印加帝國，都是哥倫布發現新大陸前，存在於拉丁美洲的古文明。

一般相信，今日美洲的原住民是在第四季冰河期從歐亞大陸經由白令陸橋抵達北美洲，然後逐漸往南移動，並且在大約一萬四千多年前抵達南美大陸。在哥倫布發現新大陸前，尚未被歐洲汙染的拉丁美洲，早就出現許許多多不同的文明。常被稱為美洲三大文明的馬雅、阿茲提克與印加只是比較有名罷了。

西元前七〇〇〇到一二〇〇年左右，中美洲就出現村落，發展原始農業。三千多年前，墨西哥出現了奧爾梅克文明。奧爾梅克後，中美洲文明如雨後春筍般出現。馬雅文明跟奧爾梅克文明差不多同時出現，而且延續了非常長的時間。大概在西元二五〇到九〇〇年達到鼎盛，而後開始逐漸衰落，直到被西班牙征服。其遺址從墨西哥東南部擴及貝里斯、瓜地馬拉、宏都拉斯、薩爾瓦多。好戰且熱衷活人獻祭的托爾特克文明，大約九到十世紀於墨西哥中部興起。而十四到十六世紀的阿茲提克帝國，吸收了馬雅與托爾特克的許多文化成就，最後滅於西班牙殖民者埃爾南．科爾特斯[3]。

差不多三千年前，南美洲祕魯孕育了查文文化。電視上常常介紹的納斯卡線，總是被懷疑可能跟外星人有關，而且還必須飛到祕魯西南方沙漠上空才能夠清楚見到地面巨大的圖形，那是西元前三〇〇到西元七〇〇年左右出現的納斯卡文化。祕魯跟玻利維亞邊界上的的喀喀湖，在西元一一〇〇年出現了一個名稱看起來有點像台灣，唸起來卻不太一樣的 Tiwanaku，翻譯做蒂亞瓦納科文明。去過喀喀湖旅遊的人或多或少有聽導遊說過，這個地方在西元六〇〇到八〇〇年，出現了大城市與國家，範圍大概在祕魯南部到智利北部，還有玻利維亞西部。蒂亞瓦納科文明跟它北方的瓦里帝國並存了約五百年。到了十二世紀，遊牧民族印加人建立了庫斯科王國，本來只是小小的城邦，沒想到逐漸向外擴張，最後形成南美洲最大的印加帝國，疆域從今日哥倫比亞南方，經厄瓜多、祕魯、玻利維亞，一直到智利和阿根廷北部。不過，最後卻在王位爭奪戰與傳染病肆虐下，讓西班牙坐收漁翁之利。

西歐國家為了遠東的香料、絲綢，陸續出海，並意外讓哥倫布在一四九二年發現了美洲。一四九四年，為了瓜分世界，西班牙和葡萄牙自己簽訂了托爾德西里亞斯條約[4]，一條教皇子午線將世界一分為二，埋下了日後巴西使用葡萄牙語的遠因。雖然從一四九二到一五〇四年間，哥倫布一共去過拉丁美洲四趟，到達範圍包括西印度群島、中美洲和南美洲，但是他一直宣稱自己到達了印度，還把當地的原住民稱為 indios——原意是印度人，而且到死都不承認自己搞錯了，以至於美洲外海的群島後來被稱為西印度群島，西班牙語 indios 後來也被翻譯成印地安人。

3 西班牙文：Hernán Cortés。

4 一四九四年西班牙帝國和葡萄牙帝國在教皇亞歷山大六世的調解下，簽訂《托爾德西里亞斯條約》（西班牙語：Tratado de Tordesillas，葡萄牙語：Tratado de Tordesilhas）。在大西洋上畫了一條線，將歐洲以外的世界一分為二，分界線以西歸西班牙，以東歸葡萄牙，而這條分界線就是所謂的教皇子午線。

美洲的名稱亞美利加是紀念義大利探險家亞美利哥．維斯普奇，他在一四九九至一五〇四年探索南美大陸時，發現了亞馬遜河、奧利諾科河與巴塔哥尼亞地區，並宣稱這是一塊新大陸。

西班牙是一五一九年在墨西哥灣登陸時，接觸到阿茲提克帝國，但是又隔了七年，一五二六年才發現印加帝國。而後，完全不甩西葡兩國自己瓜分世界的協定，英國、荷蘭、法國也相繼抵達美洲，加入瓜分的行列。

直到十九世紀初，受美國與法國革命影響，在拿破崙攻打西班牙之際，墨西哥趁機發起獨立戰爭，一八二一年建立了疆域涵蓋中美洲大部分地區的墨西哥第一帝國。一八二三年帝制被推翻，建立墨西哥共和國，中美洲趁機獨立，建立中美洲聯邦共和國。一八三八年尼加拉瓜宣布脫離，中美洲聯邦瓦解，中美洲各國陸續獨立。

南美洲也在一八二一年建立大哥倫比亞共和國，範圍包含今日哥倫比亞、委內瑞拉、厄瓜多，以及中美洲的巴拿馬。一八三〇年委內瑞拉與厄瓜多獨立，大哥倫比亞解體。葡萄牙殖民的巴西則在一八二二年建立巴西帝國，一八八九年建立巴西共和國。其他西班牙控制的國家也在十九世紀初相繼獨立。

被割讓給法國的海地，早在一八〇四年便獨立。美西戰爭時被賣給美國的古巴則在一九〇二年獲美國支持而獨立。英國占領的貝里斯、蓋亞那、牙買加及其他英屬西印度，則等到了一九六〇年代，因為二戰後大英帝國沒錢了才讓他們一一獨立，還有荷屬蓋亞那也比較晚，於一九七五年獨立為蘇利南。

拉丁美洲，最狹義來說是指美國以南，曾經受西班牙與葡萄牙殖民，使用西班牙語和葡萄牙語的國家和地區。廣義來說則指美國以南的整個美洲，地理上包含北美洲的墨西哥與中美洲地峽、南美洲大陸，還有海上的西印度群島三大區塊。拉丁美洲是台灣邦交國最多的地區，卻也是離我們最遙遠的所在。

北回歸線將墨西哥分成兩個氣候區塊，北邊較為涼爽乾燥，南方則較溼熱。從猶加敦半島起，中美洲是連接南北美洲大陸的地峽，七個國家自西北向東南排列。其中，貝里斯、瓜地馬拉、宏都拉斯、尼加拉瓜是我國的邦交國。整個中美洲皆位於熱帶。東半部靠近大西洋一側，受東北信風影響，潮溼多雨，太平洋岸則較為乾燥。

從美國東南的佛羅里達半島至南美洲委內瑞拉之間的大西洋上，有七千多座島，被稱為西印度群島，分屬十三個國家與十八個地區。其中，海地、聖克里斯多福、聖露西亞、聖文森是我國友邦，氣候大致上與中美洲類似。西印度群島再細分成三個區塊：地質年代較久遠且面積較大的古巴島、西班牙島、牙買加島、波多黎各，以及鄰近的開曼群島，稱為大安地列斯；大安地列斯以南的整個島鏈稱為小安地列斯；大安地列斯以北則稱為盧卡揚群島。北回歸線橫在盧卡揚群島中間，大小安地列斯則全部都位在北回歸線以南。大小安地列斯與中美洲地峽圍繞的區域，便是知名的加勒比海。

目前南美洲有十二個國家和四個未獨立的海外領地，與我國建立邦交的是巴拉圭。縱貫南美洲大陸的安地斯山脈，南北長約八千九百公里，寬約兩百至四百公里，平均海拔高度三千六百六十公尺。北起委內瑞拉，南經哥倫比亞、厄瓜多、祕魯、玻利維亞、阿根廷、智利，是世界上最長的山脈。

發源於安地斯山脈的亞馬遜河，向東注入大西洋，是世界上流量最大、流域面積最廣、支流最多的大河，長度僅次於非洲的尼羅河。亞馬遜河流域跨南北半球，北鄰蓋亞那高地，南接巴西高原，西傍安地斯山脈，形成了廣大的盆地，面積達六百三十萬平方公里，占南美洲大陸的三分之一。盆地當中絕大多數的土地都是熱帶雨林，這也是世界上面積最大的熱帶雨林，分屬於哥倫比亞、委內瑞拉、蓋亞那、蘇利南、法屬圭亞那、巴西、厄瓜多、祕魯、玻利維亞等九個國家或地區。面積約五百五十萬平方公里，約占全世界雨林面積的二分之一。

南美洲東北方的蓋亞那高地（或稱蓋亞那地盾）有許多遺世獨立的桌山、全世界最高的天使瀑布、各種稀奇古怪的植物，被稱為失落的世界。南美洲東南方是巴西高原，最南方有世界盡頭之稱的巴塔哥尼亞高原，兩高原之間是巴拉那河沖積平原。

我最喜歡的熱帶雨林，全球有超過一半的面積位於南美大陸，主要分散在三個地區。面積最大的無疑是亞馬遜河與奧利諾科河流域，有乾溼季之分。安地斯山西北麓的太平洋岸雨林，位於哥倫比亞至厄瓜多，終年潮溼多雨。巴西高原東側的大西洋雨林，在長期無生物交流的情況下，也獨立演化出許多特殊的植物，跟美洲其他地區完全不同。

在這樣植物豐富的美洲大陸上所孕育的古文明，當然也有許許多多跟文化有關的植物，透過飲食、香料、醫藥、器具……影響全世界。例如《阿波卡獵逃》中就出現了兩種我們熟悉的作物：玉米和辣椒。哥倫布發現新大陸後，新舊世界的植物、禽畜、疾病、人種、文化開始大規模交流，為生態與人類文明帶來巨大的轉變。近代的歷史學家稱之為「哥倫布大交換」。

我們熟悉的馬鈴薯、南瓜、花生、鳳梨、樹薯……都是大家津津樂道，所謂新世界的植物。另外還有不少作物從華文就看得出身世，例如番薯、番麥、番椒、番茄、番石榴、番荔枝、番木瓜、番葛，「番」字暗示了拉美的血統。不過，由於這件事發生太久了，久到很多植物又改了名字，或是番字被去掉了。尤有甚者，還進化成了土產，如土芭樂、土鳳梨，完全看不出任何遠道而來的痕跡。

還有《看不見的雨林》中介紹的巴西橡膠、美洲橡膠、金雞納、祕魯香脂、古巴香脂、墨水樹、胭脂樹、吉貝木棉、香草、可可、刺芫荽、桃花心木、巴西栗、號角樹、十字葉蒲瓜樹、蓼樹、吊桶蘭、龜背芋等，都是拉美帶給這世界的植物資源。如果對東南亞料理有興趣，不難發現刺芫荽、胭脂樹，還有辣椒、花生跟樹薯，早已經成為東南亞料理不能缺少的香料或蔬菜。除此之外，《舌尖上的東協》裡所介紹，台灣的東南亞市集上常見的蔬果，如紅毛榴槤、人心果、牛奶果、黃花藺、草胡椒、鈕扣茄、西印度醋栗、越南土豆、樹菠菜、帝皇烏藍、銀合歡，也通通都來自拉丁美洲。

更特別的是《悉達多的花園》中描述，來自亞馬遜雨林的砲彈樹，竟然被誤以為是佛祖涅槃的娑羅樹，因而被普遍栽種在篤信佛教的東南亞國家；還有中美洲的雞蛋花也成為佛教寺廟常栽種的五樹六花，甚至被台灣移花接木成抄寫佛經的貝多羅。這些，都是另類的「被遺忘的拉美」。

chapter 2

打開塵封記憶的番麥

來自拉美的糧食作物

農村最美的風景——番薯

早期農村社會，番薯的外型與生命力被當做台灣的象徵，並融入生活俗諺，「番薯毋驚落土爛，只求枝葉代代湠」，形容老一輩刻苦耐勞的特質。

「夯寒吉」是二十一世紀才出現的流行用語，道道地地MIT（Made In Taiwan），以華文音譯台語的烤番薯。不過，台語中有很多動詞是現代華文沒有的。以我的經驗來說，熟悉台語的朋友不會說烤番薯，而是說烰番薯，音更接近「補寒吉」。

農村時代沒有瓦斯爐，而是使用木炭生火的灶台。煮飯燒水後餘下的灰燼，就是小孩子烰番薯的好機會。番薯靜靜地在餘溫裡慢慢被燜熟。等待過程中，總是在廚房進進出出，一直問大人好了沒、好了沒，甚至趁大人不注意，偷偷打開灶台下的小鐵門偷看。等番薯熟透後，大人取出，讓我們用日曆紙包著吃。剝開後，黃澄澄的地瓜香氣四溢，可是我卻總愛那稍微被烤焦的部分。這是我記憶中孩提時的小確幸。

除此之外，一年一度的炕窯則是我的大確幸。春節期間，叔叔、堂哥會帶我們一幫小朋友到田裡炕窯。回外婆家，舅舅帶我們再炕一次。彷彿沒有炕窯就不算過年。

烰番薯是農村時代的記憶。

小時候不明白為什麼一年只能一次，長大後才漸漸理解。台灣西部平原一年三穫，春夏通常是種水稻，入秋後種地瓜或是一些溫帶的蔬菜。農曆年前採收後，農地會有一小段閒置期。加上台灣西部冬天少雨，這時候田裡的大土團特別適合炕窯。

我跟著大人用土角堆成空心的小丘，然後放木麻黃與乾稻草生火。待火把土都烤紅了，將地瓜、玉米等食材丟進去。最後把土堆搗碎、夯實，覆蓋在這些食物上面。類似焢番薯的方式，藉由土壤的溫度把食物燜熟。離去前調皮的我一定要往土堆補上兩腳，彷彿是宣告終結的儀式。曾幾何時，這種冬日農忙之餘，大人帶小孩殺時間的野炊樂趣，在高度都市化的今日，成為親子體驗兼回味童年的休閒活動。所以我由衷相信這個活動不會消失，還會繼續留在每個世代的兒時記憶裡。倒是灶台幾乎消失了，焢番薯的活動很難再現。

不過，印象中什麼都有什麼都賣的便利商店，居然在我碩士班時復刻了記憶裡的味道。肚子餓的時候，除了泡麵之外又多了烤地瓜這種新選擇，而且不會搞得灰頭土臉，不用漫長等待，確實是一大便利。

除了烤地瓜，還有地瓜飯、蜜地瓜、番薯餅，都是我們傳統飲食文化的一部分！夜市的地瓜球、灑了甘梅粉的炸番薯條、用番薯粉做的古早味粉圓，也都是我們熟悉的小吃。番薯，早已是我們生活的一部分，存在你我的記憶當中。甚至早期農村社會，番薯的外型與生命力被當做台灣的象徵，並融入生活俗諺，「番薯毋驚落土爛，只求枝葉代代湠」，形容老一輩刻苦耐勞的特質；「時到時擔當，無米才煮番薯箍湯。」用來比喻隨機應變。

炕窯是農忙之餘的野炊活動。（攝影／王瑋湞）。

古早味番薯餅。

可是你知道嗎？台灣不是番薯的故鄉，番薯是道道地地的美洲原住民。目前科學界相信，番薯大約是五千到八千年前在中美洲被馴化。一四九三年被哥倫布帶回了歐陸，十六世紀又被西班牙帶到菲律賓，而後逐漸在東亞地區普及。由於番薯跟玉米改變了全球飲食習慣，提高了舊世界的人口，所以不論是植物學家、考古學家、人類學家，都對番薯與玉米的馴化及傳播史有莫大的興趣，相關研究論文、專書汗牛充棟。特別是番薯傳播到太平洋中央的玻里尼西亞這件事，還一度讓學界沸沸揚揚。有一派相信，美洲跟玻里尼西亞的原住民在史前便有交流；有一派則認為，是動物將番薯傳播至太平洋島嶼。至今仍沒有定論。

那番薯是怎麼來到台灣呢？有人說是從華南傳來，有人認為是從菲律賓傳來，各有各的論點。不過關於番薯的文獻紀錄非常多，傳說也不少。

小時候聽過一個說法，番薯是鄭成功從華南帶來台灣的，靠著栽培番薯，解決了包圍熱蘭遮城九個月的糧食危機。那時候不疑有他，長大後才慢慢發現這是一個簡化過的故事。雖然這是一個塑造鄭成功的神話，但至少幫助小朋友記得番薯是外來植物，並且是抗飢荒的糧食。可惜現在大家不記得這個故事了，也不記得番薯的身世。

其實早在荷蘭來台之前，原住民便開始吃番薯了，跟鄭成功無關，跟荷蘭也無關。十七世紀初，明代學者暨旅行家陳第跟著沈有容在海上追剿所謂的倭寇，因而渡海來到台灣。一六〇三年他寫作《東番記》，當中便記載台灣的蔬果中有番薯[1]。可見番薯引進台灣年代久遠。

很有古早味的地瓜飯。

1 原文：「穀有大小豆、有胡麻、又有薏仁，食之已瘴癘；無麥。蔬有蔥、有薑、有番薯、有蹲鴟，無他菜。果有椰、有毛柿、有佛手柑、有甘蔗。」其中蹲鴟是芋頭。

華文最早的番薯專書《甘藷疏》中有特別說明，華文所謂的薯，古代都是指薯蕷，現代俗稱山藥。這本書是一六一八年（明萬曆四十六年）徐光啟所撰寫。徐光啟雖然是科學家，但也十分關心農業。他在這本薄薄的書中詳盡說明薯蕷跟番薯的不同，並細說番薯由來，以及如何繁殖、栽培、管理、採收、利用，鉅細靡遺[2]。更早之前李時珍的《本草綱目》雖然也有介紹甘藷，但是看看李時珍的描述：「民家以二月種，十月收之……剝去紫皮，肌肉正白如脂肪。」不論是栽種時間或外觀，都可以知道這是在描述山藥，而不是我們熟悉的番薯。由此可知，拿《本草綱目》來說嘴番薯的優點並不恰當。

明末清初，另一位地方官周亮工也曾推廣番薯。他在一六四七年（清順治四年）被派到福建任官，於著作《閩小記》記載：「蕃薯：萬曆中閩人得之外國，瘠土砂礫之地，皆可以種。」這本書也闡述了番薯的由來，並強調番薯好吃、好種，又不會排擠五穀，是非常好的作物。從徐光啟到周亮工，我猜想，十七世紀初番薯引進不久之後，許多官員都已經看見它好處多多，於是加以推廣。也因為這樣，東亞人口得以逐漸增加。

一七二二年（康熙六十一年）朱一貴事件結束後，巡台御史黃叔璥被派到台灣來。當時他時常到各地考察，並寫作《台海使槎錄》，描述台灣的風土民情。書中提及台灣飲食：「種粳稻、黍糯、白豆、菉豆、番薯」，又寫道：「番薯熟，早種者七、八月先出，田家食至來年四月方盡。」從文字不難發現黃叔璥對農民的耕作觀察細微，不是走馬看花而已。從農作物的種類、作物採收與食用的季節，描述都很到位。

近代植物學上，重要的植物幾乎都是由林奈[3]率先命名。一七五三年他在名作《植物種志》[4]中將番薯放在旋花屬，命名為 *Convolvulus batatas*，跟現代番薯學名不一樣。一七九一年，提出用進廢退說的拉馬克又將番薯移到現在的牽牛花屬，改名為 *Ipomoea batatas*，種小名是來自加勒比海原住民泰諾人所使用的泰諾語 batata。

在華文裡番薯有很多的名稱，有時候寫薯，有時候寫藷。無獨有偶，在西方語言裡，番薯名稱也非常複雜，而且類似華文有混用的情況。一般英文稱番薯為 Sweet potato，字面意思是甜的馬鈴薯。但是大家如果有印象，台灣的知名入口網站「yam 蕃薯藤」就是例外。yam 在美國可以指番薯，但是英文中通常是指薯蕷。就跟華文一樣，一薯多用，令人眼花撩亂。

西班牙語裡保留了 batata 這個字來稱呼番薯，但是葡萄牙語中 batata 這個字卻是指馬鈴薯，番薯則稱為 batata-doce，其中 doce 是糖的意思。接下來更崩潰的要開始了，一樣是西語系國家，用字習慣也不同，哥倫比亞、委內瑞拉、阿根廷等南美洲國家跟西班牙一樣，稱番薯為 batata；但是同樣使用西班牙文的墨西哥及其他中美洲國家，則稱番薯為 camote，這個字來自古代中美洲廣泛使用的納瓦特語 camotli，傳到菲律賓則變成 kamote。但好死不死，同樣講葡萄牙語的巴西卻仍舊稱番薯為 batata。

---

2 原文節錄：「薯有二種：其一，名山薯，閩、廣故有之；其一，名番薯，則土人傳云：近年有人，在海外得此種。……分種移植，略通閩、廣之境也。兩薯莖葉多相類，但山薯援附樹乃生；番薯蔓地生。……其味，則番薯甚甘，山薯為劣耳。蓋中土諸書所言者薯者，皆山薯也。」

3 卡爾・馮・林奈，瑞典文：Carl von Linné，拉丁文：Carolus Linnaeus。

4 拉丁文：*Species Plantarum*。

到這裡大家應該都昏頭了吧！或許會想，幹嘛要知道這些中南美洲國家怎麼稱呼番薯？因為番薯是美洲原住民啊！希望大家有機會到拉丁美洲遇到番薯時，知道當地講的究竟是番薯還是其他薯。

大家是否知道台灣番薯的產地在哪？就我個人印象，較有名的是南投竹山和雲林水林，每到產季，這兩個地方路旁就會出現許多賣番薯的攤子。竹山有財神廟，廣為人知。竹山的番薯包也是我喜歡的滋味。水林在哪裡？就在以媽祖廟聞名的北港隔壁，有華人「開台第一庄」之稱。有機會到北港媽祖廟拜拜，可以留意附近的圓環，圓環中間有豎立一座顏思齊開拓台灣登陸紀念碑。水林的顏厝寮相傳是海商顏思齊落腳的村落。

我的老家也在水林鄉，而且我小時候跟阿公阿嬤住過的村子，好巧不巧就叫做蕃薯厝。根據村子裡供奉媽祖的大廟記載，蕃薯厝是洪月於康熙年間來台開拓。一六六八年洪月搭建草廟奉祀媽祖，後來草廟爬滿了番薯藤，所以便尊稱此媽祖為蕃薯寮媽。這也是為什麼《被遺忘的拉美》開篇介紹的植物就是番薯。

番薯到了日治時期長出了草字頭，變成了蕃薯，其他還有甘藷、紅薯、地瓜等稱呼。植物分類上，它是跟美稱「朝顏」的牽牛花同科同屬的植物，同樣會在清晨開花，中午前凋零，淡淡的紫色花十分秀氣。至於我們食用的部分，是它的塊根，有儲藏水分與養分的作用，也讓番薯具有絕佳的抗旱能力。

北港圓環顏思齊開拓台灣登陸紀念碑。

水林的顏厝寮有開台第一庄之稱。

我出生在台灣經濟起飛後的年代，即便曾經跟阿公阿嬤在鄉下生活，卻沒有經歷過老一輩所謂的艱苦日子。西部鄉下窮困的農家只能吃番薯籤和番薯葉，對我們這一代來說不過是「故事」。即使聽母親說過，她兒時和舅舅一起去「拾番薯」的日子，我仍舊無感，也無法體會。甚至小時候怪癖一堆，總不愛地瓜和白米飯混著吃。直到年紀稍長，一個人北上到大城市求學、生活，才開始懂得欣賞地瓜飯的好滋味。

我還見過一種人不吃的地瓜。現在大家常見的番薯，有黃肉或橘紅色肉，甚至還有紫色肉。其實還有一種奶白色的，採收後會刨成絲晒乾，是冬天餵豬、餵牛的品種。現在家畜也好命了，有營養均衡的飼料吃，還有冷氣吹。這些農村景象已經很久不見了。

來到繁華的城市生活，除了逢年過節，越來越少回鄉下。加上中學以後緊鑼密鼓的考試，升學壓力讓我漸漸遺忘鄉下的一切。直到出社

拾番薯的畫面是農村裡最美的風景。

會，我開始懷念鄉下那段無憂無慮的日子，懷念那段在蕃薯厝烰番薯就覺得很幸福的日子。

有一年冬天，陽光煦煦的上午，我驅車回到老家，正巧碰到路旁有人在採收番薯。我停下來拿出相機，拍番薯採收，拍番薯將凋謝的花朵，還有幾個婦人彎著腰拾番薯的景象。我看得出了神，總覺得這畫面似乎在哪兒見過。直到其中一位婦人向我打招呼，才把我拉回了現實。她笑嘻嘻地問我在拍什麼，還拿了一袋番薯子仔要送給我。

回家後我整理照片，才赫然發現「拾番薯」的畫面，竟跟我們熟悉的世界名畫「拾穗者」好像啊！法國巴比松畫派名畫家米勒的大作可以進奧賽美術館，那基於相似的理由，台灣早期地主讓窮苦人家可以拾番薯的美意，何嘗不是農村裡最美的風景？

han-tsî

番薯的花上午開，中午就凋謝了。

番薯

台　語 | 番薯（han-tsî/han-tsû）
別　名 | 蕃薯、甘藷、紅薯、地瓜
學　名 | *Ipomoea batatas* (L.) Lam.
科　名 | 旋花科（Convolvulaceae）
原產地 | 墨西哥南部
生育地 | 人工馴化，野外環境不詳
海拔高 | 0-2800m

番薯葉形變化極大。

番薯的塊根。

多年生草本，具地下塊根。莖匍匐生長，多分枝，每節都能發根，全株具乳汁。單葉，互生，全緣或三至七裂，變化極大。葉柄細長，光滑或被毛。花漏斗狀，白色、淡粉紅色至淡紫色，聚繖花序腋生。蒴果。

開啟塵封的記憶——玉米

吃自己採、自己剝的玉米筍是一大樂事，躺進堆積如山的玉米殼裡，或是跳進乾燥的玉米粒中，也可以讓我們開心一整天。

如果有一種植物，在我到亞馬遜旅遊時打開了兒時記憶的通道，那一定是玉米了。由於小時候住鄉下，因此認識了許許多多的農作物，也參與過不少農作物的採收。暑假是割稻的季節。每天早上把稻子攤開到晒穀場，傍晚收稻子，中間還要以釘耙不停翻動。如果遇到午後雷陣雨，起風了，所有人就要迅速將稻米收齊入袋。當時的我不喜歡收稻子，因為身體總是會被稻穀上的小細毛搞得奇癢無比，甚至洗也洗不掉。唯一令人感到欣慰的是，自己要吃的米飯自己晒，吃起來會特別香甜。

不過，冬天採玉米和晒玉米，就跟晒稻子是完全不同的經驗了，那是我孩提時開心的時刻。

入秋夜涼後，爺爺會將前一年留下，高掛在梁上的玉米拿出來播種。玉米生長期短，很快就會跟我一樣高，然後超過我的身高。緊接而來的主要活動，就是我所期待的採收玉米筍與爆玉米粒。

每株玉米通常會結三至四穗，為了提高玉米產量，讓留下的玉米長得又大又飽滿，爺爺會在玉米還是玉米筍的階段，先採收較小的玉米穗。當天晚上大夥就可以一起吃玉米筍。金黃色的小穗，微甜、鮮嫩，只要水煮就十分美味。

除了吃自己採、自己剝的玉米筍是一大樂事，躺進堆積如山的玉米殼裡，或是跳進乾燥的玉米粒中，也可以讓我們開心一整天。

採下的玉米主要是做為飼料，所以要曬乾。曬之前大夥會先把玉米外殼和鬚剝除。這些被剝下來的玉米殼，在被做成堆肥前，會先成為小朋友的玩具：不是把玉米鬚拿來假裝鬍子、頭髮，就是互扔玉米殼、在玉米殼堆起的小山裡跳來跳去。

等玉米曬乾了，把這些玉米穗一根一根，如餵牛、餵羊般餵進機器裡，玉米粒就會一粒一粒跑出來，與梗分離。冬天裡，我特別喜歡把手腳放進成堆的玉米粒中，冰冰涼涼好舒服。

比曬玉米更早的記憶中，我喜歡的玉米點心是爆米花。每天下午，最期待的是吃到加了奶油，甜滋滋的爆米花。一整杯爆米花中，我總是會先把沒沾到奶油、較不甜的白色爆米花吃掉，留下那些表面有一層完整奶油，油亮亮的爆米花。然後再一口氣全部吃完。

爆米花吃完後，杯子裡總會剩一些未爆開的玉米粒。我很好奇，為什麼它沒有爆開，也一定會聯想到小時候喜歡的節目與一首大家朗朗上口的兒歌——一九八六年開播，華視的兒童節目《爆米花》，主題曲《爆米花之歌》：「嗶嗶啵啵嗶啵啵。爆米花、爆米花，一顆玉米一朵花，兩顆玉米兩朵花，很多玉米很多花，有一顆玉米不開花。」至今我依然記得，還能哼上幾句。

可能是時間太久遠了，抑或是長大後事情太多，這些關於玉米的甜蜜記憶被塵封多時。直到二〇一九年，我前往位於南美洲赤道上的厄瓜多，一個距離台灣一萬六千八百多公里的國家，單程飛一趟要將近兩天。無論位置、文化、生態、景觀，都較少為人所認識。實際前往後我赫然發現，除了空間上的實際距離，食物也有了陌生的氣息。

也許因為是從小嚮往的國度使然，那些晒玉米、爆米花的遙遠畫面，竟在這趟陌生安地斯山與亞馬遜叢林的路上，從記憶盒子裡被召喚出來。

旅程中想當然會接觸到一些陌生的食材，但是讓我印象更深刻的卻是當地的玉米料理——熟悉的食物卻有超過原本經驗的食用方式。

一般我們以玉米入菜，不外乎玉米粒、玉米塊或玉米筍。煮湯、炒菜、沙拉等使用的多半是甜玉米，而烤玉米則是白玉米。那麼這些食用方式以外呢？

在厄瓜多，爆米花番茄湯讓我感到新奇。爆米花跟番茄湯台灣人都會食用，但是我們不曾把這兩樣東西加在一起。沒想到新吃法有了難以描述的特殊滋味，有別於蔬菜或所有我們會加入湯品中的常見食材，爆米花讓湯產生獨特的口感，也有了點心以外的角色。我這才後知後覺地發現，這碗爆米花番茄湯的身世非凡。原來世界上最早的爆米花便來自曾經統治過厄瓜多的印加帝國。一九三〇年代美國經濟大蕭條，便宜的爆米花需求逆勢增加，最後竟演變成看電影時必備的點心。

爆米花加番茄湯，具有特殊的口感。

還有做為餐前小菜的炒玉米，就如同我們常吃的炒花生米一樣。只是讓我好奇的是，究竟要怎麼炒，才可以讓玉米不會變成爆米花。另外還嚐到一種白色玉米粒，將近新台幣五元硬幣那麼大，水煮後做成餐前小菜，這是我不曾見過的玉米大小。這些都是我在厄瓜多第一次品嚐的玉米滋味。

來到厄瓜多的市場，除了蔬果攤位吸引我的目光，專賣香料與種子的店鋪，擺列許多不同種類的玉米種子。從料理與市場不難發現，玉米是厄瓜多重要的食物，種類也與我們熟悉的不太一樣。

如果一個品種對應一種料理方式，整個美洲大陸在數千年人為育種下，或許會有比其他地方更多品種的玉米？這個觀點我不知道是否正確，但是禁不住想跟大家分享我所吃過的玉米，除了上述在厄瓜多嚐到的特殊品種，還有墨西哥料理中的玉米圓餅、祕魯料理中的紫玉米汁。這些拉丁美洲國家食用玉米的方式與我們的飲食習慣有所不同，使用的玉米品種當然也不一樣。

離開厄瓜多前，安地斯山上一道土窯料理，藉由熱氣把食物燜熟，彷彿像孩提時最愛的炕窯一般。不同的是台灣的窯會從地面凸出一個小土丘，厄瓜多的窯則是整個在地面下。廚師一邊放進食物，一邊放進了大量的「玉米殼」，填塞在食物間的縫隙，也避免食物直接接觸到泥土。

微涼的天氣，泥土地，晴朗的天空，恰似炕窯的場景。瞬間，跳進玉米堆、晒玉米的回憶，一幕幕浮現在我的腦海。

巨大的玉米粒做成的前菜。

如炒花生一般炒過的玉米粒。

厄瓜多的市場中販賣各種玉米種子。

厄瓜多的窯烤會放入許多玉米殼。

一樣的玉米，不一樣的品種，不一樣的口感與料理方式，完全沒料想到相異中帶著相似的氛圍，竟莫名地串連回兒時的情景。回到台灣，整理照片，整理遊記，從回憶拉回現實，拉回現在，拉回知識的殿堂。

科學家研究，人類栽培玉米的歷史將近萬年。最初玉米在墨西哥南部被馴化，然後逐漸往南傳播，七千五百年前抵達巴拿馬；六千八百多年前，玻利維亞的亞馬遜地區已經有栽培的證據。此後，玉米在中美洲和南美洲各自發展，逐漸培育出各式各樣的品種，也創造出玉米的神話。

中美洲不但自古便以玉米為主食，馬雅文化中還有玉米神，創世神話更相信人是用玉米捏造而成。南美印加的神話中有許多作物女神，其中最為人熟悉的薩拉媽媽[5]就是玉米之神。可見玉米在拉美有著神聖的地位。

在近代基因科學中，玉米也具有神一般的崇高地位。史上第一位單獨獲得諾貝爾生理學或醫學獎的女性——遺傳學家芭芭拉．麥克林托克，她研究彩色玉米時發現有些基因會在基因序列中跳動，這就是造成每一粒玉米顏色不同的跳躍基因。

玉米的拉丁文學名 *Zea mays*，同樣是一七五三年植物學家林奈在其名作《植物種志》中所命名。屬名 *Zea* 來自希臘文 *ζειά*，轉寫為 zeia，原本可能是指一種小麥；而 mays 可能是來自加勒比海原住民泰諾人所使用的泰諾語 mahiz。這影響了英文 maize、西班牙文 maíz、荷蘭文 maïs、法文 maïs、德文 mais、葡萄牙文 milho。我們所熟悉的 corn 其實是美式用法，英文 corn 可以泛指所有穀物。

彩色玉米是跳躍基因造成的。

玉米的華文稱呼非常多，較普遍使用的還有番麥、玉蜀黍、包穀……而台語一般就叫番麥。番麥，以及其他名字裡有番的作物：番薯、番茄、番石榴、番荔枝、番木瓜……都是地理大發現後才陸續被介紹到歐亞非地區的拉美植物。哥倫布發現新大陸後，新舊世界的作物、禽畜開始大規模交流，而玉米便是在這波「哥倫布大交換」中，改變舊世界人類文明的重要植物。

發現新世界的一百年內，玉米便傳遍了全球，非但提高舊世界的糧食，還進一步造成人口爆增。以中國為例，明朝末年戰亂導致飢荒，容易栽培及保存的玉米跟番薯搖身變成抗災食物。到了清朝，人口從順治年間的一億兩千萬，增加至咸豐年間四億三千萬，玉米跟番薯功不可沒。

一件明朝萬曆年間[6]的陪葬品中，有發現像是玉米的供品。差不多同時期完成的奇書《金瓶梅》裡也兩度提到玉米，分別是三十一回「衣蝶玉米麵玫瑰果餡蒸餅兒」，與三十五回「兩大盤玉米麵鵝油蒸餅」，從陪葬品與小說的敘述可以推測，當時玉米仍十分珍貴，只有富貴人家才嚐得到。

參考一五七三年田藝蘅的著作《留青日札》，不難理解玉米珍貴的原因，因為它一開始是進貢的舶來品「御米」。這本書是目前發現最早關於玉米的華文紀錄，書中對玉米的形態描述非常詳細，跟我們對玉米的認知完全相同[7]。五年後，博物學家李

5 英文：Saramama。
6 一五七三至一六二〇年。
7 原文：「御麥出於西番，舊名番麥，以其曾經進御，故名御麥。稈葉類稷，花類稻穗，其苞如拳而長，其鬚如紅絨，其粒如芡實，大而瑩白。花開於頂，實結於節，真異穀也。吾鄉得此種，多有種之者。」

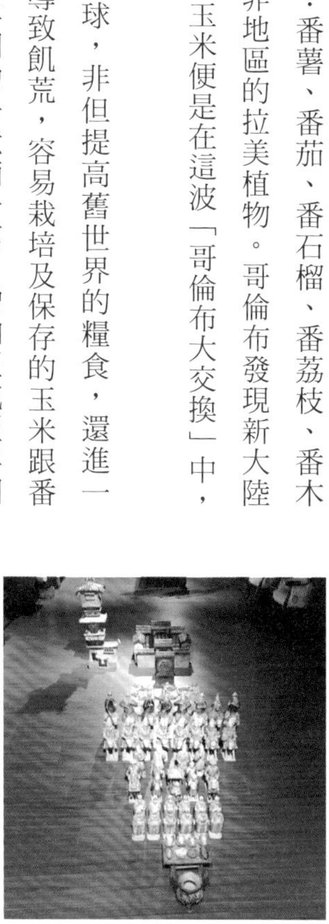

明朝萬曆年間的陪葬品中有像是玉米的供品。

時珍在大作《本草綱目》穀部中介紹：「玉蜀黍種出西土，種者亦罕。其苗葉俱似蜀黍而肥矮，亦似薏苡。」文中的蜀黍指的是我們今日所稱的高粱。由這段文字可以知道，玉米在當時還不普遍，因為長得像蜀黍而得名玉蜀黍。一六三九年明朝科學家徐光啟《農政全書》穀部記錄：「玉米，或稱玉麥，或稱玉薥秫，蓋亦從他方得種。」這是首次出現「玉米」這個名稱的文獻。

曾任台灣府知府的余文儀，於一七六二年（清乾隆二十七年）開始重修《台灣府志》，並於一七七四年完成《續修台灣府志》。書中提到：「番麥狀如黍，實如石榴子。一葉一綫，綫數白粒。」相似的描述也出現在同一年朱景英的著作《海東札記》之中：「又一種狀如黍，實如石榴子，一葉一綫，綫數百粒，土人謂之番麥。」台灣的歷史文獻對玉米的紀錄沒有番薯那麼多。雖然近代有學者認為玉米在荷蘭來台前便引進，但是我一直沒有找到更早且能確定是描述玉米的字句。

一九八〇年代，由於政府推廣稻米轉作與機械化生產，讓台灣玉米產量達到頂峰，全台玉米栽培面積一度高達九萬公頃。其中主要的產地，便是我小時候居住的雲嘉南平原。我躬逢其盛，也才有了年幼晒玉米的體驗。

玉米、番麥、玉蜀黍，無論名字如何變化，無論生長在何處，無論在人類文明中曾扮演過什麼驚天動地的角色，每個人的記憶裡，或多或少都有關於玉米的片段吧！

撇開植物科學與飲食文化，無論玉米對世界有多麼大的影響，從田間到晒穀場，從爆米花到厄瓜多，這才是玉米帶給我最真切、最甜蜜的回憶。

huan-beh̍

玉米

台　語 | 番麥（huan-beh̍）、玉米（gio̍k-bí）
別　名 | 番麥、玉蜀黍、包穀、御米
學　名 | *Zea mays* L.
科　名 | 禾本科（Poaceae）
原產地 | 墨西哥
生育地 | 人工馴化
海拔高 | 0-2800m

一年生草本，莖直立生長，高可達 4 公尺，莖的基部會長出支柱根。單葉，互生，葉細長，葉鞘抱莖。全株被毛。單性花，雌雄同株，雄花頂生圓錐花序，雌花腋生穗狀花序。穎果。

玉米植株頂端是雄花。

◆朱元璋的土豆——花生與蔓花生

不論是炒熟、水煮，或是加工做成花生糖、花生油、花生罐頭，花生在我們的生活中無處不在。

如果番薯是我的鄉愁，玉米是兒時記趣，那花生或許是我不想長大的證據吧！愛吃花生的我，仍保有許多從孩提便堅持至今的吃花生怪癖。

當大家在吵南部粽好吃還是北部粽好吃的端午節來到，我想的是吃粽子一定要撒上花生粉，但是粽子裡不可以包花生。當然，清明時節雨紛紛的潤餅，也需要花生粉畫龍點睛。這些特別的節日來臨前，母親總是會自己炒花生，用文火慢慢炒，慢慢炒，直到廚房盈滿香氣，吸引我像小老鼠一樣去吃花生米，一粒接著一粒。

不過，炒熟的硬花生，要麼直接吃或做花生糖，要麼磨成粉。乾溼要分明，絕不能混到湯湯水水裡。所以吃豆花、湯圓、刨冰時，只加軟花生，加硬花生我可是不吃的。

而各式各樣的花生糖我獨鍾新港飴。除了花生的香氣，還有外層麥芽的甜而不膩與嚼勁。最後撒上防止黏手的粉一定得是順滑的太白粉，這才是最完美的組合，才是

新港飴是麥芽糖包花生，又稱雙糕潤。

我記憶裡的雙糕潤。

諸如此類的堅持，總讓我被說龜毛歹逗陣。殊不知我所在意的，是不變的童年味道。

猶記得小時候看歌仔戲，認識了一些歷史人物，也學到了花生在土裡結果的奇特生態。有印象的第一部歌仔戲連續劇是一九八七年楊麗花主演的朱洪武。主題曲我依稀還記得怎麼唱：「臭頭仔洪武君，臭頭仔洪武君，明朝太祖萬世功勳。」片頭曲中有一幕非常有趣，癩痢頭的朱元璋躺在花生田要睡覺，頭被花生扎疼了，於是便要花生都長到土裡，伴隨著歌詞：「聖旨嘴啊亂亂講，平時做人裝憨憨，土豆上開花下結籽是他所封。」

當時母親很有耐心地告訴我這是傳說，並且解釋花生會在地面上開花，但是開完花之後，會在土裡長出豆莢，所以叫做土豆，也叫落花生。除了口說，也帶我到田裡觀察，看採收前的花生田，看採收後回歸土地的花生植株，以及農路旁曝晒的花生豆莢，讓我了解作物的收

鄉下常直接在道路上曝晒花生豆莢。

穫過程。從小母親教我認識農作物，還有身旁常見的花草樹木與蟲魚鳥獸。她對動、植物的說明，總是讓我感受到生物的奧妙，也奠定了我往後學習的基礎。

長大後我開始思考，為什麼這個傳說的主角是朱元璋，而不是其他皇帝呢？我自己的解釋，可能是因為花生在明代才傳入東亞地區，更早以前華人的世界根本沒有這樣的植物。於是乎民間穿鑿附會，便將這種過去不曾見過，但是十分奇妙的土中作物，歸因於君權神授的開國皇帝所創造。

那麼，我們熟悉的花生從何而來呢？早期認為花生原產地是巴西中部，新的研究則相信是玻利維亞一帶。雖然祕魯在七千多年前就有栽培花生屬植物，但祕魯不是花生屬植物的自然分布地點。最新的研究顯示，花生是雜交種。科學界在二〇一四年完成花生的基因定序，確定了花生的親本包含經常被栽培的園藝植物蔓花生與伊帕花生。這兩種植物都分布於玻利維亞，推測最早的馴化地點應該在此。

哥倫布到美洲前，花生已傳遍整個拉丁美洲。十八世紀，花生跟番薯、玉米一樣，在同一年被同一個科學家在同一本書裡命名。屬名 *Arachis* 是林奈所創造，參考古希臘文 ἄραχος，轉寫為 árakhos，原本是指另外一種可以食用的豆科植物。種小名 *hypogaea* 意思是在地下的，也是源自希臘文 ὑπόγειον，轉寫為 hupógeion。

跟番薯、玉米差不多的時間，花生也在十六世紀左右來到了東亞地區。相傳最初是由宣教士帶到華南，然後逐漸在各地普及。歷史學家從《熱蘭遮城日誌》得知，荷蘭在台時期，台南一帶已有栽培花生。

到了清代，花生漸漸成為多用途的經濟作物，特別是榨油。一六八五年，由台灣府知府蔣毓英、諸羅知縣季麒光與鳳山知縣楊芳聲共同編寫的《台灣府志》當中，物產卷記錄：「塗豆，一名落花生，可作油。」一六九四年，福建分巡台灣廈門道高拱乾新編的《台灣府志》則寫道：「落花生即泥豆，可作油。」這是康熙年間，台灣剛畫入大清帝國階段的記載。

另一位重要的記錄者黃叔璥於一七二二年，也是康熙在位最後一年，赴任「巡察台灣監察御史」。雖然來台短短兩年，但是他在位期間蒐集了過去台灣的文獻，並常親自到各地考察。其整理撰寫的《台海使槎錄》是非常重要的資產，讓我們可以了解雍正在位期間台灣的風土民情。

「田中藝稻之外，間種落花生，俗名土豆；冬月收實，充衢陳列。居人非口嚼檳榔，即啖落花生；童稚將炒熟者用紙包裹，鬻於街頭，名落花生包。」從這段敘述可以知道，十八世紀初花生是稻米之外重要的農作物，也是大家愛吃的零嘴；而且從這段文字也可以推測，當時農民應該已懂得利用花生恢復地力。因為花生跟其他豆科

採收後的花生田，植株會被留在田裡當做肥料。

植物一樣根部有根瘤菌共生，能夠將大氣中的氮氣固定成植物可利用的氮化合物，做為養分。因此割稻後種花生，除了多收穫一種農作物，還具有綠肥的效果。

黃叔璥之後，擔任海防同知的朱景英在《海東札記》中對花生也有一段精采的描述。他說花生除了下酒，榨油更可以獲得豐富的利潤[8]。一七六九年（乾隆三十四年）朱景英來台，三年後他將在台居住的實地觀察書寫成冊。這本書對植物還有物產的觀察與著墨特別豐富，有許多其他清代文獻沒有的紀錄。

清代台灣製花生油的盛況，也可以從道光年間陳學聖詩作《生油》窺見一斑：

接陌連阡看落花，
油車賴此利生涯。
調羹普濟通商旅，
燈火輝煌照萬家。

這首詩後來收錄在一八三六年刊行，周璽編著的《彰化縣志》當中。當時的彰化縣北起大甲溪，南至虎尾溪，包含了現在台中、彰化，以及雲林北部、南投西半部。

花生油為什麼能有如此豐厚的利潤呢？因為花生油的用處實在太多太多了。除了食用之外，也用來燃燒照明。根據文獻記錄，當時寺廟中的香火、燈塔，還有富貴人家抽鴉片的鴉片煙燈，都是燒花生油。清代台灣重要的出口品藍靛，製作過程中也需要用到花生油。

甚至到了日治時期，連製菸過程都需要用到花生油。一方面助燃、防止菸草變質，一方面緩和菸草的味道。再加上食用的需求也不斷增加，花生仁被大量用來製作甜點，連帶使花生栽培面積逐漸提高。至一九五八年，台灣栽培花生面積來到高點，突破十萬公頃。

雖然花生油取代了早期芝麻油的食用油地位，但是更新、更便宜的油品也不斷出現。清末，煤油取代了花生油燃燒照明的用途。到了一九六六年，便宜的大豆沙拉油進口，慢慢改變了大家的習慣。花生油用量越來越少，花生栽培面積也逐步降低。

時至今日，全島花生栽培面積大約只剩兩萬多公頃。食用都不夠，更遑論榨油。於是，花生油反而成為地方特產，是大家到雲林北港，還有彰化鹿港、王功、芳苑一帶旅遊時的伴手禮。這幾個地方，恰恰就是清代發展花生油貿易的主要產地。其中鹿港更是集中上述幾處產油地統一出口的大城市。

台灣俚語：「呷王梨旺旺來，呷菜頭好彩頭，呷瓜子好日子，呷土豆活到老老老。」

花生營養價值高，又稱長壽果，就如同前面的俚語所述。塗豆是花生的台語，或寫做土豆。到了今日，它仍舊是台灣產量及需求量相當大的物產，未曾從飲食舞台上殞落。不論是炒熟、水煮，或是加工做成花生糖、花生油、花生罐頭，花生在我們的生活中無處不在。

---

8 原文：「南北路連隴種土豆，即落花生也。沙壤易滋，黃蔿遍野。每冬間收實，充衢盈擔，熟啖可佐酒茗。榨油之利尤饒，巨桶分盛，連檣壓舶販運者，此境是資。」

隨著科技日新月異，為了加速花生製程，花生採收機被發明了，從挖掘、採豆、植株與豆莢分離等工作，一氣呵成，大大減少人力，加快採收速度。採收後，人工揀選土豆的盛況，也演變成大家耳熟能詳的廣告詞「電腦嘛會曉揀土豆」。

除了食用與榨油，花生殼也是農民的好幫手。花生殼並不會被丟棄，而是鋪在果園等地方。一方面抑制雜草，一方面當做果樹的肥料。國外甚至有將花生殼壓成條狀，做為生質燃料再利用。我自己種花也特別喜歡花生殼，它是很好的介質，保溼又透氣。

不過，離開農村來到大樓林立的城市，我們比較容易見到的反而是花生的爸媽——蔓花生。許多公園綠地都喜歡栽培蔓花生做地被。畢竟有血緣關係，所以它跟花生非常相似，但是嬌小許多。因為結果率差，而且果實太小，通常只會栽培供欣賞，不會食用。

記得第一次在住家附近的學校看到蔓花生時，想說這植物怎麼那麼像花生，真沒想到有一天科學家會證實它就是花生的親本。

我們食用的部分是花生的種子。一般食材分類，總是將花生跟其他具有堅硬外殼的乾果稱為堅果；日本知名連載漫畫《航海王》當中的堅果島，也以花生果實做為建築物造型。但是在植物學上，各種果實的定義，還需要視果實發育的過程與來源，以及成熟時的狀態來區分。植物學所稱的堅果，除了果實本身有堅硬的外殼，而且成熟時不會裂開，通常只含一個或兩個種子，如栗子。而花生跟所有豆科植物的果實，有兩片果殼，植物學稱之為莢果。

即使沒有任何植物學基礎，只要仔細從花和果實觀察，就會很容易察覺花生跟其他豆類蔬菜，如四季豆、皇帝豆、豆薯，都是同一個家族。這些不是我讀植物分類學才學會，而是年幼時在鄉下生活的發現。因此，每次有人問我怎麼開始認識植物，我總是會想到花生，想到母親帶我在農地裡觀察植物。

植物離我們一點也不遠，只要願意開始，就會發現身邊有太多植物值得觀察。只是不知道為什麼，很多人總是把植物想得太遠、太複雜，不知不覺中便在自己跟植物之間築起了一道牆。就像大家對拉丁美洲的認知，日常中明明有那麼多跟拉丁美洲相關的典故，但是大家卻忽略了。

植物也好，拉丁美洲也罷，都與我們的生活充滿連結。期待大家從最熟悉的鄉土出發，藉由花生的味道，認識那些台灣土地上被遺忘的拉美植物。

thôo-tāu

花生植株。

花 生

台　語 | 塗豆 / 土豆（thôo-tāu）
別　名 | 土豆、落花生、塗豆、長生果、長壽果
學　名 | *Arachis hypogaea* L.
科　名 | 豆科（Fabaceae or Leguminosae）
原產地 | 玻利維亞
生育地 | 人工雜交
海拔高 | 1500m 以下

草本，莖直立，高約 60 公分。根部有根瘤菌。一回羽狀葉，互生，小葉兩對，全緣。托葉兩枚，與葉柄合生，抱莖。全株被毛。蝶形花橘黃色，腋生。授粉後會深入土中。莢果，果皮表面有網狀突起。

é-thôo-tāu

蔓花生的花跟葉都與花生極為相似。

蔓花生

台　語 | 矮土豆（é-thôo-tāu）
別　名 | 長喙花生
學　名 | *Arachis duranensis* Krapov. & W.C. Greg.
科　名 | 豆科（Fabaceae or Leguminosae）
原產地 | 玻利維亞、阿根廷北部
生育地 | 草地、路旁受干擾處
海拔高 | 1000m 以下

草本，匍匐生長，每節都可以生根。根部有根瘤菌。一回羽狀葉，互生，小葉兩對，全緣。托葉兩枚，與葉柄合生，抱莖。全株疏被毛。蝶形花黃色，腋生。授粉後會深入土中。莢果。

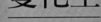

◆阿嬤的古早味祕方——太白薯

問一下阿公阿嬤應該都還記得。除了勾芡，太白粉也可以做粿條、餅乾、寶寶的副食品，甚至還被當做成藥來吃。肚子痛、中暑，甚至感冒發燒、喉嚨痛，輕微的症狀，都會用太白粉煮黑糖水喝下。

我常說，植物是我們文化的一部分，無所不在。舉例來說，香菇肉羹、羊肉羹、鴨肉羹、沙茶魷魚羹、土魠魚羹、生炒花枝羹、浮水虱目魚羹……這些台灣小吃，通通不能沒有植物，而且是同一種植物，大家想到是什麼了嗎？千萬不要告訴我是香菜喔！答案是羹之所以能成為羹的「太白粉」。

羹是中式料理的一類，稠稠滑滑的湯，許多人都愛，而羹的料理方式稱為勾芡。在羹煮好前，加入事先調好的太白粉，使湯變得濃稠。這做法之所以稱為勾芡，是因為古代最初用來勾芡的粉——芡粉，是由一種睡蓮科植物「芡」的果實製作而成。後來我們常使用的太白粉原料也是一種植物，我們稱為太白薯或藕薯，植物學上稱為竹芋或葛鬱金。

勾芡的原理，是澱粉加熱後的糊化作用。除了太白粉，其他澱粉如玉米粉、麵粉也都可以產生類似效果，只是這些澱粉會改變食物的味道，所以鮮少使用。不過近代越來越少人栽培太白薯了，市售的太白粉成分幾乎全都使用產量大的樹薯粉或馬鈴薯粉，而不是真正的太白薯。

二〇一六年衛福部食藥署「食品正名計畫」，曾經要求業者必須明確標示太白粉成分究竟是樹薯粉，還是馬鈴薯粉。這個舉動讓大家認識了現代太白粉的成分，卻也讓大家徹底遺忘了太白薯的存在。

其實台灣早期農村社會，太白薯栽培極盛，太白粉使用也非常廣泛。問一下阿公阿嬤應該都還記得。除了勾芡，太白粉也可以做粿條、餅乾、寶寶的副食品，甚至還被當做成藥來吃。肚子痛、中暑，甚至感冒發燒、喉嚨痛，輕微的症狀，都會用太白粉煮黑糖水喝下。這些阿嬤的祕方，在醫藥發達的今日，大家當然都不用了，也忘了。畢竟現代的太白粉不是太白薯製作的，也不具有這樣的功效。

不少人或許會認為太白粉是因為顏色太白所以得名，卻不知道有太白薯這樣的植物。其實太白薯榨汁、過濾、乾燥成粉原本就是白色的，而非刻意漂白。這是它跟其他植物澱粉不同的地方。因為這個緣故，古早牆壁、工藝品刷白，或是紙張漂白，也都會加入太白粉。

人類食用與栽培太白薯的歷史悠久。考古學家在哥倫比亞發現，距今約九千到一萬年前就有使用太白薯的跡象，約五千到八千年前開始栽培。太白薯原本分布在中南美洲熱帶地區，生長在溫暖潮溼的森林邊緣或林下較明亮的地方，現今全世界熱帶及

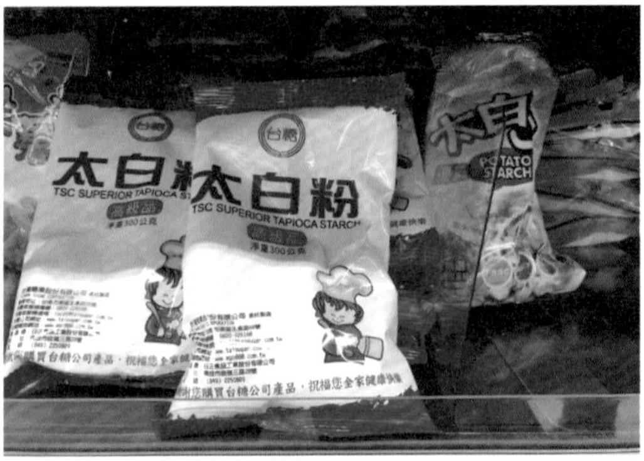

現在的太白粉都被樹薯粉取代了。

亞熱帶地區廣泛種植。相較於其他的觀葉竹芋，太白薯很可能是竹芋科最常被栽培的種類。

一七五三年，林奈正式將太白薯命名為 *Maranta arundinacea*。屬名 *Maranta* 是紀念義大利醫學暨植物學家巴托羅密歐．馬蘭塔[9]，種小名 *arundinacea* 意思是像箭頭一般的，形容它的地下塊莖。所以英文俗稱箭根（arrowroot），華文也有箭根薯這樣的名稱。另外，由於植株長得很像薑科鬱金屬植物，所以又稱為葛鬱金。

台灣通常稱之為粉薯、藕薯或太白薯，大約在明清時期便有栽培。一說是華南移民引進，一說是原住民自東南亞引進。地下塊莖富含澱粉，可食用且易消化，不含有會引起過敏的麩質，富含維他命B與鎂、鐵、鋅等礦物質。除了食用，也是藥用植物，具收斂性，可清肺、利尿，治療感冒發燒、熱咳嗽、咽喉腫痛、小便刺痛、中暑等症狀。國外文獻也有相似的記載，甚至還有製作解毒劑、皮膚外用藥膏等使用方式。

一九三〇至一九八〇年代，太白薯是台灣非常普遍的農作物。除了製作太白粉，也可以直接煮食或烤食。一九九〇年代後，人口逐漸往都市集中，國民所得提高，生活品質有了很大改善，大家的生活習慣也跟著改變了。加上農業轉型，太白粉慢慢被進口的樹薯粉取代，太白薯的栽培越來越少。

---

9 義大利文：Bartolomeo Maranta。

我記憶中，從未見過太白薯大規模栽培的盛況，一直都是少數人家前庭後院自種自用的農作物。許多都市的孩子不下廚，可能沒看過，也不知太白粉為何物，更甭提知道有太白薯這種植物。

近幾年懷舊風潮興起，山產店又開始賣太白薯料理；一些部落為了鼓勵原住民返鄉，而重新推廣栽培太白薯。更有趣的是，這種過去台灣農村普遍栽植的糧食作物，今日在傳統市場幾乎消失了，反倒是新住民與移工出沒的東南亞市集，變成了太白薯的新舞台。

東南亞市集成為太白薯的新舞台。

thài-pe̍h-tsî

太白薯

台　語 | 太白薯（thài-pe̍h-tsî）、粉薯（hún-tsî）、藕薯（ngāu-tsî）

別　名 | 葛鬱金、粉薯、藕薯、竹芋、箭根薯

學　名 | *Maranta arundinacea* L.

科　名 | 竹芋科（Marantaceae）

原產地 | 墨西哥、貝里斯、瓜地馬拉、薩爾瓦多、宏都拉斯、尼加拉瓜、哥斯大黎加、巴拿馬、哥倫比亞、委內瑞拉、蓋亞那、蘇利南、法屬圭亞那、巴西、厄瓜多、西印度群島

生育地 | 潮溼至乾燥森林邊緣、森林內受干擾處，地生

海拔高 | 1000m 以下

多年生草本，植株高可達1公尺。具地下塊莖，白色。冬季或乾季會落葉休眠。單葉，互生，有長柄，基部合抱成假莖狀，直接從塊莖長出。鮮少開花，花白色，總狀花序頂生。堅果。

太白薯的塊莖。

太白薯植株。

◆來一份珍奶加雞排——樹薯

當樹薯離開台灣產業的舞台多年後，珍珠奶茶與雞排成為新一代台灣之光。相較之下，我相信樹薯對台灣經濟的影響，絕不亞於珍珠奶茶和雞排，只可惜它的名氣小得多，被大家遺忘得更快、更徹底。

如果要跟國外的朋友介紹台灣美食，您會介紹什麼？我想前三名一定會有本世紀紅遍全球的珍珠奶茶吧！就我所知，連離我們最遙遠的拉丁美洲都喝得到珍珠奶茶，堪稱台灣之光。此外，珍珠奶茶的好搭檔炸雞排，也在許多國家發光發熱。但是，大家可曾注意過製作珍珠，以及炸雞排用的裹粉，其實是同一種原料——番薯粉，您知道它來自什麼植物嗎？

既然叫番薯粉，難道答案不是番薯嗎？不是！是樹薯。這種植物無所不在，不只可以用來做珍珠、炸雞排，還能夠做麥芽糖、肉圓、水晶餃、泡麵、果凍、古早味冰淇淋等各式各樣我們都吃過的食品，甚至進一步加工做飼料、味精、酒精、漿糊……不只對我們的影響無遠弗屆，還曾經替台灣賺了驚人可觀的外匯！

可是對台灣如此重要的經濟作物，我們對它卻十分陌生，就連自詡為農家子弟的我，小時候都對樹薯有些誤解，長大後才明白它的好。

樹薯來自遙遠的拉丁美洲，除了在我們日常飲食之中扮演重要角色，幾年前也曾於紅極一時的宮鬥劇《後宮甄嬛傳》中出現。在這部劇中，樹薯被稱為木薯。故事發生在一開始華妃鬥甄嬛的階段。華妃雖然討厭甄嬛，但是她的心思不夠細膩，倒是身邊的曹貴人有一回出了餿主意，給溫宜公主吃木薯粉，導致公主不舒服，意圖嫁禍給甄嬛。不過，樹薯約在道光年間才引進廣東，所以雍正時期應該沒有樹薯粉啦！樹薯之外，這部連續劇中被用來魅惑雍正皇帝的依蘭花，也是我個人偏好的熱帶雨林植物，它就是《看不見的雨林》書中介紹的香水樹。

看完這部劇，一個喜歡做料理的好朋友很緊張地問我這是真的嗎？廚房常用到的木薯粉真的有毒嗎？我只是苦笑反問：「如果有毒，食藥署有可能讓它上市嗎？」

樹薯確實是有毒植物，全株含有氰酸的前導化合物，尤其是塊根含量特別高，如果直接食用，輕則頭昏、噁心，重則致命。越新鮮毒素越高，不可生食。不過，樹薯粉在製作過程經洗滌、刨絲、加熱等手續處理，毒素幾乎已破壞殆盡，煮熟便可以安心食用，不生食就不會有太大問題。

樹薯在台灣主要栽培於中南部與東部低海拔山區，原本住在西南部平原的我不僅沒見過，也不懂得吃樹薯。搬到台中以後，發現市場上偶爾會販售，淺山地區也零星有人栽種樹薯，才認識了這種經濟作物。但是印象中總認為樹薯有毒，沒有處理好會致命，所以未曾購買，只在友人家中品嚐過。

大學以後我重新認識樹薯，赫然發現原來它是亞馬遜原住民，更是熱帶地區最重要的澱粉來源。近年來考古學家在亞馬遜地區新的研究發現，人類食用樹薯與南瓜的歷史超過一萬年，哥倫布抵達前的拉丁美洲已普遍食用樹薯。一七六六年，奧地利植物學家克蘭茲[10]替樹薯命名為*Manihot esculenta*，其拉丁文學名的種小名意思就是食物。

或許是因為樹薯有毒，病蟲害相對少，即使在昆蟲多樣性相對高的熱帶地區栽培，也不必費心管理，隨便種都可以豐收。因此十六世紀引進舊熱帶地區後，不僅各地大量栽培，還成為非洲地區的主食。

二〇一九年十月，我造訪亞馬遜雨林，來到了樹薯的故鄉。果不其然，我在當地參訪的兩處原住民部落，家家戶戶都栽培樹薯。他們邀請我們一起搗樹薯，並招待樹薯餅、蒸樹薯，還有樹薯釀的飲料。

不過，台灣一般民眾對樹薯相對陌生，會購買並直接食用樹薯塊根的人不多。即使台中與南投的市場上販有樹薯，實際吃過的人仍舊是少數。我的一位摯友平常喜歡逛市場買菜並自己料理，他在東非品嚐到當地主食樹薯，覺得很美味。當我告訴他，我們的故鄉就有人栽種及販售，他十分驚訝，完全不曉得原來台灣有這種作物。話說回來，樹薯究竟為何會變成台灣重要的經濟作物呢？

日治時期前的歷史文獻中幾乎找不到樹薯的紀錄，無法確定它引進的時間，可能也鮮少人栽培。直到日治時期數度自海外引進新品種的樹薯，栽培才漸漸普及。

曾引進許多熱帶植物的殖產局技師橫山壯次郎，於一九〇二年自爪哇引進甜品系樹薯[11]。此時正在籌備建立恆春熱帶植物園，許多植物引進尚在試驗階段，未有大面

樹薯釀的飲料。

樹薯餅。

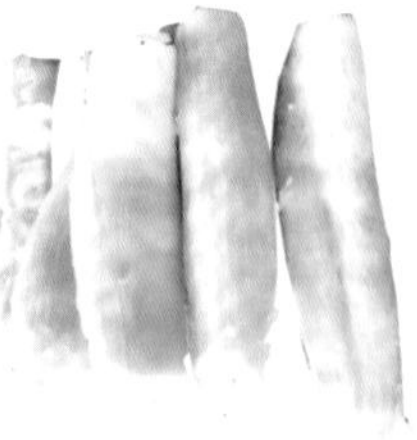

蒸熟的樹薯塊根。

積栽培。此外，或許因為樹薯對於外傷有消腫的功效，又可以治療疥瘡，一九三一年台南新營地區的大藥廠台灣生藥株式會社竟也引進樹薯。同一年，熱帶植物專家增澤深治在二水火車站附近建立私人熱帶果樹園[12]，隔年又從印度與爪哇引種栽培。這三次引進目的不明，但是到了一九三〇年代，樹薯在台灣已有了不同的用途——煉製化學溶劑。

澱粉是許多產品的重要原料，例如利用糯米、玉米、樹薯粉做麥芽糖；而番薯、樹薯、馬鈴薯、玉米、稻米、小麥都可以製造酒精，並進一步發酵成醋。澱粉含量高的樹薯成本低廉，更是澱粉界的翹楚，連製造味精、檸檬酸、丙酮、丁醇、膠水、漿糊、洗碗精都會用到樹薯粉。

今日嘉義溶劑廠的前身，是一九三八年成立的台灣拓殖株式會社嘉義化學工廠。當時便是以樹薯和番薯籤為原料，利用發酵法製作酒精、指甲去光水的原料丙酮，以及可做燃料的丁醇。國民政府來台後，發展養豬、養鰻產業，便宜多產的樹薯是做飼料不可或缺的澱粉來源。再加上一九六〇年代台灣開始外銷味精，做為原料的樹薯，栽培面積當然也跟著不斷提高。到了一九七四年，台灣栽培樹薯面積來到歷史最高點兩萬六千七百多公頃——遠超過近年當紅的咖啡、可可的栽培面積。當時靠樹薯相關產業營生的農民、工廠，不知凡幾。

---

10 英文：Heinrich Johann Nepomuk von Crantz。

11 當時引進的學名應該是*Manihot dulcis*。近代研究發現，這只是樹薯的一個品種，不是獨立的種。所以列為樹薯的同種異名。

12 今日二水萬樹園，位於火車站蒸氣火車頭的左右區域。

不能吃的化工產品都能用樹薯製造了，樹薯粉製的食品更是無所不在。故事再拉回到紅遍海內外的珍珠，相傳最初是台灣進貢給慈禧太后的祝壽禮物，從那時就紅得發紫。不過我們這一輩還是習慣稱它粉圓，原本的製作材料其實是用番薯做的番薯粉，而不是樹薯粉。番薯粉不只用來做粉圓，也可以炸雞排、炸東炸西。

後來，樹薯從這場澱粉大賽中脫穎而出！故事跟上一篇雷同——樹薯取代太白薯成為太白粉原料，原本製作粉圓及炸雞排的番薯粉，也被更便宜的樹薯粉取代了。太白粉和番薯粉名存實亡，全部都被樹薯粉消滅了！這類故事不只發生在台灣，東南亞也有相似的情況。原本用西谷椰子製作的西米露[13]，如今原料也通通改用樹薯粉。這樣說起來，現代的西米露和粉圓根本就沒有兩樣。

不過在台灣的農地上，番薯還是大獲全勝，樹薯跟太白薯早已下台一鞠躬。隨著台灣經濟結構改變，國內不再自行生產樹薯粉，加上一般民眾鮮少食用樹薯，使得栽培面積雪崩式下跌。時至今日，全台栽培面積竟連五十公頃都沒有。樹薯成為少數農家田邊栽培幾株，自栽自用的農作物。但是國內樹薯粉需求仍舊居高不下，目前幾乎都仰賴進口，每年進口量逾三十萬公噸，金額高達四十多億元，主要來自泰國、越南、印尼等東協國家。

幾年前我開始研究台灣的東南亞飛地[14]可以見到的蔬果，赫然發現，除了食用塊根，印尼、馬來西亞與中國西南少數民族還會食用樹薯葉。中和華新街、桃園忠貞市場、台中東協廣場皆有販售新鮮樹薯葉，高雄信國社區居民還特別栽培葉用樹薯。此外，台北車站印尼街、台中東協廣場、高雄火車站等地區的印尼自助餐店，樹薯葉都

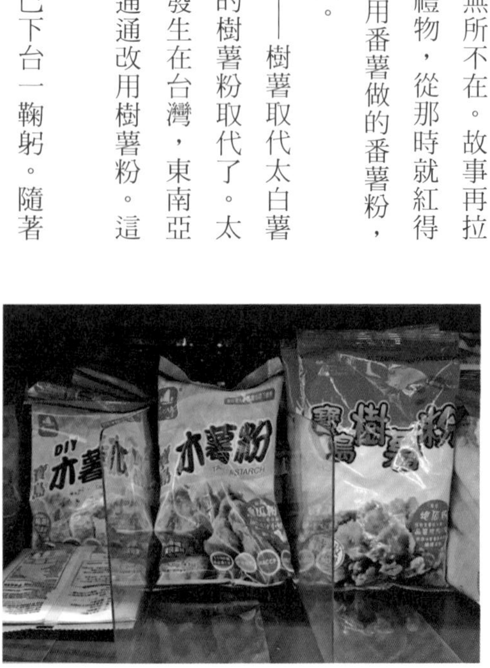

現在超市裡，不管是樹薯粉、番薯粉、太白粉還是粉圓，原料都是樹薯粉。

是週末必備的一道料理。一度被棄如敝屣的樹薯，沒想到有了新用途；幾乎消失在台灣傳統市場的樹薯塊根，變成了台灣各地東南亞市場必備商品。

當樹薯離開台灣產業的舞台多年後，珍珠奶茶與雞排成為新一代台灣之光。相較之下，我相信樹薯對台灣經濟的影響，絕不亞於珍珠奶茶和雞排，只可惜它的名氣小得多，被大家遺忘得更快、更徹底。

下次到超商購物，翻到商品後面看看原料吧！也許會發現無所不在的樹薯，也許您對它的想法也會有所改變。

---

13 請參考《舌尖上的東協——東南亞美食與蔬果植物誌》一書〈從鄭和下西洋到地理大發現〉一文。

14 飛地是一種人文地理的概念，意思是指某個地理區內有一處屬於他地的區塊。更多台灣東南亞飛地，可參考《舌尖上的東協——東南亞美食與蔬果植物誌》一書。

在東南亞市集販售的新鮮樹薯葉。

樹薯塊根是重要澱粉來源。

tshiū-tsî

樹薯

台　語 | 樹薯（tshiū-tsî）
別　名 | 木薯、南洋薯、樹番薯
學　名 | *Manihot esculenta* Crantz.
科　名 | 大戟科（Euphorbiaceae）
原產地 | 哥倫比亞、巴西、厄瓜多、祕魯、玻利維亞
生育地 | 灌叢或森林
海拔高 | 0-1500m

樹薯塊根是東南亞市場必備商品。

亞馬遜原住民栽培的樹薯。

灌木，高約 3 公尺，具地下塊根。單葉，互生，掌狀裂，基部有兩枚三角形托葉。全株含白色乳汁。花黃白色，帶暗紅色或紫紅色，單性花，雌雄同株，總狀花序頂生或腋生。蒴果橢圓球狀，有六條縱稜。種子有花紋。

◆你一定吃過的拉美薯——豆薯與馬鈴薯

一樣是源自拉丁美洲的糧食作物，馬鈴薯感覺就洋氣許多，或許是因為我們對馬鈴薯的認識，都來自一九八〇年代跟著美國速食店來台的薯條，以及進口的洋芋片吧！

說到潤餅的味覺記憶，除了香氣撲鼻的花生粉，還有一種脆脆的食材——豆薯絲，它也出現在過年時阿公做來拜拜的三絲捲當中，除了增加口感，或許也因為農曆年到清明節是豆薯的主要產季吧！

後來到台北念書才知道，原來不只粽子有南北之分，連潤餅也有。從小習慣包麵條、豆干、胡蘿蔔絲、豆薯絲的潤餅，原來是南部口味；而「三絲捲」竟是雲嘉限定的名稱，其他地方都叫做雞捲。但無論名稱如何變化，豆薯絲脆脆的口感，總是讓我想起兒時的過年，也想起阿公。

口感，也許是豆薯跟其他薯最明顯的差異吧！由於塊根富含水分，而且像瓜類一樣脆口，在中國江南一帶稱之為地瓜。後來陰錯陽差，「地瓜」在台灣反倒成為番薯的別稱。

包在春捲中的豆薯絲。

中南部台語通常叫豆仔薯，多了一個令人感到親切的「阿」音。北部則稱刈薯，據說是因為栽培時要一直割掉藤莖，這樣才可以把塊根養大。不過這可能是後來的人提出的解釋。其實它的另一個名稱葛薯，台語唸起來音同刈薯。所謂的葛，是製作葛根湯的中藥植物葛藤[15]，長得跟豆薯很像，無論是植株形態、葉片、花的顏色都十分相似。葛藤廣泛分布在南亞、東亞至澳大利亞，台灣滿山遍野可見。所以早期用葛來替豆薯取名，例如葛薯、番葛。

看到這個「番」字，不難想像這種可以跟傳統節日扯上邊的植物，也是來自拉丁美洲。取名邏輯跟番薯、番茄一模一樣。只可惜在都市化的現代，大家不只忘了豆薯的來源，連我們古老的退燒藥葛藤都忘了。

豆薯可食用的部分主要是塊根，其他部位都有毒，特別是豆子含有較多魚藤酮，可以用來毒魚或做成殺蟲劑。有些地方也會使用豆薯的莖和豆子做藥，外敷治療皰疹或當瀉劑。

豆薯在墨西哥與中美洲地區也是栽培數千年的蔬菜。西班牙征服中美洲後，將它帶到菲律賓，並逐漸傳到其他地區，大約在十八世紀（乾隆年間）引進台灣。

一七五三年林奈在《植物種志》中將它放在扁豆屬，命名為 *Dolichos erosus*。一九〇五年，研究美洲植物的德裔植物學家烏爾班[16]才將它改至豆薯屬。

15 學名：*Pueraria montana* var. *lobata*。

16 德文：Ignaz Urban

豆薯是冬季常見的蔬菜，可食用的部分主要是塊根。

一樣是源自拉丁美洲的糧食作物，馬鈴薯感覺就洋氣許多，或許是因為我們對馬鈴薯的認識，都來自一九八〇年代跟著美國速食店來台的薯條，以及進口的洋芋片吧！

馬鈴薯也是《植物種志》書中第一波植物大命名就有的作物，對歐洲地區極為重要。如果說番薯是促使東亞地區人口增加的重要救荒植物，那麼馬鈴薯就是歐洲版的番薯。

番薯、玉米是中美洲帶給世界的禮物，馬鈴薯是南美洲安地斯山的寶貝。印加文化中有玉米女神薩拉媽媽，也有馬鈴薯女神阿克索媽媽[17]。八千到一萬年前，祕魯南部至玻利維亞一帶開始栽培馴化馬鈴薯。經過數千年育種，培育出超過五千個品種，光是安地斯山地區就有超過三千個品種。除了我們常見雞蛋大小、淡黃色的品種，還有粉紅色、紫色皮的種類。

一般認為馬鈴薯是十七世紀由荷蘭引進台灣。一六四八年蘇格蘭裔大衛・萊特[18]來台擔任荷蘭東印度公司代理人，他跟隔了兩年路過台灣的荷蘭探險家司徒洛[19]，都記錄了當時富饒的大肚王國曾栽培馬鈴薯。我們這一代所學的歷史並沒有提到大肚王國，這是在台中、彰化等地，由數個原住民族組成的跨部落聯盟，曾經歷荷蘭、明鄭、大清帝國的攻擊進犯，於一七三二年瓦解。

儘管來台歷史久遠，但是台灣並不流行栽種馬鈴薯，反而一直都是配菜的角色。若不是來台許久，又是拉美植物，否則馬鈴薯會被我直接跳過，畢竟它跟台灣的鄉土或懷舊連結不多。

馬鈴薯條跟著美式速食一起來台。

比較特別的是馬鈴薯的名稱。印尼文和馬來文稱為 kentang，受其影響，星馬使用閩南語的華人與部分金門人稱馬鈴薯為蕳研薯，台灣也有少數人會這麼用台語稱呼。

薯通藷，古代是指薯蕷科的山藥，現在則進一步指具有含澱粉地下塊根或塊莖的植物，像是番薯、太白薯、樹薯、豆薯，還有馬鈴薯。不過，這些薯在植物學上都沒有血緣關係，反倒是番茄跟馬鈴薯是同科同屬的一家人，可以將番茄嫁接在馬鈴薯上，形成地上長番茄、地下長馬鈴薯的有趣現象。

番薯、太白薯、樹薯、豆薯、馬鈴薯，都是來自拉丁美洲的糧食作物，來台灣都超過百年歷史。番薯、豆薯依舊常見於市場，馬鈴薯有不少是進口，而樹薯、太白薯已十分少見，甚至消失。

隨著時代變遷，科技看似不斷發展，資訊大爆炸；餐廳看似品項變多，料理更豐富，但是不知不覺中，我們能選擇的糧食與蔬果卻變少了。那些不能大量生產、不合多數人口味的種類，退出了我們的餐桌。這些拉美薯的命運如此，那拉美蔬果呢？

---

17 英文：Axomama。
18 英文：David Wright。
19 荷蘭文：Jan Janszoon Struys。

tāu-tsî

豆薯的豆莢肥胖，節節分明。（攝影／王秋美）

豆薯

台　語｜豆薯（tāu-tsî）、豆仔薯（tāu-á-tsî）、葛薯／刈薯（kuah-tsî）

別　名｜番葛、葛薯、刈薯、涼薯、田薯、洋地瓜

學　名｜*Pachyrhizus erosus* (L.) Urb.

科　名｜豆科（Fabaceae or Leguminosae）

原產地｜墨西哥、貝里斯、瓜地馬拉、宏都拉斯、薩爾瓦多、尼加拉瓜、哥斯大黎加、巴拿馬

生育地｜灌叢或落葉林邊緣

海拔高｜0-1750m，500-900m 最常見

豆薯的藍紫色花十分美麗。（攝影／王秋美）

豆薯塊根富含水分，因此又被稱為地瓜。

草質藤本，具地下塊根。三出複葉，互生，小葉全緣或不規則粗鋸齒緣。全株被毛。蝶形花淡藍色或淡紫色，旗瓣基部黃綠色，總狀花序腋生。莢果細長。

豆薯的葉子。（攝影／王秋美）

má-lîng-tsî

馬鈴薯

台　語 | 馬鈴薯（má-lîng-tsî）、荷蘭薯（hô-lân-tsî）、蕑砌薯（kan-tan-tsî）
別　名 | 荷蘭薯、洋芋、土豆、蕑砌
學　名 | *Solanum tuberosum* L.
科　名 | 茄科（Solanaceae）
原產地 | 祕魯、玻利維亞
生育地 | 人工馴化，野外環境不詳
海拔高 | 0-4000m，2500m 以上最合適栽培

馬鈴薯的花。（攝影／王秋美）

常見的雞蛋大小馬鈴薯。

直立草本，高可達 1 公尺。具地下塊莖。一回羽狀複葉，互生，小葉全緣，大小不等。葉柄基部有一對耳狀托葉，宿存。全株被毛。花白色、紫色或藍色，花心部分泛黃，繖房花序頂生。漿果。

馬鈴薯可食用的部分是塊莖。

各種顏色的馬鈴薯。

chapter 3

夜市到供桌

來自拉美的蔬菜水果

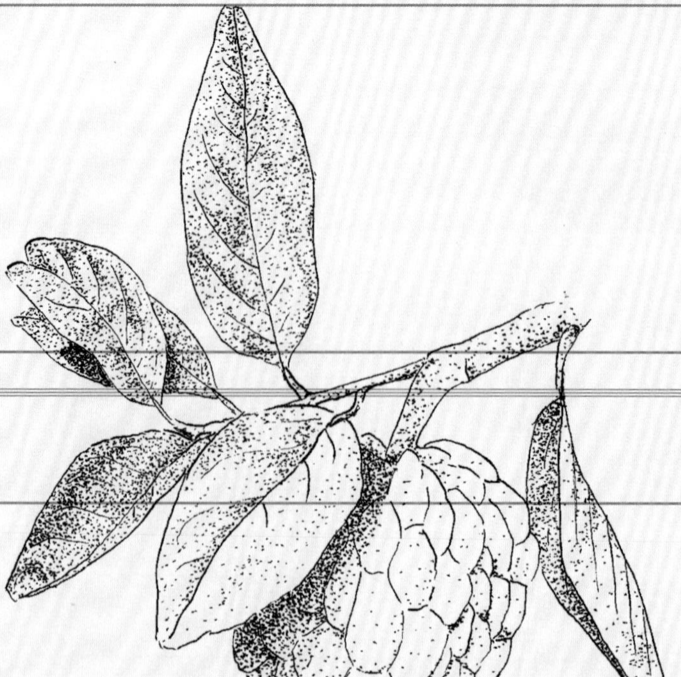

◆夜市攤位遇到豆——四季豆與皇帝豆

這兩種我們熟悉的蔬菜，在哥倫布發現新大陸前，就已經是拉丁美洲最重要的食用豆類。

鄭進一曾寫了一首描述逛夜市的台語歌《迺夜市》，相信大家都十分熟悉：「下暗咱相招來去，咱來去來去迺夜市，衫褲甲穿乎拍哩拍哩，抹粉嘛點胭脂……一攤一攤的山珍海味，頭家好禮擱好嘴。嗶過來甩過去，充滿人情味可愛的夜市。」

夜市裡有吃又有玩，充滿各式各樣台灣風味的小吃。不但國外遊客來台旅行必定要朝聖，我們自己也非常愛。從北到南，固定的、流動的，大城小鎮都有夜市的存在。每個夜市都有自己的特色美食，但我想滷味、鹹酥雞、炭烤攤子，應該是夜市必備吧！再仔細觀察，這些攤子裡有什麼共有的蔬菜，可滷、可炸、可烤？我的答案是四季豆。

四季豆台語叫敏豆仔，據說這名稱跟馬偕有關。十九世紀馬偕到淡水宣教時，發現北部蔬菜不多，因此推薦北部農民栽培四季豆等蔬菜。想像一下，當時北部居民拿著四季豆問這是什麼豆，馬偕回答「bean」之後會發生什麼事？從此以後，「bean豆」就變成了四季豆的台語敏豆仔了。

另外，跟四季豆同一家族的皇帝豆，也是大家熟悉的豆類蔬菜。它出現在夜市的季節跟地點相當特殊，北部讀者可能很難猜到。在冬春之際，南部可以吃到皇帝豆口味的大腸包小腸喔！很神奇吧！就我所知，一般糯米腸裡面都是加花生，只有嘉義、台南、高雄、屏東的糯米腸會包皇帝豆，口感跟味道非常特殊。此外，南部的潤餅裡也見得到皇帝豆，我想這應該跟產地有關，畢竟皇帝豆是道地的熱帶植物，嘉義至屏東是主要產地。

關於皇帝豆的名稱，比較常聽到的說法是，因為皇帝豆是體積最大的豆子，所以稱為皇帝豆，不過對此我持保留態度。爬梳歷史文獻，我認為皇帝豆名稱是來自皇帝御用的豆子。清代余文儀《續修台灣府志》提到：「御豆，一名觀音豆。熬食蒸豚，味尤松甘。」這筆紀錄是來自巡台御史六十七所著的《台海采風圖考》。六十七在一七四四年（乾隆九年）來台赴任。在台灣期間藉由到各地探查的機會，記錄其所見所聞。文獻中所稱的御豆跟觀音豆，就是皇帝豆的別稱。這是目前找到最早關於台灣栽培

四季豆是夜市攤位必備的蔬菜。

皇帝豆的紀錄。

有些來自拉丁美洲的蔬果，一開始是做為送給皇帝的御禮，例如玉米原本寫做御米，就是因為它是送給皇帝的禮物。同理，別稱御豆的皇帝豆，本意應該是送給皇帝的豆子，而且皇帝豆有大小不同品種，不是通通都長得這麼巨大。台灣原住民常加在飯裡或粽子裡的萊豆，就是小籽品種的皇帝豆。

皇帝豆英文 Lima Bean，Lima 是指祕魯首都利馬，為西班牙統治時期，皇帝豆從南美洲出口所標示的產地，久而久之便被稱為 Lima Bean，華文譯做利馬豆。有趣的是當 Lima 做為城市名稱時發音類似利馬，但是在 Lima Bean 中卻要唸成萊馬，所以才又有萊豆這樣的名稱。

四季豆、玉米，還有南瓜，被稱為美洲農作物三姊妹。栽培馴化時間都非常悠久，堪稱是哥倫布發現新大陸前，拉丁美洲最重要的糧食與蔬菜。

皇帝豆是市面上種子最大的食用豆類。

台灣原住民常栽培的小萊豆，就是小籽的皇帝豆。
（攝影／王秋美）

四季豆栽培歷史大約已有八千年，品種眾多，除了我們熟悉的四季豆，一般俗稱醜豆或粉豆的蔬菜，植物學上跟四季豆也是同一物種。皇帝豆栽培歷史約四千年，其中大豆形起源於祕魯，小豆形則廣泛分布在整個熱帶美洲。這兩種我們熟悉的蔬菜，在哥倫布發現新大陸前，就已經是拉丁美洲最重要的食用豆類。

回顧植物命名史，不意外地，四季豆與皇帝豆，以及它們所屬的菜豆屬，都是林奈在一七五三年於《植物種志》書中命名。先看拉丁文種小名，四季豆的種小名 *vulgaris*，意思是尋常的，而皇帝豆種小名 *lunatus* 則是像半月形的。屬名 *Phaseolus*，意思是像豇豆的，這是林奈向希臘文借字所創造，希臘文 φάσηλος，轉寫為 phásēlos，本意是豇豆，也就是我們常吃的菜豆[1]。不過要特別注意，菜豆跟四季豆的豆莢雖然長得有點像，植物分類上卻是屬於完全不同的家族。

皇帝豆與四季豆，分別在乾隆年間與光緒年間，一前一後來到台灣。經過百年時間，成為夜市裡特別的台式小吃。拉丁美洲原住民若有機會到夜市走一遭，應該也會讚嘆吧！

1 學名：*Vigna unguiculata*，是豇豆屬植物，而不是菜豆屬。

醜豆跟四季豆是不同的蔬菜，但植物學上是同一種植物。

bín-tāu-á

四季豆

台　語 | **敏豆仔**（bín-tāu-á）
別　名 | **敏豆、醜豆**
學　名 | *Phaseolus vulgaris* L.
科　名 | **豆科**（Fabaceae or Leguminosae）
原產地 | **墨西哥、瓜地馬拉、宏都拉斯、尼加拉瓜、哥斯大黎加、巴拿馬**
生育地 | **灌叢或松樹林邊緣**
海拔高 | 300-2000m

一年生草質藤本。三出複葉，互生，托葉三角形，在葉柄基部對生。小葉全緣。全株被毛。蝶形花白色轉淡橙黃色或紫紅色，花在花序軸上對生，花序腋生。莢果細長。

四季豆的豆莢較短。

四季豆的花。（攝影／王秋美）

hông-tè-tāu

皇帝豆

台　語 | **皇帝豆**（hông-tè-tāu）
別　名 | **萊豆、利馬豆、御豆、觀音豆**
學　名 | *Phaseolus lunatus* L.、*Phaseolus limensis* Macfad.
科　名 | **豆科**（Fabaceae or Leguminosae）
原產地 | **墨西哥、貝里斯、瓜地馬拉、宏都拉斯、薩爾瓦多、尼加拉瓜、哥斯大黎加、巴拿馬、哥倫比亞、委內瑞拉、巴西、厄瓜多、祕魯、玻利維亞**
生育地 | **河岸林、灌叢**
海拔高 | **小豆形** 1600m **以下，大豆形** 320-2030m

皇帝豆的花。（攝影／王秋美）

有花紋的皇帝豆。

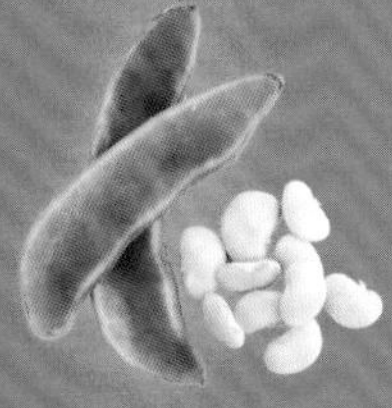

皇帝豆是市面上種子最大的食用豆類。

草質藤本。三出複葉，互生，托葉三角形，細小，在葉柄基部對生。小葉全緣。全株被毛。蝶形花白色轉淡黃色，花在花序軸上對生，花序腋生。莢果刀狀。

◆夜市買不到的媽媽味——南瓜

我很疑惑，為什麼炒米粉在小吃店或夜市這麼常見，可是想找到南瓜炒米粉卻那麼難？

有一道大家都吃過，喜歡的人很多，但是夜市或一般小吃店卻鮮少販賣的家常料理，那就是南瓜米粉，對於到異鄉打拚的遊子而言，應該是故鄉味、媽媽味滿點吧！可是偏偏想媽媽的時候，卻不知道要上哪去吃。

對我來說，南瓜，是專屬於外婆家的味道。阿公阿嬤不喜歡吃南瓜，也不會栽種。所以小時候我吃的南瓜，都是外婆栽培的。大年初二回外婆家過年，她總是會讓我們帶上幾顆南瓜，回家後就能品嚐到媽媽做的南瓜米粉。

我一個人在台北讀書、工作的時候，曾經想念這道料理卻找不到地方吃。我很疑惑，為什麼炒米粉在小吃店或夜市這麼常見，可是想找到南瓜炒米粉卻那麼難？我想了想，或許是因為米粉與南瓜的特性吧！南瓜米粉在起鍋的瞬間，最漂亮也最好吃。稍微放久一點，米粉就漸漸爛了，顏色也會跑掉。偏偏米粉要炒之前得先花時間泡水，所以一般賣炒米粉的店家都會事先炒起來放在保溫設備裡。再加上南瓜本身是慢熟的食物，如果南瓜炒米粉要現點現做，那真的非常花時間，不僅店家嫌麻煩，客人應該也會等得不耐煩。但如果將南瓜米粉事前炒起來，等客人上門再加熱，恐怕口味也會大打折扣吧！

不過，黃澄澄的南瓜，搭配容易吸水的米粉真是絕配，南瓜的顏色與香氣很容易就跟米粉完美結合。但是您知道嗎？這道台式料理中不可或缺的南瓜，最早可是來自拉丁美洲。

南瓜於荷蘭時期便引進台灣。當時來到大肚王國的大衛．萊特與司徒洛除了記錄馬鈴薯，也有記錄到南瓜。這種好吃的蔬菜兼糧食，歐洲人很早就接受了，加上南瓜長相特別，所以我相信這兩個外國人不會看錯。

南瓜台語叫金瓜，蔣毓英《台灣府志》介紹：「金瓜，有大、小二種，大者有純黃色，有青而斑點色，小者鵝毛黃色，人以供佛。」這段紀錄讓我很納悶，難不成在十七世紀，台灣曾經栽培過沒有斑點的西洋南瓜或美洲南瓜嗎？

許多農作物往往是由同一個物種所培育出的不同品種，像地瓜、玉米就是如此，不管是什麼顏色，在植物學上都是同一物種。但南瓜就不是這麼一回事了，可以食用的南瓜分屬於幾個不同的物種，台灣可以見到的至少就有四種：中國南瓜、西洋南瓜、美洲南瓜、黑子南瓜。不過無論叫什麼名字，南瓜的原產地都在拉丁美洲，跟亞洲一點關係也沒有。

媽媽做的南瓜米粉。

林奈一開始可能也認為南瓜跟其他農作物一樣，都是源自同一種，所以在《植物種志》中只發表了美洲南瓜。後來對南瓜特別有研究的法國植物學家杜歇[2]，在一七八六年才將西洋南瓜與中國南瓜發表為新種。

台灣栽培最多的物種，一般稱為中國南瓜，果實木瓜形或西洋梨形、皮有不規則花紋。在台灣的栽培歷史最久，最普遍，最耐熱，抗病力也好。此外，中國南瓜的葉脈有美麗的白色花紋，若不是巨大的藤蔓，完全可以當觀葉植物栽培。

大家常說的栗南瓜，口感特別綿密，又稱西洋南瓜或印度南瓜，學名是 *Cucurbita maxima*，意思就是巨大的。上個世紀才引進，來自南美洲南部的玻利維亞跟阿根廷。由於比較喜歡涼冷的環境，所以日本或溫帶地區多半栽培此種。歐美萬聖節用來做面具燈籠，以及美國栽培的巨大南瓜也是這個物種。

林奈最早發表的 *Cucurbita pepo*，我們稱為美洲南瓜。它的果實形態多元，反倒很容易讓大家誤以為是不同種。像是長條狀的櫛瓜，因為夏天採收又稱夏南瓜；冬天採收的麵條瓜又稱冬南瓜。另外還有造型千奇百怪的玩具南瓜，多半也都屬於這個種。台農企業在一九五五年率先引進許多美洲南瓜的品種。

台灣較少見的魚翅瓜，因為種子顏色與眾不同，又叫黑子南瓜，外觀反倒像是西瓜一般。可能是原產於祕魯的山地，是一九六九年高雄農友種苗引進。

除了果實可以食用，南瓜的種子和嫩芽也可以吃。嫩芽食用方式類似龍鬚菜。超市雖然沒有，但可以在傳統市場看到。

南瓜種子稱為南瓜子或白瓜子，是農曆新年桌上必備的點心零嘴，也會如同花生般加工製成餅乾或糕點，例如南瓜子酥。

萬聖節燈籠用的巨大南瓜也是屬於西洋南瓜這個物種。

栗南瓜又稱西洋南瓜或印度南瓜。

從夜市找不到的媽媽味，到農曆年解饞的零食。拉丁美洲原住民一定沒有想過，當南瓜離開新世界數百年後，竟然會在他鄉遇到米粉這種跟它如此速配的食材，甚至變成台灣傳統的一部分！

玩具南瓜是屬於美洲南瓜這個物種。

長得像西瓜的魚翅瓜又稱黑子南瓜。

長條狀的櫛瓜又稱夏南瓜，也是屬於美洲南瓜。

2 法文：Antoine Nicolas Duchesne。

kim-kue

我們常吃的南瓜屬於中國南瓜這個物種，表皮有花紋。

南瓜

台　語｜**金瓜**（kim-kue）
別　名｜**金瓜、中國南瓜**
學　名｜*Cucurbita moschata* Duchesne
科　名｜**瓜科**（Cucurbitaceae）
原產地｜**墨西哥、貝里斯、瓜地馬拉**
生育地｜**人工馴化，野外環境不詳**
海拔高｜0-2400m

南瓜葉葉脈有銀白色花紋。

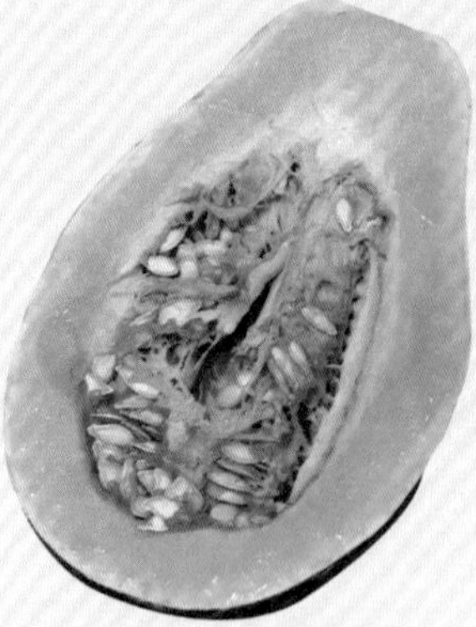

南瓜果肉黃澄澄，十分美麗。

草質藤本。單葉，互生，葉脈有銀白色紋路。有卷鬚。全株被毛。單性花，雌雄同株，花橘黃色，漏斗狀，單生於葉腋。瓜果扁球形、橢圓球形至梨形。

南瓜的花也可以食用。（攝影／張淑貞）

◆兄弟串燒——青椒與辣椒

青椒台語叫青番薑仔、大粒番薑仔，而辣椒的台語叫番薑仔，由此可推測，過去農業社會應該知道青椒就是辣椒，只是果實比較巨大罷了。

台灣的夜市還有一種蔬菜，跟四季豆一樣可滷、可炸、可烤——就是青椒。但是我想問大家，吃青椒會加辣嗎？您知道辣椒跟青椒是親兄弟嗎？在植物學上，青椒跟辣椒是同一個物種，所以我總是異想天開，認為在烤青椒上撒辣椒粉，應該比照親子丼，命名為兄弟串燒。

辣椒是辣味的主要來源，世界各地都有愛這種刺激的饕客，吃什麼都要加辣，連水果也不例外。甚至在辣椒原產地拉丁美洲，當地人喝可可都加辣。

不過，辣其實是一種痛覺刺激。雖然酸甜苦辣鹹被稱為五味，但事實上辣不是舌頭所能感受的味道，而這也是為什麼吃太辣會造成腸胃不舒服的原因。

我自己不太敢吃辣，卻喜歡吃青椒。再加上辣椒種源在亞馬遜流域，所以我對這種奇特的植物充滿了好奇，也因此知道替辣椒傳播種子的鸚鵡，其實感覺不到辣。

在植物學上，辣椒跟馬鈴薯、番茄同樣屬於茄科這個大家族。不過，相較於茄屬，辣椒屬是一個小的屬，只有二十多種。屬名 *Capsicum* 是林奈在《植物種志》中所創造，源自古希臘文 καψικός，轉寫 kapsikós，意思是像盒子的。英文 chili 則是來自納瓦特語 chīlli。

人類栽培辣椒大約有七、八千年，經過漫長時間的育種，辣椒的果實跟南瓜一樣，有非常多不同的形態：長的、短的、胖的、尖的、圓的，甚至南瓜形的、蓮霧形的，各式各樣。更容易令人混亂的是，人類常使用的辣椒，從植物分類的角度來看，就包含了四、五個不同的物種。

一般常見的長條狀辣椒，跟青椒是同樣的物種，栽培最多、最普遍，是墨西哥與瓜地馬拉一帶栽培馴化的種類，也是辣椒屬的模式種。一七五三年跟著屬名一起被林奈命名。拉丁文學名種小名 *annuum* 意思是一年的。不過辣椒並不是一年生植物喔！如果環境合適，可以存活數年。

全球知名的塔巴斯科辣椒醬[3]，原料是小米辣椒，又稱鳥嘴椒、朝天椒，原產於亞馬遜流域一帶。部分學者認為它是所有栽培種辣椒的共同祖先。種小名 *frutescens* 意思是像灌木一般的，也是跟屬名同時被命名。

林奈後來在一七六七年於《自然系統》[4]書中又命名了漿果辣椒，種小名 *baccatum* 意思就是漿果狀的。漿果辣椒分布在安地斯山南段至巴拉圭、烏拉圭一帶，跟其他辣椒形態最明顯的差異在於花瓣基部有黃綠色斑點。一般所稱的風鈴椒、燈籠椒或蓮霧辣椒就是屬於這個物種。

小米辣椒果實細小。

塔巴斯科辣椒醬原料是小米辣椒。

一般稱為哈瓦那辣椒、古巴辣椒、黃辣椒的種類，植物學上稱為中華辣椒。其種小名*chinense*意思是中華的，於一七七六年由荷蘭植物學家尼可拉斯·馮·雅欽[5]所命名。不過它的起源地與小米辣椒重疊，跟中華一點關係也沒有。因為辣度極高，又有魔鬼椒、斷魂椒、死神椒這樣恐怖的稱呼。

形狀略像草莓的漿果辣椒在南美洲十分常見。

花蓮東大門夜市的毒蠍椒就是哈瓦那辣椒，中華辣椒的一個品種，而燈籠椒則是漿果辣椒的一個品種。
（攝影／王秋美）

3 英文：Tabasco sauce。
4 拉丁文：*Systema Naturae*。
5 荷蘭文：Nikolaus Joseph von Jacquin。

以上四種是經濟栽培最多的種類。另外還有一個栽培馴化種絨毛辣椒，種小名 *pubescens* 意思是有毛的。由於它是紫色花，植株呈灌木狀，所以非常容易分辨。果實雖然也當香料，但是主要只有原產地安地斯山脈中高海拔的當地人會食用。一九七三年張碁祥曾自日本引進，台灣通常栽培來觀賞。

這麼多種辣椒，令人頭暈眼花。不要說一般人分不清楚，連研究植物的人都感到複雜。只能說辣椒的果實真的太多樣了，這也難怪多數人不知道辣椒跟青椒是同一種植物。

青椒台語叫青番薑仔、大粒番薑仔，而辣椒的台語叫番薑仔，由此可推測，過去農業社會應該知道青椒就是辣椒，只是果實比較巨大罷了。不過，青椒還有另外一個耐人尋味的台語叫做大同仔。據學者研究，很可能是因為過去青椒主要是由屏東隘寮大同農場所培育生產，因而得名。

一九五四年，政府為了處理軍人退伍後的就業、就醫等問題，成立了國軍退除役官兵輔導委員會，一般簡稱退輔會。退輔會轄下有農場、林場與各式工廠，而屏東隘寮大同農場就是相關機構。除此之外，比較有名的還有安置泰緬孤軍的清境農場、高雄農場等[6]。一九九〇年以來，隨著時代變遷，退撫業務告一段落，這些地方轉型觀光農場，成為大眾休閒遊憩的好去處。

雖然辣椒可能早在荷蘭時期便引進，但是台灣早期不太喜歡吃辣，甚至不太敢吃辣，文獻上對辣椒記錄不多。至於青椒，目前找到比較明確的引進年代是一九一一年。更早之前是否有食用青椒，過去似乎沒有學者研究考證，但是從清代文獻的描述，我

絨毛辣椒的花朵是紫色的。

認為當時就已經有青椒了。

華文所謂的椒，最初是指口感麻多於辣的花椒。張騫通西域後，經絲路從南亞傳到東亞的辣味香料，跟所有從西域來的植物一樣冠上胡字，稱為胡椒。明代後從美洲飄洋過海的辣椒，一開始則稱為番椒。不過，台灣古代的辣味香料主要是薑，所以台語稱辣椒為番薑。台語對於辣這樣的刺激，通常不會說辣，而是說薟，所以又有薟薑這樣的名稱。

十八世紀末，記錄皇帝豆的那位乾隆朝官員六十七，同樣在《台海采風圖考》中記錄辣椒：「番薑，木本；種自荷蘭。開花白瓣，綠實尖長；熟時，朱紅奪目。中有子辛辣，番人帶殼啖之。內地名番椒。更有一種，結實圓，而微尖似柰；種出咬𠺘吧，內地所無也。」[7]這段文字不但正確描述了辣椒的花、果、來源地、引進者、名稱，還介紹原住民的食用方式。最重要的是，可以知道當時栽培的種類，除了長條狀的辣椒，也可能有圓果的青椒。因為「柰」這個字，古代指的就是蘋果。如果外型跟大小長得像蘋果，那是青椒的可能性非常高。

另外，「咬𠺘吧」是古代對椰城雅加達的稱呼[8]。國外學者研究，辣椒在十七世紀中葉已引進印尼，所以當時荷蘭從雅加達引進辣椒一點也不奇怪。只不過這點倒是跟其他荷蘭引進台灣的美洲蔬果來源不太一樣。美洲熱帶蔬果多半是西班牙先引進菲

---

6 請參考《舌尖上的東協——東南亞美食與蔬果植物誌》一書。
7 該筆資料收錄在余文儀《續修台灣府志》。
8 雅加達在古代稱為Kelapa，原意是椰子。華文古代直接音譯為噶喇吧、咬𠺘叭、咖𠺘吧等。

律賓，然後再從菲律賓引進。荷蘭自爪哇帶來的熱帶植物，則多半是東南亞或南亞原產。我推測這或許是因為東南亞對辣味十分喜愛，加速了辣椒的流通與傳播。

到了咸豐年間，一八五二年刊行的《噶瑪蘭廳志》還記載了辣椒「可作辣醬，御溼之菜也」[9]，由此可知，當時漢醫已經清楚辣椒具有發汗、去除身體溼氣的功效。作者陳淑均另外寫道：「番薑：有方、長二種。」從形狀來看，會被說成方形，怎麼看都是青椒，不會是其他辣椒。

華人吃辣的歷史不長。雖然早在明朝萬曆年間，一本由奇人高濂所寫的養生奇書《遵生八箋》中，就有寫到辣椒[10]。但是，就連溼氣重而愛吃辣的四川、貴州、湖南一帶，也是到乾隆年間才開始使用辣椒，嘉慶道光之後才逐漸普及。後來國民政府來台，把吃辣的習慣帶到台灣。所以台灣夜市小吃攤老闆會問客人：「要加辣嗎？」歷史應該就是短短數十年吧！

熙來攘往的夜市，「要加辣嗎？」聲音此起彼落。但是加辣背後的歷史、文化，還有植物，卻在習慣中慢慢被遺忘。

---

9 原文：「又有番薑，花白瓣綠，熟時朱紅，中有子辛辣；更有實圓尖小者，種出咬嗆吧。晒乾可作辣醬，御溼之菜也。」

10 原文：「番椒叢生白花，子儼禿筆頭，味辣色紅，甚可觀。子種。」該書於一五九一年出版。

huan-kiunn-á

辣椒

台　語 | 番薑仔（huan-kiunn-á）、蘞薑仔（hiam-kiunn-á）、蘞椒仔（hiam-tsio-á）、大同仔（tāi-tông-á）

別　名 | 番椒、青椒、甜椒

學　名 | *Capsicum annuum* L.

科　名 | 茄科（Solanaceae）

原產地 | 墨西哥、瓜地馬拉

生育地 | 人工馴化，野外環境不詳

海拔高 | 0-2000m

青椒跟辣椒植物學上是同一種植物。

辣椒小苗。

一般常見的辣椒也曾栽培做觀賞植物。

辣椒的花。

亞灌木，高可達 120 公分。單葉，互生，全緣。全株被毛。花白色，單生或兩三朵簇生於葉腋。漿果。

◆夜市的古早味水果切盤——番茄

我想，番茄剛引進台灣的時候，大部分人也都不太習慣它的味道吧！番茄的台語甚至叫做臭柿仔，形容它的特殊氣味。

夜市有熱食，也有水果。說到夜市水果，大家會想到什麼呢？我認為最具台灣味的，就是番茄切盤與番茄夾蜜餞！

印象中，小時候在高雄夜市裡常見黑柿番茄切盤，沾醬是醬油膏混薑末或南薑末、砂糖、甘草粉。這是起源於台南、高雄一帶的特色小吃，後來隨著人口遷移，慢慢也拓展到台灣其他地區的夜市。

這道番茄小吃，藏著台灣的歷史，也藏著漢醫的智慧。漢醫認為番茄是寒涼的水果，而薑與南薑卻有驅寒的作用。兩者搭配，相得益彰。

夜市還有一種比番茄切盤更普遍、接受度更高的番茄吃法——小番茄夾蜜餞，這也是我記憶中的古早味。小時候我不喜歡吃番茄，不愛它的酸味，也不愛它的口感。所以母親總是會買蜜餞回家，去籽、切片，然後費心地包到小番茄中，或是用牛番茄

夜市的番茄切盤沾醬是醬油膏混薑末。

炒蛋，鼓勵我吃這種營養的蔬果。

我想，番茄剛引進台灣的時候，大部分人也都不太習慣它的味道吧！番茄的台語甚至叫做臭柿仔，形容它的特殊氣味。於是才有了番茄切盤這樣的食用方式，藉由其他香料來掩蓋番茄的味道。

參考蔣毓英等人編撰的《台灣府志》：「甘仔蜜，形如柿，細如糖，初生青，熟紅，味濃，肉多細子，亦不堪充果品，可或糖煮成茶品。」從描述可以發現，當時番茄應該沒有多好吃，所以還得加糖煮。甚至過了約一百年，《續修台灣府志》[11]的紀錄仍舊類似。所以我認為，無論是清代加糖一起煮，還是近代夜市裡沾加了砂糖的醬油膏，都是因為番茄的味道不夠好。

這裡提到的甘仔蜜是番茄的台語，是從泉州話柑仔得演變過來。歷史學家研究，柑仔得音譯自菲律賓他加祿語 kamatis，而 kamatis 這個稱呼則是宿霧語 tamatis 的變音，源自引進番茄到菲律賓的西班牙語 tomate。而 tomate 跟英文 tomato 則是來自墨西哥古代常用的納瓦特語 tomātl，據說本意是形容它胖胖的。

番茄栽培歷史沒有前面提到的作物那麼久遠，大約只有兩千多年，在中美洲的阿茲提克帝國建立後才開始進行育種，並將它做為蔬菜來料理。根據史上第一位人類學家德．薩哈貢[12]的紀錄，十六世紀墨西哥已經可以見到數種不同大小與顏色的番茄。大家千萬不要誤會，番茄的原產地可不是墨西哥喔！它的故鄉在南美洲祕魯。

11 原文：「柑子蜜形似柿，細如橘；和糖煮，作茶品。」
12 西班牙文：Bernardino de Sahagún。

番茄剛引進台灣時，許多人不習慣它的味道。

荷蘭統治台灣的時候，從西班牙殖民地菲律賓引進了番茄。不過最初只把番茄當做觀賞植物。因為當時歐洲認為番茄跟致命的癲茄[13]一樣含有劇毒，除了西班牙，其他國家長達一、兩百年不敢食用。直到十七世紀末，番茄才在義大利一帶被當做蔬果栽培。英國起初稱番茄為愛情蘋果，送給情人當做裝飾品，即使知道歐陸已開始食用番茄，也要到十八世紀中葉才普遍食用，之所以把番茄做成蔬菜料理，據說是因為迷信煮熟後能夠將毒素破壞，吃起來比較安全。

歐洲人對番茄的歧視，從植物命名多少也可以看出端倪。一七五三年林奈替番茄命名，居然用「狼桃」這樣奇怪的稱呼做為它的種小名[14]，典故源自古代歐洲認為巫師會利用有毒的癲茄召喚狼人。不過隔年，蘇格蘭植物學家菲利普．米勒[15]在《園丁辭典》[16]提出以狼桃 *Lycopersicon* 為名建立番茄屬，給予番茄的種小名 *esculentum* 意思是可以食用的，這倒是還給番茄一個公道。

有趣的是，名人認為好吃的東西，似乎更容易流行。十八世紀末，第三任美國總統湯瑪斯．傑佛遜[17]在派駐法國擔任大使期間，品嚐到香草冰淇淋[18]和番茄的美味，此後種了一、兩百年番茄的美國才開始流行吃番茄。更令人莞爾的是，一八九三年美國還曾為了課稅的問題，針對番茄到底算蔬菜還是水果而告上最高法院。

說了半天，大家常吃的番茄究竟有沒有毒呢？事實上番茄的植株和未熟果確實有毒。這是植物為了避免未成熟的果實被吃掉，演化出來的防禦機制。但是現代我們食用的番茄，已經幾乎沒有毒素了，可以安心食用。番茄果實鮮豔，不只人類愛吃，引進後也吸引鳥類等動物取食、傳播，已逐漸在台灣各地歸化。

番茄的栽培歷史雖然沒有其他來自拉丁美洲的糧食與蔬菜那麼悠久，但是經過短短幾百年，番茄已經遍及全球的餐桌。不但品種眾多，食用方式也五花八門。台灣在這波番茄大賽中，不但培育出甜死人不償命的小番茄，不用沾醬就很好吃，還發展出各式各樣、獨一無二的番茄料理，例如改變了泰式打拋豬肉的烹調方式，在當中加入小番茄，二〇二〇年還因此被一位泰國網紅判了「死罪」！意外紅回泰國。

回顧番茄歷史。數百年前愛吃玉米餅的墨西哥，將番茄和辣椒做為醬汁佐餐，甚至北傳到美國變成了知名的莎莎醬。可是初傳到台灣，我們卻試圖用沾醬掩蓋番茄的味道。

番茄切盤也好，番茄夾蜜餞也罷！這個拉美原住民，早已和熱帶東南亞的薑與南薑攜手，混合了東亞溫帶的梅子與甘草，融入台灣特有的夜市文化。

---

13 歐洲原產的茄科植物，學名*Atropa belladonna*，含有劇毒。可以做藥用或女子放大瞳孔的眼藥水。

14 古希臘文λύκος，轉寫為lúkos，意思是狼；περσικόν，轉寫為persikón，意思是桃子。兩個字合成λυκοπέρσικον，轉寫為lūkopersikōn，意思就是狼桃。林奈將這個字拉丁化，成為番茄的種小名*lycopersicum*。

15 英文：Philip Miller。

16 英文：*The Gardeners Dictionary*。

17 英文：Thomas Jefferson，於一七八五至一七八九年曾派駐法國擔任外交官。

18 關於香草與香草冰淇淋的歷史，請參考《看不見的雨林——福爾摩沙雨林植物誌》。

kam-á-bit

番茄

台　語 | 柑仔蜜（kam-á-bit）、柑仔得（kam-á-tit）、臭柿仔（tshàu-khī-á）、烏柿仔（oo-khī-á）
別　名 | 西紅柿
學　名 | *Solanum lycopersicum* L.、*Lycopersicon esculentum* Mill.
科　名 | 茄科（Solanaceae）
原產地 | 祕魯
生育地 | 人工馴化，野外環境不詳
海拔高 | 0-2000m

番茄是蔓性植物，會沿柱子攀爬。

近幾年特別流行的黑番茄。

蔓性草本。一回羽狀複葉，互生，小葉鋸齒緣，大小不等。全株被毛。花黃色，總狀花序腋生或側生。漿果球形、扁球形至橢圓球形。

番茄的花。

番茄的羽狀複葉。

◆港澳僑生看不懂的夜市招牌——芭樂

大約一九八〇年代末期，紙盒裝的綠洲果汁出現「芭樂汁」這樣的用詞。從此以後，芭樂漸漸取代了番石榴，成為大家熟悉的名稱。

夜市裡有一種常見的招牌，我們遠遠看見就知道在賣什麼，但外國朋友甚至中港澳星馬等地的僑生，初次看見都會一頭霧水，明明是寫華文，卻看不懂所賣何物，那就是「甘草芭樂」。

約莫二〇一〇年代起，網路興起一波用華文音譯台語的風潮，一時間各地出現了諸如「夯寒吉」、「很慢的奶雞」等詞，懂台語的人會心一笑，不懂台語的人也藉此學到一些詞彙。不過，最早以華文直接音譯台語的水果，我想或許是芭樂。

早在上個世紀末，台語拔仔就被美化成芭樂，除了夜市招牌，流水席常見的芭樂汁，很可能就是「芭樂」這個名稱的由來。一九六〇年代，黑松等飲料大廠推出系列果汁，解決了芭樂不易保存及運送的問題。沒想到一炮而紅，芭樂汁變成了宴席不可或缺的好滋味。不過當時玻璃瓶上還是寫做「番石榴」。大約一九八〇年代末期，紙盒裝的綠洲果汁出現「芭樂汁」這樣的用詞。從此以後，芭樂漸漸取代了番石榴，成為大家熟悉的名稱。

那為什麼番石榴的台語叫做拔仔呢？這是一個有點複雜的故事。我查了不少資料，發現兩種說法，再加上自己的推測，請聽我娓娓道來。

史學家研究，拔這個字極可能受西班牙或是葡萄牙的影響。西班牙文稱番石榴為Guayaba，葡萄牙文則是Goiaba，名稱尾音的ba很可能就是「拔」字的由來。除了影響台語，也影響了菲律賓，他加祿語稱芭樂為Bayabas。

不過，我還聽過另一種說法解釋「拔」字由來。台語原本不是叫拔仔，而是「林拔仔」。「仔」是台語常見的語尾助詞，無意義，一般發做「阿」音，但是接在拔後面發做「辣」音。「林」在這裡的台語發音幾乎等同「那」，是台語「那親像」的簡化，意為「很像是」，所以台語「林拔仔」意思是「很像是拔啊」。這樣就很有趣了，既然是很像拔，所以有另外一種東西叫做「拔」囉？於是有人提出「拔」指的是「桲」。「林拔仔」原意是「很像是桲」。

桲全名為「榅桲」[19]，是一種溫帶水果，外觀跟大小很像西洋梨，切開像蘋果。對於這個說法我持保留態度。雖然榅桲果實與芭樂確實有幾分相似，但台灣地處熱帶及亞熱帶，大家對「榅桲」根本一點也不熟，台灣的歷史文獻上也沒有提過榅桲，有可能用一種不熟的植物來比擬嗎？

我個人認為拔這個字來自西班牙語或葡萄牙語沒錯。「林拔仔」不是看起來像拔，而是聽起來像拔。這樣就解釋得通了。

到這邊，大家應該快崩潰了。但還沒結束，還有最後一個補充，是我自己的推測。一六八五年蔣毓英在《台灣府志》提到：「番石榴……俗稱梨仔拔。」梨仔拔台語發音是 lâi-á-pua̍t，跟西班牙文 Guayaba 後兩個音節非常接近。雖然現在沒有人使用梨仔拔一詞，但這筆文獻紀錄或許有助於確定芭樂的名稱由來。

解釋完台語，再解釋番石榴的名稱由來就簡單多了。番石榴不只外觀與石榴相似，連種子多這個特點也相仿；而番字，是大航海時代拉丁美洲植物被引進後的常見姓氏。《台灣府志》：「番石榴，形與白石榴相近，皮青、肉紅，中多細子，味酸甘。」交代非常清楚。

芭樂的故事基本上跟前面所有植物一模一樣。芭樂原本廣泛分布在整個拉丁美洲，地理大發現時期，西班牙將芭樂帶到亞洲，最後成為熱帶地區重要的水果。命名過程也一樣沒創意，大家都猜得到，同樣是林奈，一七五三年在同一本書裡，芭樂跟著屬名一起被命名。原本南美洲與加勒比海地區的阿拉瓦克語稱芭樂為 guayabo。西文 Guayaba、葡文 Goiaba，還有我們相對熟悉的英文 guava，以及拉丁文學名種小名 *guajava* 都源自於此。芭樂屬名 *Psidium* 則來自古希臘文 ψίδιον，轉寫為 psídion，意思是具入侵性的。

芭樂跟多數桃金孃科植物一樣，都有特別的味道。愛的人說香，厭惡的人卻認為十分難聞。清代的愛玩客郁永河就是不喜歡芭樂味的代表人物。一六九七年（康熙

---

19 學名：*Cydonia oblonga*，薔薇科植物。

三十六年）他來台灣出差採硫磺兼旅遊，從南一路玩到北，隔年將所見所聞寫成有名的《裨海紀游》。書中提到芭樂：「果實有番檨、黃梨、香果、波羅蜜，皆內地所無。獨番石榴不種自生，臭不可耐，而味又甚惡。」我們特愛的滋味，被郁先生嫌得一文不值，還連用兩句嚴加批判。若非他有先聲明是番石榴，單看文字還以為是在講榴槤。

這段文字除了凸顯芭樂的味道，也有助於我們推想芭樂是何時來到台灣。從郁永河特別提到芭樂在台灣不用栽種就會自己長出來，可以推測當時芭樂或許已經歸化全台，就跟現在一樣到處都會長。芭樂是木本植物，種子倚靠動物傳播。如果要長得到處都是，或許不是幾十年的光陰就能達成。所以芭樂來台的時間，有可能早於荷蘭。

另外還有一個在台灣待十年的地方官員尹士俍也寫過芭樂。尹士俍從雍正七年待到乾隆四年，官職一路上升，來台時間比多數官員長得多。我認為他的紀錄更仔細，也更客觀，其著作《台灣志略》[20]提到芭樂花白色、具有香氣，果實跟石榴有一點點像並且有澀味。字裡行間，我相信他是真的看過，也吃過芭樂，所以印象深刻。

台灣的兒童唸歌：「呷拔仔，放槍子……」芭樂籽多，而且不會被消化，加上容易傳播，四處可見自生小苗，往往被認為是臭賤的植物。甚至在台灣的習慣用語中，芭樂也被用做貶抑的形容詞，代表不實在、不好的，例如芭樂票、芭樂歌、芭樂案。據說因為這樣，芭樂和一樣籽多且到處長的番茄，都被認為是不潔的水果，不可以上供桌祭拜神明。

縱使上不了供桌，芭樂仍是鄉土植物的代表。除了果實可新鮮食用，芭樂樹枝堅韌有彈性，可以做彈弓。在物質相對缺乏的時代，芭樂彈弓是孩子人手一把的ＤＩＹ玩

芭樂很容易自生。

具始祖；芭樂葉晒乾後沖泡，是農村時代的芭樂茶；而芭樂果乾、葉子也都是傳統的青草藥。

猶記得那年我去到芭樂的故鄉，與之相遇。那裡，芭樂是道道地地的土產，可是芭樂的香氣，卻使人有種他鄉遇故知的熟悉感。

安地斯山中小鎮，市場上販賣的芭樂是土芭樂。來到亞馬遜西部，芭樂就長在進原住民村子必經的路旁，嚮導採下幾顆給大家品嚐。原來，亞馬遜的原始風味，跟我熟悉的土芭樂別無兩樣。一時間我有些錯亂，走在陌生的厄瓜多，卻彷彿穿越時空，回到童年隨手採芭樂吃的瞬間。

只是讓我納悶的是，亞馬遜野生的芭樂裡竟然沒有蟲耶！難不成是還沒有孵化嗎？細思極恐，還是不要再想了，因為都吃下肚了。

逛夜市，吃芭樂，沒想到也有那麼多細節藏在裡頭。考證名稱的由來，更加凸顯芭樂的身世，直接連結到拉丁美洲。因為不管是尾音拔，還是起始字林，都暗示其來自他鄉。即便叫土芭樂，也改變不了它是外來植物的事實。

不過，日久他鄉是故鄉。數百年間，這個來自拉丁美洲的味道早已融入我們的鄉土。從夜市到流水席，以及只有台灣才懂的名稱「芭樂」，都是極具特色的正宗台灣味。

二〇二〇年迄今，新冠肺炎疫情肆虐全球，無法出國旅遊，那就喝杯芭樂汁吧！從一顆芭樂開始，細細品味拉丁美洲的滋味，感受我們跟拉丁美洲最近的距離。

20 《台灣志略》：「番石榴，俗名莉仔茇；郊野偏生，花白頗香。實稍似榴，雖非佳品，台人亦食之；味臭且澀，而社番則皆酷嗜焉。」該書已散失，上段文字收錄於《續修台灣府志》中。

安地斯山區市場販售的土芭樂。

香芭樂是葉子與果實特別小的品種。

番石榴

台　語 | 菝仔 / 拔仔（pát-á）、林菝仔 / 那菝仔（ná-puát-á）
別　名 | 芭樂
學　名 | *Psidium guajava* L.
科　名 | 桃金孃科（Myrtaceae）
原產地 | 墨西哥、中美洲、哥倫比亞、委內瑞拉、巴西、厄瓜多、祕魯、玻利維亞、巴拉圭、阿根廷、西印度群島
生育地 | 受干擾地區
海拔高 | 0-2000m

觀葉品種的芭樂，葉脈跟葉緣都十分特殊。

商業栽培的芭樂園。

灌木或小喬木，高可達10公尺。單葉，對生，全緣。花白色，聚繖花序腋生。漿果梨形。

芭樂葉可以煮芭樂茶。

芭樂的花十分素雅。

◆台中夜市的標準配備——木瓜

台中歷史悠久的中華路夜市、忠孝夜市，下午茶或消夜的標準配備，就是木瓜牛奶配吐司。這個看似不起眼的搭配，背後卻是台灣發展的歷史縮影。

大家應該都還記得令人熱血沸騰的棒球電影《KANO》吧！電影中有一幕，教練為了激勵隊員，帶大家到木瓜園裡，告訴球員，為了讓木瓜長出好吃的果實，農夫會用鐵釘來對付木瓜，激發木瓜的危機意識。雖然當年很多科學或農業媒體紛紛駁斥這是沒有根據的說法，但是這個激勵人心的「木瓜理論」卻受到很多人喜歡，甚至讚揚這就是正港的台灣精神。

我不討論木瓜理論，只是想跟大家分享，當時台灣確實已經普遍栽植並食用木瓜了喔！《KANO》的時代背景是一九三一年，而日本在一九〇三年開始引進新品種的木瓜，並於一九〇八年宣導食用，讓木瓜栽培面積日漸提升，因此木瓜園出現在電影的時間是合理的。

電影裡的植物或農作物，勾起了我的記憶。小時候每次颱風來，家裡栽培的那幾株木瓜總是阿公最擔心的。因為木瓜的葉子集中在樹梢，再加上果實的重量，頭重腳輕，強風一吹便容易傾倒。

木瓜好吃、產量高又容易照顧，鄉下幾乎家家戶戶都有栽培。不需要釘釘子就會結實累累，而且全年都會開花結果。要煩惱的除了颱風，還有被鳥捷足先登。不過阿公總是說，鳥吃過的特別甜。

沒有颱風的夏天，阿公會打好喝的木瓜牛奶讓大家消暑。因為夏天木瓜果實不甜，沒那麼好吃，偏偏夏天木瓜不耐放，如果沒地方冰，吃不完丟了又可惜，所以乾脆打成果汁，解決這個困擾。將熟透的木瓜放進果汁機，加點牛奶、煉乳，還有冰塊，就變成清涼美味的木瓜牛奶了。

到台中求學之後，木瓜牛奶並沒有遠離我的生活。台中歷史悠久的中華路夜市、忠孝夜市，下午茶或消夜的標準配備，就是木瓜牛奶配吐司。這個看似不起眼的搭配，背後卻是台灣發展的歷史縮影。

一九四〇年引進刨冰機後，冰果室如雨後春筍般相繼在台灣各地出現。當時冰果室便有販售木瓜汁等果汁。一九五七年，福樂公司於台灣成立，促使台灣酪農業蓬勃發展。到了一九六〇年代，足以驚動世界的木瓜牛乳出現了。再加上果汁機輸入、鮮乳產量穩定，讓木瓜牛奶漸漸成為台灣最受歡迎的飲料。

怕冷的木瓜是熱帶植物，最北的栽培地差不多就是台灣了。然而，乳牛怕熱，熱帶國家發展酪農業相對不易。可喜的是台灣得天獨厚，擁有能夠同時穩定供應鮮乳與木瓜的氣候條件。天時、地利加人和，是木瓜牛奶能夠隨處可見的關鍵。

木瓜牛奶配吐司是台中夜市或下午茶的標準配備。

再說說木瓜牛奶的好搭檔烤土司，一九五〇至一九七九年美軍駐台，當時輸入了許多商品，包括雀巢即溶咖啡，還有老一輩印象最深刻的麵粉，這讓原本不產小麥的台灣，有了製作「俗胖」[21]的材料，吐司也成為早餐的新選擇。美軍離台後，曾有大批美軍駐紮的台中，除了留下美村路，也留下了冰品配烤土司的獨特飲食文化。

我們現在所謂的木瓜，完整應該稱為番木瓜。一方面是因為它來自遙遠的拉丁美洲，另一方面華文原本所謂的木瓜，指的是薔薇科的木瓜海棠[22]，一種長得很像蘋果的溫帶植物。但是木瓜海棠在台灣很罕見，久而久之，大家都不知道原來有這種植物。所以現在我們提到木瓜，基本上就是指番木瓜。學植物的人對於這樣的簡稱總是會跳腳，認為這樣容易造成混淆，也覺得會讓大家遺忘木瓜的來源。

從歷史文獻的描述可以知道，清代派駐台灣的地方官員多半都知道木瓜與番木瓜有所不同。余文儀在《續修台灣府志》當中輕描淡寫地說：「木瓜台產迥異內地。」但是巡台御史黃叔璥就比較激動了，他說：「此地所產，與內地木瓜絕不類；豈可以稱謂偶同。」[23]從措辭間不難感覺到他的情緒。兩位官員用字遣詞不同，但是都在說明當時內地的木瓜海棠與台灣所見的番木瓜是完全不同的植物。

21 吐司的台語。

22 學名：*Pseudocydonia sinensis*，台灣有進口乾燥的果實，在華新街跟忠貞市場可以買到。可參考《舌尖上的東協——東南亞美食與蔬果植物誌》一書。

23 出自《台海使槎錄》一書，原文是「木瓜……諸羅志謂：毛詩『投我以木瓜』即此；殊非。按果譜：木瓜一名楙，一名鐵腳梨。樹叢枝，葉花俱如鐵腳海棠。葉光而厚，春末花開，紅色微白；實如小瓜，或似梨稍長，色黃，如著粉，津潤不水者為木瓜。此地所產，與內地木瓜絕不類；豈可以稱謂偶同，遂妄為引據乎！」

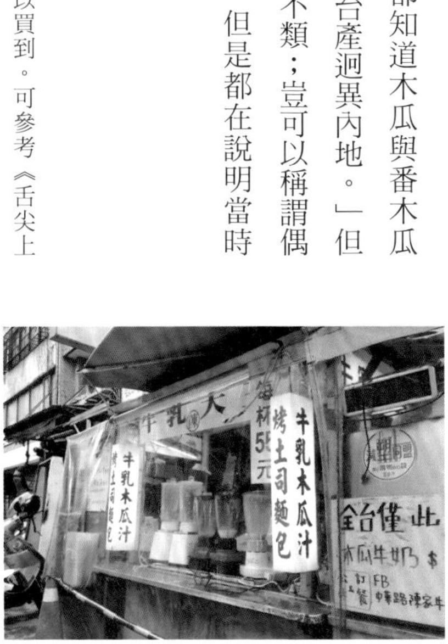

1958 年彰化木瓜牛乳大王、1971 年台中中華路陳家牛乳大王、1962 年台南阿田水果店、1966 年高雄牛乳大王，都是台灣營業時間非常久的木瓜牛奶店家。

清代文獻對於木瓜的樣子描述也特別詳細。畢竟它的長相吸睛，別說古人會覺得特別，現代人初次見到應該也會多看兩眼。文獻上提到它直挺挺的，葉子像蓖麻，叢生樹梢，而且葉片巨大。此外，關於果實的生長與排列方式，描述得特別生動有趣，如余文儀：「實生幹上，四面旋繞」[24]，還有尹士俍：「結實靠幹，墜於葉下」[25]。這種果實的生長方式，類似熱帶樹木的幹生花現象，是溫帶地區不容易看到的。料想這些溫帶地區來的官員，一定會覺得很新奇。

至於木瓜的味道，有人說「味甘而膩」，卻也有人說「無味」[26]。追根究柢是因為食用的方式不同。有人吃到成熟的木瓜，有人吃的是青木瓜醃成醬菜。可見清代吃木瓜的方式跟現在一樣，可鮮食也可做菜。說也奇怪，為什麼沒有既吃過醃菜又吃過熟果的官員呢？我想，應該是因為當時較少鮮食木瓜果實吧！

木瓜葉片在植物圈裡算是相當巨大，特別喜歡溫暖潮溼的環境，原生於墨西哥至南美洲北部。拉丁美洲地區阿拉瓦克語稱之為 papáia，影響了西班牙文、英文及其他歐洲語言，甚至一七五三年林奈替木瓜取的拉丁文學名種小名都是 *papaya*。

約莫十七世紀，木瓜來到台灣，跟它的同鄉芭樂、番茄一樣非常適應在地的氣候，到處都會長。不過木瓜到得了夜市，也上得了供桌，更是多用途植物。除了果實，木瓜嫩葉、花朵也都可以食用。種子有芥末味，可以當香料，也可以驅蟲。乾燥葉片還可以做清潔劑。此外，木瓜含有木瓜酵素，能夠幫助消化，也有助於軟化肉類中的結締組織，讓肉吃起來更嫩，甚至還能夠開發做成去角質的化妝品。

食用以外，藉由種植木瓜也可以感受到植物的奧妙。小時候跟著阿公一起用種子培育木瓜。阿公告訴我，要等木瓜開花以後，才能知道誰會結果。因為木瓜非常特別，它有三種性別：雌株、雄株、雌雄同株。如果只有雌株，花沒有授粉仍舊會結果，但是所結的果比較圓，比較小，果肉很薄，沒有完整的種子。我們食用的木瓜，果實比較長且果肉厚的都是有授粉的木瓜。

野外的木瓜，約有一半是雄株，一半是雌株，少部分雌雄同株。可是一般栽培的木瓜，絕大多數都是雌雄同株。因為數千年前，馬雅人就發現了木瓜的祕密，栽培時總是留下雌雄同株者。經過幾千年人類刻意篩選，雌雄同株的木瓜變越來越多。

愛吃木瓜、愛喝木瓜牛奶的我，大學時還曾經為了木瓜，在植物分類學課堂上跟老師辯論。老師堅持木瓜不會分枝，我則堅持木瓜會分枝，當時激動到想拉著老師立刻回老家。長大後慢慢覺得當初自己太毛躁，應該拍照片之後再私下跟老師討論，不應該在課堂上影響同學。

---

24 《續修台灣府志》原文：「木瓜台產迥異內地。木本，一幹直上，無旁枝。實生幹上，四面旋繞；皮色深青。土人醃醬以為菜，甚佳。」

25 《台灣志略》原文：「番木瓜，直上而無枝，高可一、二丈；葉生樹杪。結實靠幹，墜於葉下；或醃、或蜜，皆可食。樹本去皮，醃食更佳。」該書已散失，上段文字收錄於《續修台灣府志》中。

26 蔣毓英《台灣府志》：「木瓜，俗呼寶果樹。與白萆麻相似，葉亦彷彿之，實如柿，肉亦如柿，色黃，味甘而膩，中多細子。」
黃叔璥《台海使槎錄》：「木瓜，樹幹亭亭，色青如桐。每一枝一葉，葉似萆麻，大者尺餘；花白色，生杈椏間。瓜凡五稜，無香味；居民用鹽漬以充蔬。」

經過數百年，好吃又多用途的木瓜，已是全球廣泛栽培的熱帶水果，甚至融入漢方藥材。飲品除了木瓜牛奶，還有青木瓜排骨湯、青木瓜四物飲。料理方面，泰國的涼拌青木瓜絲非常有名。幾年前我還曾在中和華新街的菜攤上，見到做為蔬菜販售的木瓜葉。木瓜已完全融入亞洲的生活文化，只可惜，早早發跡的木瓜牛奶還來不及紅回拉丁美洲，就被珍珠奶茶取代。

木瓜特殊的生態，是最好的生物教材。看似簡單的木瓜牛奶，若是仔細探究，也可以發現藏在背後的歷史文化。

木瓜果實直接在主幹長出。

木瓜也會分枝。

華新街菜市場販售的木瓜葉。

bȯk-kue

木瓜的雄花。（攝影／王秋美）

番木瓜

台　語 | 木瓜（bȯk-kue）
別　名 | 番瓜樹、萬壽果、乳瓜
學　名 | *Carica papaya* L.
科　名 | 番木瓜科（Caricaceae）
原產地 | 墨西哥、貝里斯、瓜地馬拉、宏都拉斯、薩爾瓦多、尼加拉瓜、哥斯大黎加、巴拿馬、哥倫比亞、委內瑞拉
生育地 | 空地或森林內受干擾處
海拔高 | 0-800m

木瓜的雌花。

木瓜葉子十分巨大。

木瓜小苗。

灌木或小喬木，高可達 10 公尺。單葉，二回掌狀裂，叢生莖頂，葉柄細長。單性花，雌雄同株或異株，花白色，雌花聚繖花序短，貼近樹幹，雄花圓錐狀聚繖花序長而下垂，皆為腋生。漿果五稜。

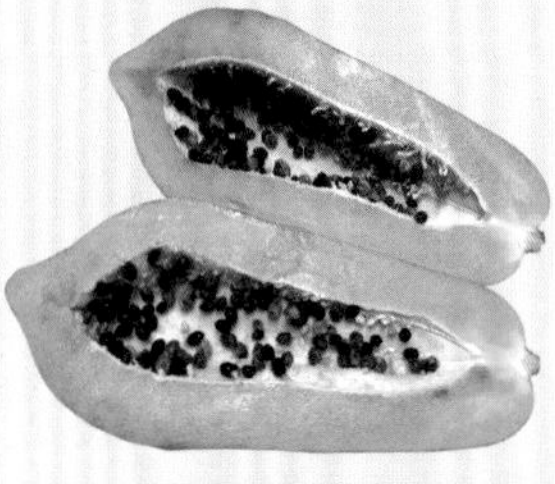
木瓜的果實剖面。

夜市最佳配角、鄉野奇談與耶穌基督——百香果

一七五三年林奈將西番蓮屬命名為*Passiflora*，英文passion flower。雖然來自拉丁美洲的百香果確實熱情洋溢，但是Passion在這裡引用的典故是Passion of Jesus——耶穌受難。

夜市是個吃吃喝喝的好地方。除了小吃，台灣的夜市也是許多飲料、冰品的聚集地。其中有一種很少成為主角，香氣卻跟別人百搭的水果，吃刨冰的時候可以加一點、吃烤吐司的時候可以加一點、喝綠茶的時候可以加一點……各種水果茶都可以加入。它就是最佳配角——百香果。

小時候長輩總是叮嚀，不要靠近百香果蔓生之處，容易有蛇。調皮搗蛋的我當然不信邪，每每遇到百香果，總是拿著棍子這裡找找，那裡翻翻，從來沒有看過半條蛇，而且好奇的我總是愛問，百香果是哪一百種香氣？是香氣會吸引蛇嗎？

稍微長大一點，我以為這是村裡怕百香果被偷採，而編出來騙小孩的鄉野奇談，慢慢也就不以為意。念書以後，網路越來越發達，在植物論壇上看過幾次花友提出相同疑惑，才知道原來這說法挺普遍的。只是不怕蛇的我依舊納悶，這個說法到底怎麼

來的。這種來台不過百餘年的植物，怎麼會跟鄉野奇談扯上邊？

在破解之前，我們或許可以先來認識「百香果」這三個字的由來。因為百香果可不是一開始就稱為百香果，它的名稱跟「芭樂」這兩個字由來有點類似，都是為了賣果汁才想出來的哏。

百香果初引進時叫做西番蓮啦！華語命名的邏輯跟多數植物相似，看到關鍵字「番」又出現，就知道它是打拉丁美洲來的植物。

但是這次西方語言不一樣囉！不再是用中南美洲當地的語言來音譯，而是給了它一個象徵涵義高到破表的名稱。創意驚人的林奈再度登場，一七五三年他將西番蓮屬命名為 *Passiflora*，英文 passion flower。雖然來自拉丁美洲的百香果確實熱情洋溢，但是 Passion 在這裡可不能直接翻譯為激情或熱情。這個 passion 引用的典故是 Passion of Jesus——耶穌受難。所以 passion flower 應該翻譯做受難花。

來自新世界的西番蓮屬植物究竟為何會跟耶穌受難有關呢？當然不是因為這植物在耶穌受難時就存在，而是它的許多形態特徵都有象徵涵義。

首先來說說西番蓮三叉狀的葉子，象徵的是刺穿耶穌腹部的聖矛；西番蓮的卷鬚，彷彿抽打耶穌的鞭子。不過，這應該是後來引申的，因為長這樣的植物不少。關鍵的象徵全部都在花朵上：排成三叉而倒鉤的雌蕊柱頭，象徵將耶穌釘在十字架上的三根釘子；五枚雄蕊代表耶穌身上的五個傷口，雌蕊下方的子房是聖杯，而上百根細絲狀的副花冠，為耶穌受難時所戴的荊棘之冠；加總起來十片的花瓣和花萼，是聖彼得和叛徒猶大之外的十名使徒；藍白相間的花朵象徵天堂，花開三天，意寓耶穌傳教三年。

只能說西番蓮的花真的太美、太特別了，傳到世界各地，無不為之驚嘆。不過，一般非基督宗教的地區，聯想到的可能是時鐘或風車，所以像日本就稱它為トケイソウ——時計草，而台語則稱百香果為時計果或風車花。

一九〇一年九月與一九〇七年九月，日本植物學家田代安定兩度引進百香果。由於原產地氣候條件類似，所以引進後很快就適應台灣的風土，成了歸化植物，蔓生於山林野地，而有藤蔓糾纏之地，視野不佳，往往被認為是蛇類藏身之處。久而久之，便出現了百香果會引蛇這樣的說法。我想，這個傳說恐怕是來自人對蛇的恐懼，跟百香果的味道或它是否是藤蔓並沒有太多關聯。

百香果的花真是太美了。

至於百香果汁的由來，不得不提另一位熱帶植物專家增澤深治。除了曾引進樹薯，他還喜歡在家自製各種熱帶果汁，相傳第一杯百香果汁便是出自增澤之手。

增澤深治是日治時期有名的企業家、園藝家，甚至有「二水總督」之稱。他在一九一二年搭車到二八水驛[27]，覺得環境優美，便在此購地栽植各種熱帶植物。據記載，增澤萬樹園占地約六、七公頃，至一九三六年，植物收藏達一百一十三科，約一千兩百種，堪稱當時最大的私人植物園，聲名遠播，並且曾有九任總督受邀到萬樹園，親自種下樹木。

除了蒐集植物，增澤也曾到印尼、菲律賓、海南島等地考察熱帶植物與果樹栽培，並在返台後四處演講，介紹東南亞植物與風土民情，可以說是當時熱帶植物栽培圈的大紅人。而且就我所知，今日受歡迎的巨獸鹿角蕨[28]與較少人栽培的拉丁美洲果樹一口可梅[29]等植物，最早便是由增澤深治引進台灣。

一九四四年，二戰結束前增澤又搭機到南洋考察，然而據說被美軍擊落，不幸罹難。國民政府來台後，增澤萬樹園由二水鄉公所接管，園內許多珍貴植物陸續遭竊盜或枯死，非常可惜。

---

27 今日二水車站。
28 學名：*Platycerium grande*，增澤深治於一九一六年引進。
29 學名：*Chrysobalanus icaco*，增澤深治於一九三七年自爪哇引進。

今日的增澤萬樹園成為了蒸汽火車頭展示場，只遺留下幾株大樹，沒有建築遺址，知道的人也不多。園區裡的山陀兒、番龍眼[30]、瓊崖海棠[31]、星蘋果[32]已經長得十分碩大。猜想愛樹如增澤先生，這些樹應該都是他親自栽植的吧！

增澤萬樹園今日轉變成蒸汽火車頭展示場，只剩下幾株巨樹，見證這段歷史。

一九六〇年代，台鳳公司為了推出新口味的西番蓮果汁，想到將音譯英文 passion fruit 的日文パッションフルーツ前半段再音譯一次，「百香」二字於焉而生。從此以後，什麼西番蓮果、時計果、雞蛋果、熱情果通通被下架，叫百香果才是王道。

整個西番蓮屬有五百多種，主要分布在拉丁美洲。除了拿來吃，也常被栽培做觀賞植物，畢竟它們多半都具有豔麗的花朵或奇特的葉片，要不然英國維多利亞時期也不會有許多貴族以收藏各種西番蓮為樂。

台灣引進的西番蓮屬植物種類也不少，包括一九〇七年跟百香果一起被田代安定引進的三角葉西番蓮，或是在青草街和東協廣場上可以買到的毛西番蓮，被當做草藥來使用。還有烏來老街的山產百香果花，是翼莖西番蓮，俗稱香蜜百香果，果實像木瓜一樣。但整體而言，提到百香果，大家最熟悉、最常吃的仍舊是紫黑色果實這種，其他種類多半被當做觀賞植物或趣味水果。

百香果來台百年後已在各地適應歸化，就跟番茄、芭樂一樣在野外自生。雖不是罕見水果，不少人還會自己搭棚子栽種，但是跟許多水果相比，百香果的栽培面積不算高。大家講到自己最愛的水果時，很少有人會提到它，卻也鮮少聽到有人不喜歡百香果的滋味。夜市裡不會見到百香果三個字出現在招牌上，也幾乎沒有主打商品跟百香果扯上邊。但它就這樣默默地存在我們身邊，做好最佳配角。

---

30 學名：*Pometia pinnata*。
31 學名：*Calophyllum inophyllum*。
32 山陀兒與星蘋果介紹，請參考《舌尖上的東協——東南亞美食與蔬果植物誌》

sî-kè-kó

百香果

台　語｜時計果（sî-kè-kó）、雞卵果（ke-nn̄g-kó）、風車花（hong-tshia-hue）
別　名｜西番蓮、時計果
學　名｜*Passiflora edulis* Sims
科　名｜西番蓮科（Passifloraceae）
原產地｜巴西東南、巴拉圭、阿根廷東北
生育地｜潮溼森林邊緣、河岸林
海拔高｜1100m 以下

紫黑色的百香果最經典。

多年生木質藤本，分枝多數。單葉，互生，鋸齒緣，成株三裂，幼株橢圓形，葉柄有腺點。卷鬚腋生。花白色，單生於葉腋，絲狀副花冠基部紫色，花萼淡黃綠色。漿果橢圓球狀，成熟後紫黑色或橘黃色。

百香果是十分常見的藤蔓植物。

百香果的藤蔓攀爬於棚架上。

◆東大門夜市的原住民野菜——晚香玉、佛手瓜、野莧、刺莧、千年芋

近年來，隨著養生與旅遊風氣興盛，到原住民部落吃野菜似乎變成了一種潮流。原本隨手採摘自用，較少在市面上流通的野菜，開始出現在東部的傳統市場、觀光夜市或老街。

記得多年前摯友傳來一張菜攤上拍的照片，問我是否認識相片裡的植物名稱。乍看之下我以為是在國外拍攝，因為有許多特殊的食材是我們較少食用的熱帶植物。後來才知道，原來照片所在地點是花蓮東大門夜市有名的原住民一條街。

那張照片中除了大家熟悉的山產野菜，如過貓、山蘇、山苦瓜、龍鬚菜，我注意到還有東南亞新住民也愛吃的木鱉果、越南紫茄、印尼白茄、泰國綠紋茄[33]、太白薯，以及輪胎苦茄、晚香玉筍、南瓜花等。

那次之後，我開始特別注意原住民的野菜，四處取經，發現阿美族食用的野菜種類最多元——他們甚至自稱「吃草的民族」。除了東大門夜市，花蓮市、吉安鄉、光

---

33 以上植物請參考《舌尖上的東協——東南亞美食與蔬果植物誌》一書。

復鄉、長濱鄉、台東市、恆春鎮，都有較具規模的野菜市場，而我大學與碩士班時期常跑的烏來老街，也可以看到一些特殊的野菜。

我小時候曾住在鄉下，對於吃野菜並不陌生，最常吃的就是龍葵。研究所階段常常在宜蘭、花蓮山區調查，除了品嚐過不少原住民特色料理，在跟著原住民一起上山時，他們採集沿途所見的植物，我也跟著塞進嘴裡，酸甜苦辣各種滋味都有。

在眾多原住民食材當中，我特別感興趣的是熱帶植物元素。除了台灣的原生植物，原住民應用的野菜也有許多來自東南亞、非洲、拉丁美洲的植物。我請教民族植物學專家董景生博士，董博士說阿美族的野菜文化，除了食用也愛分享，並且樂於嘗試。所以阿美族的野菜中，既可以見到其他原住民族食用的野菜，還囊括了台灣歷史上各階段引進的植物。

就我這些年的觀察，花蓮地區的野菜市場中，來自拉美的蔬果有：地瓜葉、樹薯、葛鬱金、小萊豆、南瓜花、朝天椒、辣椒、晚香玉筍、佛手瓜、龍鬚菜、野莧、刺莧、土人蔘、火龍果花。此外，還有目前市場沒有觀察到，但是阿美族會採摘的美人蕉與紫花酢醬草；阿美、達悟、排灣等族都有栽培的千年芋；烏來泰雅族老街的山產香蜜百香果花，以及卑南族、魯凱族愛吃的大圓葉胡椒。這些植物，通通都來自拉丁美洲。

不過，上述這些植物不全只有原住民部落會食用，台灣的鄉間也常栽培並食用千年芋、葛鬱金、美人蕉、佛手瓜等植物。過去農村社會，人跟土地、自然的連結直接，除了自己種植蔬果，也常食用野莧等各種野菜，或是使用簡單的青草藥。為了避免誤採，老一輩的人往往都具備辨識植物的能力。

隨著都市發展，大家對植物越來越陌生，消費與購物習慣也大不相同。別說幾乎不吃野菜，很多經濟價值不高的蔬菜也在市場上慢慢消失。除了原住民，食用野菜的文化日漸式微。

近年來，隨著養生與旅遊風氣興盛，到原住民部落吃野菜似乎變成了一種潮流。原本隨手採摘自用，較少在市面上流通的野菜，開始出現在東部的傳統市場、觀光夜市或老街。曾被遺忘的野菜文化，就如雨後春筍般，在觀光與養生經濟中復甦，讓我們有機會藉此重新思考人與土地的關聯。

花蓮東大門夜市的原住民野菜攤。（攝影／王秋美）

烏來泰雅族老街的野菜攤。（攝影／王瑋湞）

烏來泰雅族老街的野菜攤販售的百香果花，事實上是翼莖百香果的花，不是我們常食用的百香果。（攝影／王瑋湞）

晚香玉

晚香玉是夜晚開花，香氣芬芳的觀賞植物，也是重要的香水原料。阿茲提克最早栽培這種植物，相傳法王路易十四特別喜歡晚香玉，還將它栽種在凡爾賽花園。

阿茲提克的草藥學書籍《西印度群島的草藥》[34]於一五五二年出版，是最早記錄晚香玉的文獻。納瓦特語稱晚香玉為Omixochitl，意思是骨頭花，來自Omitl（骨頭）與xochitl（花）這兩個字。一七五三年林奈替晚香玉命名為*Polianthes tuberosa*，其中屬名源自古希臘文πολιός（白色），轉寫為poliós，以及ἄνθος（花朵），轉寫為ánthos，種小名則是形容它具有塊莖。後來植物學家經過非常多次的研究，改了數次學名後才確定它的身世，目前是歸於龍舌蘭屬。

晚香玉在台灣除了栽培供觀賞，其鱗莖也是常見清熱解毒的青草藥。花蓮、烏來的原住民會食用其花序，稱為晚香玉筍。

晚香玉引進台灣時間不詳，但是從康熙年間來台任官的文人留下的詩文推測，至少在明鄭時期就已經有晚香玉了，如蔣毓英在《台灣府志》記錄：「月下香，葉似蘭而小，花幹亦如之，一幹花十數朵，一朵二蕊，初夏開，自下而上，花長寸許，色白，更闌月出方聞香，故名。」這不只是我目前找到最早的文獻，也是記錄最詳細的資料，包含一般民間對晚香玉的俗稱月下香，還有葉的形態似國蘭，兩朵花長在一起的特徵及花的大小，都可以確定描述的植物是晚香玉無誤。

此外還有一六八八年來台擔任台灣縣知縣王兆升的詩：「草詫胭脂紫，花聞月下香。」一七〇三年孫元衡《赤崁集》：「月下香，葉似鹿蔥，其花白，夜有奇香，晝則斂。」透過這些文獻，我判斷當時晚香玉一定很普遍，所以連官員都注意到了。當時花卉種類沒有現在多，認識晚香玉的人，比例上應該比現在高得多。

---

34 拉丁文：*Libellus de Medicinalibus Indorum Herbis*，又稱為《巴達努斯手稿》，英文：*Badianus Manuscript*。最初以納瓦特語記錄，後來被翻譯成拉丁文。

guėh-ē-hiong

晚香玉

台　語｜月下香（guėh-ē-hiong）

別　名｜夜來香

學　名｜*Agave amica* (Medik.) Thiede & Govaerts、*Polianthes tuberosa* L.

科　名｜天門冬科／龍舌蘭亞科（Asparagaceae/Agavoideae）

原產地｜墨西哥

生育地｜野外環境不詳

海拔高｜2000m 以下

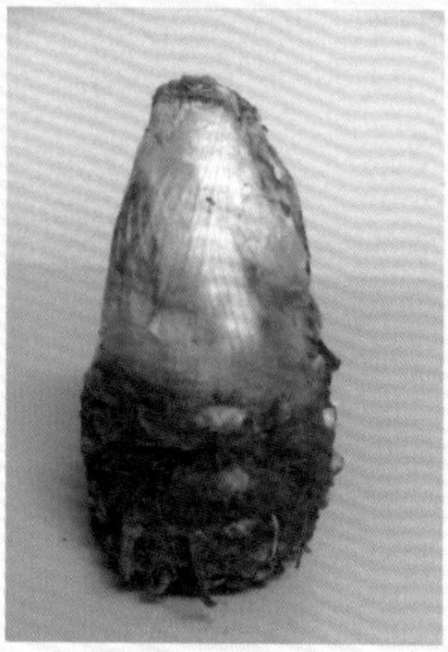

晚香玉具有地下塊莖。

野菜攤常見的晚香玉筍就是晚香玉的花序。（攝影／王瑋湞）

晚香玉的花傍晚才開始綻放。

草本，具地下塊莖。單葉，細長，全緣，叢生莖頂。管狀花白色、淡粉紅色或淡黃色，兩朵合生，總狀排列，頂生。果實形態不詳。

佛手瓜

佛手瓜與龍鬚菜其實是同一種植物的不同部位。它的嫩芽就是大家熟悉的龍鬚菜，果實可以料理，也可以生吃。在國外，連種子與塊根都有人食用，塊根富含澱粉，也可以做飼料。此外，台灣也將佛手瓜當青草藥，外敷治創傷，內服治胃痛與消化不良。

英文與西班牙文皆稱之為 chayote，源自納瓦特語 chayohtli。一七五六年首次出現在西方的文獻紀錄，拉丁文種小名與百香果相同，意思是可食用的。

佛手瓜於一九三五年引進台灣。因為果實外型類似佛手柑而得名，而佛手柑又稱香櫞，故也稱香櫞瓜。

野莧

從城市到鄉村，到處都可以見到野莧的蹤跡。它是農村時代大家十分熟悉且常吃的野菜。一般是食用其嫩芽與花，煮湯或清炒皆可，料理方式與莧菜相同。除了做為蔬菜食用，也是清熱解毒的草藥。

野莧跟莧菜同屬，拉丁文學名及屬名都是一七五三年由林奈所命名。屬名 *Amaranthus* 源自古希臘文 ἀμάραντος，轉寫 amárantos，意思是不會褪色的花；種小名 *viridis* 意思是綠色的。

不過，野莧是外來植物，來自遙遠的拉丁美洲，只是非常適應台灣的氣候而到處自生。文獻上並沒有太多關於野莧的記載，不清楚它是何時、如何來到亞洲。雖然明代的《本草綱目》和清光緒年間的《恆春縣志》都有提到野莧，但兩本書的描述皆是引用古書的資料[35]，加上莧屬植物種類相當多，形態也多半相似，無法確定書中描述的究竟是否為今日所稱的野莧。

刺莧

刺莧乍看之下跟野莧十分類似，最明顯的差異在於刺莧的節上有刺。林奈將之跟其他莧科植物一起命名時，特別以*spinosus*做為刺莧的種小名，形容它多刺。

兩種植物食用與藥用方式類似，原生地跟生長環境也雷同。不過，刺莧在台灣有另外一種用途——做鹼粽。將乾燥的刺莧燒成灰，加水，封口靜置三個月，便可獲得做鹼粽所需要的鹼水。該方法在十八世紀余文儀修撰的《續修台灣府志》中便有記載：「刺莧高三、四尺，多生刺。燒灰沃水，可漬米為粽。」

35 兩本書應該是引用相同的資料，內容大致相同，提到的出處都是北宋泉州博物學家蘇頌編撰的《本草圖經》，但是《本草圖經》中並沒有相似的記載。《本草綱目》：「頌曰：人莧、白莧俱大寒，亦謂之糠莧，又謂之胡莧，或謂之細莧，其實一也。……細莧俗謂之野莧，豬好食之，又名豬莧。」《恆春縣志》：「本草圖經：『有赤莧、白莧、人莧、馬莧、紫莧、五色莧六種。……五色莧，今亦稱細莧，俗謂之野莧；豬好食，又名豬莧，人多取以餵豬』。」

hiunn înn kue á

佛手瓜的花也十分秀氣。
（攝影／王秋美）

佛手瓜

台　語｜**香櫞瓜仔**（hiunn-înn-kue-á）、**佛手瓜**（hu̍t-tshiú-kue）、**香櫞瓜仔鬚**（hiunn-înn-kue-á-tshiu）

別　名｜**龍鬚菜、香櫞瓜、梨瓜**

學　名｜*Sicyos edulis* Jacq、*Sechium edule* (Jacq.) Sw.

科　名｜**瓜科**（Cucurbitaceae）

原產地｜**墨西哥、貝里斯、瓜地馬拉**

生育地｜**森林內開闊處或林緣、路旁**

海拔高｜2000m **以下**

龍鬚菜就是佛手瓜的嫩芽。

草質藤本，具地下塊根。單葉，互生，三或五裂，細鋸齒緣。有卷鬚。單性花，雌雄同株，花米白色，先端五裂，雄花總狀花序，雌花單生，皆為腋生。瓜果梨形，表面有縱溝。

佛手瓜的果實。

suann-hīng-tshài

野莧

台　語｜山莧菜（suann-hīng-tshài）、
鳥仔莧（tsiáu-á-hīng）
別　名｜野莧菜、山莧菜、豬莧、鳥莧
學　名｜*Amaranthus viridis* L.
科　名｜莧科（Amaranthaceae）
原產地｜墨西哥、貝里斯、瓜地馬拉、宏都拉斯、薩爾瓦多、尼加拉瓜、巴拿馬、哥倫比亞、委內瑞拉、法屬圭亞那、巴西、厄瓜多、祕魯、玻利維亞、巴拉圭、阿根廷、烏拉圭、大小安地列斯
生育地｜開闊地或路旁
海拔高｜1600m 以下

草本，莖直立，高可達 80 公分。單葉，互生，全緣，葉柄與莖常泛紅。花十分細小，圓錐狀穗狀花序。胞果扁球形。

野莧的花序。

路旁常見的野莧也可以食用。

tshì-hīng

刺莧

台　語｜刺莧（tshì-hīng）、**豬母刺**（ti-bó-tshì）、**鹼水草**（kinn-tsuí-tsháu）
別　名｜野刺莧、白刺莧
學　名｜*Amaranthus spinosus* L.
科　名｜莧科（Amaranthaceae）
原產地｜墨西哥、貝里斯、瓜地馬拉、宏都拉斯、薩爾瓦多、尼加拉瓜、哥斯大黎加、巴拿馬、哥倫比亞、委內瑞拉、巴西、厄瓜多、祕魯、玻利維亞、巴拉圭、阿根廷、大小安地列斯
生育地｜開闊地或路旁
海拔高｜2000m 以下

草本，莖直立，高可達 80 公分，莖節處有銳刺。單葉，互生，全緣。花十分細小，圓錐狀穗狀花序。胞果球形。

刺莧的花序上有刺。（攝影／王秋美）

刺莧的莖布滿了刺。（攝影／王秋美）

千年芋

千年芋一般是食用它的子芋，栽種後可以一直採收，不用重新種植。所以民間有「種一年吃五年」、「種一年吃九年」這樣的說法，故台語稱之為五冬芋或九冬芋。

來自中南美洲雨林的千年芋，一九三五年才引進台灣。除了刻意栽培食用，也歸化全島低海拔地區。另外還有一種也十分常見，葉柄紫黑色的紫柄千年芋，是千年芋的同種異名。蘭嶼達悟族將千年芋與紫柄千年芋統稱為 vezandehdeh，意思是漢人的。

林奈一七五三年命名的時候將它放在舊世界的疆南星屬，種小名 *sagittifolium* 是結合 sagitta（箭）與 folium（葉子）兩個拉丁字，形容它的葉子是箭形。一八三二年，奧地利植物學家肖特[36]以千年芋為模式種建立了千年芋屬，並將千年芋的拉丁文學名改成現在大家熟悉的 *Xanthosoma sagittifolium*。屬名是結合自古希臘文 ξανθός（黃色），轉寫 xanthós，與 σῶμα（身體），轉寫 sôma。

---

36 德文：Heinrich Wilhelm Schott。關於肖特整理天南星科的歷史，可參考請參考《看不見的雨林——福爾摩沙雨林植物誌》書中第十五章的〈穿洞洞裝也是一種生存策略——龜背芋與植物分類學〉一文。

gōo-tang-ōo

千年芋

台　語 | 五冬芋（gōo-tang-ōo）、九冬芋（káu-tang-ōo）
別　名 | 紫柄千年芋、大千年芋、南洋芋、山藥芋
學　名 | *Xanthosoma sagittifolium* (L.) Schott、*Xanthosoma violaceum* Schott、*Arum sagittifolium* L.
科　名 | 天南星科（Araceae）
原產地 | 哥斯大黎加、巴拿馬、哥倫比亞、委內瑞拉、巴西、厄瓜多、祕魯
生育地 | 潮溼雨林
海拔高 | 2000m 以下

千年芋可以長得十分巨大。

紫柄千年芋跟千年芋是同種植物。

巨大草本，高可逾 2 公尺。具地下塊莖。單葉，全緣或波狀緣叢生莖頂，葉柄長，葉片與葉柄具白粉，葉脈白綠色。佛焰花序直立，佛焰苞綠白色。漿果。

◆從火車站到供桌——鳳梨

或許是因為鳳梨真的太香了，有別於其他蔬果紀錄稀少的待遇，幾乎所有來過台灣的歷史人物都描述過鳳梨的美好。

愛吃鳳梨的我，每次有好朋友到台中來，我總是喜歡帶他去看台中舊火車站，建築物山牆上藏有好幾顆鳳梨。

一般大家說的台中舊火車站算是第二代車站，於一九一七年底竣工，目前被指定為歷史建築。外觀氣派大方，與總統府、台大醫院舊院、西門紅樓等一樣屬於辰野式風格的建築物。當時的設計師非常在地化，竟在山牆上的浮雕中安排了鳳梨等熱帶水果，我竊想，大概是鳳梨的香氣收服了這些設計師吧！

鳳梨的台語諧音旺來，所以特別討喜。雖然在車水馬龍的夜市總是當配角，到供桌上卻搖身一變成了主角。名字既好聽，又香氣四溢，真的是拜拜的好選擇。除了醫療從業人員，應該很少行業不愛這種水果。

人來人往的台中舊火車站，山牆上藏有好幾顆鳳梨。

從小我就是個好奇寶寶，上學後變成愛問問題的「問題學生」。我問過很多次，為什麼鳳梨台語沒有按字面直接唸做 hōng 梨，卻叫 ông 梨。大人不是要我去學校問老師，就是說：「長大後你就會懂了。」我一直把這個問題放在心裡。大學以後認識了來自馬來西亞與港澳的僑生，才知道原來星馬地區稱鳳梨為黃梨，港澳等地則叫做波蘿，這又喚起我尋找鳳梨名稱由來的好奇魂。

爬文爬了很久，終於在一七一七年周鍾瑄主編的《諸羅縣志》找到可能的答案：「黃梨：以色名，或訛為王梨。」[37] 詢問了客家朋友後，終於比較確定。原來鳳梨本來叫做黃梨，但是在客家話中「黃」跟「王」的發音一樣，都是唸做 vong，所以搞混了。更讓我驚訝的是，連波羅這個名稱，都可能是從台灣先開始使用的呢！

不過《諸羅縣志》只說：「台人名菠蘿。」並沒有解釋為什麼，得再參考其他文獻找答案。一六八五年蔣毓英版《台灣府志》：「鳳梨……皮似波羅蜜，色亦黃，味酸甘。」[38] 由此可以判斷，波蘿這個名稱由來，應該是因為它長得有點像波羅蜜。此外，《台海使槎錄》：「粵西以波羅蜜為天波羅，黃梨為地波羅。」[39] 這裡黃叔璥特別描述廣東用天、地二字，將長在樹上的波羅蜜[40]與草本的鳳梨分開，讓我們了解鳳梨跟波羅蜜的關聯。

不過，儘管名稱跟芭樂一樣常被冠上土字，但鳳梨並不是台灣土生土長的植物，而是拉丁美洲來的水果喔！跟其他美洲植物命名同樣的邏輯，鳳梨也有番波羅蜜這樣的別稱。

植物學家推測，食用鳳梨應該是起源於巴西高原或巴拉那河沖積平原，後來慢慢向北傳至亞馬遜，進而抵達中美洲及加勒比海地區。約莫六千到一萬年前，栽培種和野生種開始出現分歧，大約三千年前已普遍栽植。

或許是因為鳳梨香氣宜人，很快就被大家接受了，所以它的發現跟傳播似乎沒有那麼曲折，幾乎可說是暢行無阻。大家都知道哥倫布第二次遠航，一四九三年率先在瓜德羅普[41]發現鳳梨。一五〇二年，葡萄牙在前往印度途中發現孤懸於大西洋的聖赫勒拿島[42]，不久後鳳梨被帶到這位在美洲大陸以外的地方。一五四八年葡萄牙將鳳梨引進印度，而西班牙也差不多在同時期將鳳梨帶往菲律賓。之後鳳梨逐漸擴及全球，並融入世界各地的料理之中。

鳳梨果實外觀有一點點類似松樹的毬果，都有一格一格菱形的紋路，於是乎哥倫布稱之為 piña de Indes，意思是印度的松果。英文也是相似的邏輯，稱鳳梨為 Pineapple，意思為松蘋果。不過，西班牙文稱鳳梨為 ananás，法文、德文、荷蘭文稱為 ananas，反倒跟松果無關。或許這個來自南美洲原住民使用的瓜拉尼語 nanas，才算是原汁原味吧！

---

37 原文：「黃梨：以色名，或訛為王梨。實生叢心，味甘而微酸。盛以瓷盤，清香繞室，與佛手、香櫞等。台人名波蘿，以末有葉一簇如鳳尾也。取尾種之，著地即生。」

38 原文：「鳳梨，葉似蒲而闊，兩旁有刺，果生於叢心中，皮似波羅蜜，色亦黃，味酸甘。果末有葉一簇，可妝成鳳，因名。彰、泉皆有。」

39 原文：「粵西以波羅蜜為天波羅，黃梨為地波羅。居易錄謂：『黃梨曰黃來；八月熟，長可尺許，味尤甘香。其樹類蕉，實生節間』。按黃梨長止五、六寸，草本；叢生根下。葉似萱，兩邊如鋸齒；頂上葉小，攢簇如雞帚。謂其樹類蕉，非也。……台地夏無他果，惟番樣、蕉子、黃梨視為珍品。」

40 波羅蜜也有寫做波蘿蜜，是印度植物與東南亞常見水果，可參考《舌尖上的東協——東南亞美食與蔬果植物誌》與《悉達多的花園——佛系熱帶植物誌》。

41 西班牙文：Guadalupe，位在加勒比海上，是西印度群島中的一個小島，現為法國的海外省。

42 英文：Saint Helena，是一個離非洲西岸一千九百公里，離南美洲三千四百公里的熱帶島嶼。目前主權屬於英國。

又是一七五三年，林奈以瑞典植物學家奧拉夫・布米力斯[43]的姓 Bromelius 命名 *Bromelia* 屬，並將食用鳳梨的拉丁文學名命名為 *Bromelia comosa*。種小名 *comosa* 原意是毛很多，在植物學上引申為葉子很多。隔年，那位想以狼桃為名建立番茄屬的植物學家菲利普・米勒，同樣在《園丁辭典》書中命名了鳳梨屬 *Ananas*。然後拖拖拖，拖了一百多年，直到一九一七年，美國植物學家埃爾默・德魯・美林[44]終於將鳳梨學名調整為 *Ananas comosus*。

鳳梨來台的路線有兩種說法：一、由往來菲律賓的華人引進；二、一六〇五年由葡萄牙先引進澳門，再從澳門引進華南與台灣，史料中並沒有明確記錄。或許是因為鳳梨真的太香了，有別於其他蔬果紀錄稀少的待遇，幾乎所有來過台灣的歷史人物都描述過鳳梨的美好[45]。如此盛況，鳳梨搞不好是透過多重管道來到台灣。

十七世紀中葉，那位記錄馬鈴薯和南瓜的大衛・萊特，率先觀察到大肚王國栽培鳳梨。雖然無法確定台灣最早栽培鳳梨的地點，但至少目前最古老的紀錄在台中啦！前文提過的絕大多數清代官員幾乎都是鳳梨的愛好者，輪番上場，為它大書特書。

不少近代文獻記錄台灣是一六九四年（康熙三十三年）開始經濟栽培鳳梨，目前我還找不到這些資料的原始出處。日治時期，高雄開啟了台灣的鳳梨加工產業，不但設立鳳梨罐頭工廠，鳳梨栽培面積也節節升高。國民政府來台後，為了增加收入，提升經濟，也持續鼓勵栽培鳳梨，從事鳳梨加工。

一九七一年鳳梨首次成為台灣之光，罐頭外銷逾四百萬箱，拿下世界第一。不過，就像前面提過所有農產品的命運，因為產業結構改變，一九八〇年代起鳳梨栽培面積

一九五〇年代農復會印製的鳳梨栽培手冊。

開始大幅度下滑。直到鳳梨酥崛起後，才創造另一波高峰。

鳳梨酥不只受國人喜愛，也是享譽國際的台灣伴手禮，一年可創造兩百五十億產值。非常有趣的是，就算賣到其他稱之黃梨、波羅的華文地區，也沒有被改成黃梨酥或波羅酥，還是叫鳳梨酥喔！

我常說鳳梨酥應該算是台中人發明的。二十世紀初，台中糕餅師傅顏瓶改良傳統漢式喜餅，將它縮小成一百公克左右的小圓餅，鳳梨酥的雛型於焉而生。不過這時候仍不算是酥，只是包鳳梨餡的喜餅縮小版。到了一九七〇年代，台灣栽培鳳梨的全盛時期，黃進益將鳳梨內餡包在模擬核桃酥口感的外皮中，這才做出第一代的鳳梨酥。經過許多糕餅業者群策群力，不斷地改良外皮及內餡，終於有了今日好吃到掉渣的鳳梨酥。

早期因為鳳梨纖維較粗，所以會加入冬瓜、麥芽等一起熬煮內餡。二〇〇六年台中日出集團率先推出「土鳳梨酥」，改變了傳統的口味，讓鳳梨酥不是只有鳳梨味，還能吃得到鳳梨口感。此外，返鄉協助八卦山台地鳳梨農而創立的微熱山丘，更是於二〇〇八年一炮而紅。從此以後，鳳梨酥成為來台旅遊必買的伴手禮。

---

43 瑞典文：Olaf Bromelius。

44 英文：Elmer Drew Merrill。

45 例如一七〇三年孫元衡《赤崁集》：「菠蘿通體成章，抱幹而生；葉自頂出，森若鳳尾。其色淡黃，其味酸甘。孫元衡詩云：『翠葉葳蕤羽翼奇，絳文黃質鳳來儀；作甘應似鐘籠實，入骨寒香抱一枝』。」一七三九年尹士俍《台灣志略》：「黃梨實生叢心，味甘微酸。葉攢簇參差，有如鳳尾；其皮鱗起，故又名菠蘿。盛以瓷盤，其香滿室。」一七七四年六十七《台海采風圖考》：「黃梨，葉似蒲而短闊，兩旁如鋸齒。其實色黃，瓤如鱗甲，形似甜瓜。味甚甘酸，清芬襲人。」

台中以南是鳳梨的主要產地，不只田間能夠見到鳳梨身影，穿梭在街道之中，也不難發現許多人家常見鳳梨盆栽。栽培鳳梨十分簡單，只要把鳳梨頂端的葉子切下，放在陰涼的地方讓切口風乾，然後直接栽種即可發根。耐熱又耐旱，非常好照顧。

不知道大家是否注意過，這其實是鳳梨最特殊也最巧妙的生態現象。仔細想想，一般我們吃的各種水果，果實就是果實，哪有果實尾巴還長葉子的？其實鳳梨這個奇特的葉狀尾巴跟它的繁殖策略有關。鳳梨果實中有細小的種子，經由動物取食、傳播而行有性繁殖；果實頂端堅硬的葉子，植物學上稱為冠芽，動物取食後剩下的冠芽，可以無性繁殖，再長出一株鳳梨來。更有趣的是，鳳梨果實下方的花軸上，還會長出小小的裔芽，掉落之後，同樣也可以長成一株小鳳梨。有性無性雙管齊下，真的是非常聰明的繁殖策略。

鳳梨跟竹子相同，一生只開一次花。一株鳳梨產一顆鳳梨果實，從植株正中央長出。結實後，鳳梨母株就會漸漸衰弱死亡。不過母株枯萎前，植株基部會長出一至三棵吸芽，然後在母株的保護下逐漸長大成株。因此，鳳梨得以生生不息，越長越多。非常適合種植物老是失敗的黑手指，一定會很有成就感。

從十七世紀大肚王國開始栽培，到二十世紀鳳梨酥問世，以及台中舊火車站的浮雕，鳳梨跟我的第二故鄉台中有太多太多連結。希望大家未來到台中旅行，提著鳳梨酥準備搭火車前，可以不再行色匆匆，抬頭看看火車站的浮雕，從不同面向感受鳳梨的美好滋味。

鳳梨果實頂端的葉子稱為冠芽，
可以發育成一株新的鳳梨。

ông-lâi

鳳梨

台　語｜王梨（ông-lâi）
別　名｜黃梨、波羅、菠蘿、番波羅蜜
學　名｜*Ananas comosus* (L.) Merr.
科　名｜鳳梨科（Bromeliaceae）
原產地｜南美洲
生育地｜人工馴化，野外環境不詳
海拔高｜0-800m

鳳梨較原始的變種。

農民常在田邊栽種鳳梨自用。

鳳梨的果實直接從植株中央長出。

草本，株高可逾 1 公尺。葉片堅硬而細長，兩面有刺。叢生。緊密排列的總狀花序類似毬果狀，自葉叢中央長出。花紫色，苞片紅色。聚合果。

◆在供桌上開創藍海——仙桃

仙桃在台灣算是雞肋系水果。由於果肉含水率低，吃起來乾乾粉粉的，口感如蛋黃一般。雖然是供桌上的常客，但相較於其他甜而多汁的熱帶水果，愛吃仙桃的人真的很少。

小時候最常在供桌上看到的水果，除了鳳梨、木瓜，印象較深的似乎就是仙桃了。母親說，黃澄澄的仙桃擺放在供桌，除了特別好看，也是因為它耐放。

漸漸長大後才明白，仙桃、木瓜等水果有後熟作用。當果實被採摘之後，在乙烯的刺激下，果實內部會開始產生一連串化學反應，包含顏色改變、澱粉轉為果糖、有機酸降低、單寧氧化使澀味減少、果膠分解造成果實軟化等。因此，具有後熟作用的水果，可以比一般水果多放幾天。此外，拜拜所用的線香，燃燒時會釋放出許多碳氫化合物，當中也包含了乙烯，會跟水果本身產生的乙烯加成，煙霧繚繞中，加速供桌上的果實成熟，這或許是拜拜的另類收穫吧！

仙桃在台灣算是雞肋系水果。由於果肉含水率低，吃起來乾乾粉粉的，口感如蛋黃一般，所以又稱為蛋黃果，英文也稱它為 Egg Fruit。雖然是供桌上的常客，但相較於其他甜而多汁的熱帶水果，愛吃仙桃的人真的很少，而我，正是少數喜歡這種水果的異類。

或許是因為長得好看、名稱討喜，加上不用照顧也能結實累累，從北到南的傳統市場，秋冬季節總能見到仙桃的身影，從未消失在市面上。不過因為食用量低，台灣並沒有大規模商業栽培，多數時候仍限於自家果園或前庭種植。

但可別以為仙桃上得了供桌，有非常鄉土味的名稱，又在中南部鄉下十分常見，就認為它是台灣原住民喔！人家仙桃可是道道地地的拉美裔，是大島金太郎在一九二九年三月，特地從菲律賓引進，於農業試驗所嘉義分所試種，然後才慢慢普及，成為我們供桌上常見的水果。

這位大島金太郎，大家可能不太熟，他是台灣大學的前身——台北帝國大學創校的關鍵人物。一九二〇年來台擔任台灣總督府農林專門學校校長，積極推廣農業高等教育。一九二八年農林專門學校併入台北帝大，由大島金太郎擔任主事。農林專門學校就是中興大學的前身，而今台灣大學的行政大樓，就是台灣總督府農林專門學校的校舍。除了蛋黃果，同樣來自拉丁美洲的星蘋果[46]也是被大島金太郎引進。不過，我查到的資料不多，不曉得大島金太郎是否偏愛山欖科水果？是否也喜歡仙桃特殊的滋味呢？

仙桃是墨西哥南部及中美洲廣泛分布的野生果樹。拉丁文種小名 *campechiana* 是指源自墨西哥南部的坎佩切[47]。西方最早的採集紀錄，可能是來自十九世紀初前往拉丁

---

46 越南稱為牛奶果，可參考《舌尖上的東協——東南亞美食與蔬果植物誌》。

47 西班牙文：Campeche。

仙桃的果肉如蛋黃般乾乾粉粉的。

美洲的探險二人組——博物學家洪堡德[48]與法國植物學家邦普蘭[49]。一八一八年洪堡德的助手——德國植物學家孔茨[50]整理了標本並發表為 *Lucuma campechiana*。其屬名 *Lucuma* 來自克丘亞語 rukma，指的是另一種生長於安地斯山的山欖科果樹[51]。

台灣初引進時，仙桃所使用的學名是 *Lucuma nervosa*。由於仙桃果實形態變化大，所以當時不同產區的仙桃有不同的拉丁文學名。後來植物學家重新研究，才發現原來它們都是同一種植物。一九四二年，近代的植物學家重新整理植物分類，將仙桃改為桃欖屬 *Pouteria*。由於 *Lucuma nervosa* 是一八四四年才發表的學名，晚於一八一八年孔茨所命名的 *Lucuma campechiana*。在植物命名法規中，最早命名的有優先權，因此調整學名時，保留了最早命名時所使用的種小名 *campechiana*，所以目前仙桃的學名才會變成 *Pouteria campechiana*。或許是因為一九四二年重新命名時，台灣處於兵荒馬亂的階段，加上戰後一直沒有人訂正，以至於到二〇一〇年代我手邊所有的正式文獻，還有網路上的資料仍舊以 *Lucuma nervosa* 做為仙桃的學名，一直到二〇一二年我在部落格介紹仙桃時才提出了這個訂正。

過去台灣農家栽培的仙桃果形較長，大約二〇〇〇年代後期引進了模里西斯品系，果形大而圓，含水率也較高，為了區別，這個品系被稱為壽桃，不但口感較好，名稱聽起來也更威了。不過，可能台灣好吃的水果真的太多了，壽桃仍舊只受供桌青睞，會認為好吃的依舊是原本就喜歡吃仙桃的一群。

除了原產地拉美和台灣，同樣地處熱帶的東南亞也栽培許多仙桃，不但栽培年代更久遠，對這種水果的接受度也更高。所以近年來，仙桃在台灣又找到供桌之外的新藍海——東南亞市集。在濃濃的南洋味中，加入一點熱情的拉美。

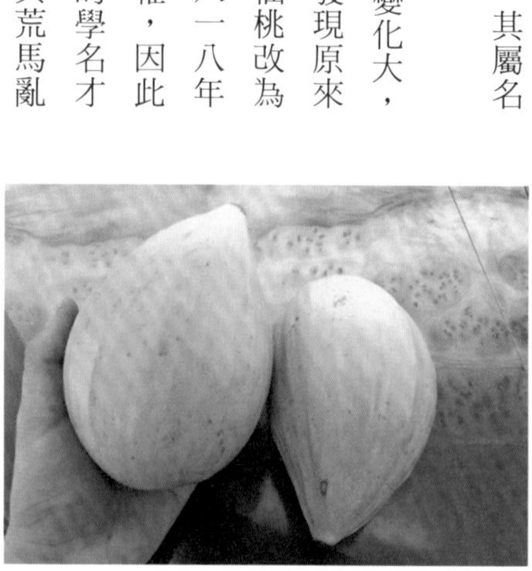
果實比較圓的仙桃品種被稱為壽桃。

48 德文：Alexander von Humboldt。
49 法文：Aimé Bonpland。
50 德文：Karl Sigismund Kunth。
51 學名：*Pouteria lucuma*。

sian-thô

仙桃

仙桃的花苞與未熟果。

台　語 | 仙桃（sian-thô）
別　名 | 蛋黃果、桃欖、獅頭果
學　名 | *Pouteria campechiana* (Kunth) Baehni、
Lucuma nervosa A. DC
科　名 | 山欖科（Sapotaceae）
原產地 | 墨西哥、貝里斯、瓜地馬拉、宏都拉斯、薩爾瓦多、
尼加拉瓜、哥斯大黎加、巴拿馬
生育地 | 熱帶潮溼森林、石灰岩森林
海拔高 | 0-800（1400）m

農曆年前後市場常見的仙桃。

喬木，高可達 30 公尺，基部具板根。單葉，全緣，互生，螺旋狀密集排列於枝條頂端。花細小，單生或叢生於枝條末端葉腋。漿果呈卵形或桃形，先端尖。

◆供桌上的愛老虎油

——酪梨、人心果、山刺番荔枝

南部常見的人心果，台語稱為查某李仔，華文叫做沙漠吉拉，都是音譯自英文 sapodilla；而酪梨台語叫做阿母跤躼，則音譯自英文 Avocado。這些名稱是受到日本影響。

《黃飛鴻》電影中有一幕，十三姨教黃飛鴻講英文，結果黃飛鴻將 I love you 講成了「愛老虎油」。台語也有類似情況，把早安 good morning 講成「牛無奶」。以前我們常把這兩個例子當笑話，但現實生活中確實有許多外來的事物，在沒有適合的語言情況下，常常會使用音譯。

以外來植物來說，音譯並非特殊情況，而是普遍現象。從古至今，東西方皆如此。玄奘最初將芒果的梵文आम्र，轉寫 amra，直接音譯為菴羅；西方也直接稱荔枝為 lychee。台語中也有不少例子，像是番茄的台語柑仔蜜，其實是來自菲律賓他加祿語 Kamatis；蓮霧的台語音譯自印尼語 Jambu；甚至連釋迦的台語，也極有可能是受印尼語 srikaya 的影響。

除此之外，還有其他來自拉丁美洲的熱帶水果有類似情況。例如南部常見的人心果，台語稱為查某李仔，華文叫做沙漠吉拉，都是音譯自英文 sapodilla；而酪梨台語叫做阿母跤脹，則音譯自英文 Avocado。這些名稱推測是受到日本影響，因為人心果和酪梨都是日治時期引進，日本通常也是直接音譯外來語，例如酪梨是將 Avocado 譯做アボカド，拚音是 Abokado；人心果也是將 sapodilla 稱為サポジラ，拚音為 Sapojira。

先來說說大家最熟悉的酪梨吧！酪梨原產於中美洲的潮溼森林，可以入菜，也可以鮮食，用途多元，排得上果樹界銷售量前段班，人類栽培約有萬年歷史了。英文 Avocado 是來自中美洲古代常用的納瓦特語 āhuacatl。西方最早的觀察紀錄，應該是人類學家德．薩哈貢所描述。因為部分品種果皮粗糙，所以也稱為鱷梨，中國及香港則稱之為牛油果。不要看它果實那麼大一個，其實跟我們常見的樟樹一樣是樟科植物喔！

酪梨命名的故事似曾相識。最早也是林奈先出手，一七五三年將酪梨放在月桂屬，取名為 *Laurus persea*。*persea* 是從古希臘文 *περσέα* 借字，轉寫為 perséa，原本是指一種

酪梨也屬於樟科植物。

生長在衣索比亞與阿拉伯半島的山欖科果樹[52]。隔年，雞婆的菲利普．米勒又故技重施，把酪梨的種小名變成了它的屬名，然後到了一七六八年，乾脆重新替酪梨命名。如果大家有印象，這位編寫《園丁辭典》的植物學家，在為番茄和鳳梨命名過程中也都做過類似的事情。種小名*americana*就不特別解釋了，大家都可以理解是美洲的意思。

一九〇二年台灣糖業之父新渡戶稻造率先自澳洲引進酪梨，栽培於台北植物園，可惜全數枯死。後來一九一八年在美國領事協助下又從美國引進，終於培育成功，在一九二二年首次開花結果，並開始透過種子育苗分送到台灣各地栽培。

酪梨非常適應台灣的氣候，如今是全台常見的果樹。種子只要放在杯中泡水就會發芽，幼苗又十分耐陰，因此也常被種在室內做盆栽。台灣主要產地在台南大內和嘉義竹崎。

人心果大家或許比較陌生，不過在雲林、嘉義卻十分常見，老學校、公園，特別是公家機關門口幾乎都有栽培。也是我的記憶中，住在鄉下阿公家便認識的果樹。比起中文名，我更熟悉的是台語查某李仔，人心果是長大後才從圖鑑上認識的名稱。模仿書上的照片，拿刀縱切果實，還真的有幾分像心臟。

不過，這種阿公阿嬤都認識的植物也是國外來的，它的老家與酪梨恰恰重疊。最初是兒玉史郎在一九〇二年從爪哇引進人心果。後來熱帶植物研究先驅田代安定等人又陸陸續續從世界各地引種好多次。一九四八年為了紀念吳鳳[53]，考慮它的形態，由農試所命名為吳鳳柿。「柿」之名稱是由於人心果的果實形態和許多柿樹科的果實類似，都接近卵形，故以「柿」做為類比。

人心果英文名稱 Sapodilla，考慮這種植物的原產地，不難猜測也是源自納瓦特語 tzapocuahuitl。英文還有一個比較短的名稱 sapota，納瓦特語源則是 tzapotl。一七五三年林奈將這個字拉丁化，替人心果命名為 *Achras zapota*。這一次，根本是來搗亂的菲利普·米勒，再度在一七五四年建立 *Sapota* 屬。倒名為屬這招完全不用思考，所以他樂此不疲。後來替酪梨改名時，也順便改了人心果，乾脆就叫它 *Sapota achras*。沒想到替植物命名可以這麼簡單，把別人取的學名顛倒一下就可以了。只是這次米勒失算了，一九五三年人心果分類搬家，新的學名裡只留下了林奈當初取名的紀錄。

人心果的果實甜且多汁。可是命運卻較同為山欖科的仙桃更差。我想不只是因為它的名稱不討喜，連外觀也不好看，加上沙沙的口感、特殊的風味，還有黏手的乳汁，市面上更加少見。

長大以後，一度以為它退出市場了。幸好新住民與移工眾多的東協廣場，每年夏天都可以見到鮮果販售，給了愛吃熱帶水果的我一個十分便利的購買地點。

台語名稱受到外來語影響的拉美水果還有山刺番荔枝。相傳它是以前進貢給日本天皇的水果，在台中以南也是非常普遍的歸化果樹。特別是市區或近郊，常見自生小樹。

---

52 學名：*Mimusops laurifolia*。

53 這位吳鳳不是現代的藝人，而是清代嘉義通事。從日治時期開始，吳鳳被神化為「犧牲自己以革除原住民出草習俗」的民族義士。嘉義於是有了紀念他的吳鳳廟、吳鳳科技大學，而阿里山鄉舊稱則為吳鳳鄉。國民政府來台後一度將吳鳳的事蹟編入教科書中，直到一九八九年因為諸多爭議才刪除。

它的台語有兩種稱呼，羅李亮果和阿娜娜。阿娜娜我判斷應該是音譯自其拉丁文屬名*Annona*，主要是中部地區對它的稱呼。國姓埔里一帶，會加糖水像甜湯一樣食用，台中則會打成果汁，清涼消暑。

羅李亮是南部的叫法，羅李亮冰更是台南六甲限定的特產，台南朋友懷念的家鄉味。不過，羅李亮名稱的由來應該是個誤會。判斷是日文將婁林果的舊屬名*Rollinia*音譯為るりあん，拚音Rurian。然而，*Rollinia*這個拉丁屬名跟山刺番荔枝一點關係也沒有。最初究竟是誤用，還是辨識錯誤，已不可考。積非成是，目前在台灣羅李亮果指的就是山刺番荔枝，也與婁林果[54]無關。

番荔枝是釋迦的別稱，從名稱來看，不難判斷山刺番荔枝跟釋迦有密切關係。也可以馬上會意，山刺番荔枝來自拉丁美洲。文獻上記載，最早是一九一七年中研院林業部自菲律賓引進。

番荔枝屬的果樹種類非常多，主要分布在熱帶美洲和非洲。除了大家熟悉的釋迦，從荷蘭時期至日治時期，引進台灣的番荔枝果樹有六種。其中，刺番荔枝[55]的形態與山刺番荔枝相似，容易搞混。可以仔細觀察果實形態來區分：山刺番荔枝果實圓球狀，刺較短，果肉黃色；刺番荔枝果實形狀不規則，多長心臟形，刺較長，果肉白色。此外，兩者葉片形態相似，但味道不同。

但是，不只台灣鮮少食用山刺番荔枝，國外似乎也很少人吃。我目前還未在其他熱帶國家的市場見過山刺番荔枝，無論在南美洲或東南亞，市場上普遍都是刺番荔枝，而不見山刺番荔枝。

國人有好東西都會跟神明分享的習俗，所以供桌上可以見到來自世界各地的食品，也有各式各樣的水果。這個邏輯上來看，甜蜜蜜的人心果上供桌一點也不奇怪；而酪梨，我在供桌上偶爾看過，不過也有人說它沒有味道，不建議拿來拜拜。但我還真的沒有在供桌上看過山刺番荔枝。我想，可能它跟釋迦被歸為同類，所以直接被排除在供桌之外。

酪梨／阿母跤脹、人心果／查某李仔、山刺番荔枝／羅李亮果，一邊是華語、一邊是台語。還有多少拉美語，以「愛老虎油」的形式藏在我們身邊，等待你我去發掘？

台南六甲特產羅李亮冰。

婁林果又稱牛奶釋迦或霹靂果，舊屬名被誤譯為羅李亮。

54 學名：*Annona mucosa*，異名：*Rollinia mucosa*，台灣有引進，但是更加少見的番荔枝科熱帶果樹。

55 學名：*Annona muricata*。

-bú-kha lò

無籽的酪梨彷彿小黃瓜一般。

酪梨

台　語｜阿母跤胛（a-bú-kha-lò）、
　　　　鱷梨仔（kho̍k-lâi-á）
別　名｜鱷梨、油梨、黃油梨、牛油果
學　名｜*Persea americana* Mill.
科　名｜樟科（Lauraceae）
原產地｜墨西哥南部、貝里斯、瓜地馬拉、宏都拉斯、尼加拉瓜、哥斯大黎加
生育地｜潮溼森林至乾燥森林
海拔高｜0-2800m

哈斯酪梨表皮就像鱷魚皮一樣粗糙。

酪梨的花。

喬木，高可達 20 公尺。單葉，全緣，簇生於枝條先端，嫩葉紅色。花細小，淡黃色，近似頂生圓錐花序。核果。

lô-lí-liāng-kó

山刺番荔枝

山刺番荔枝果肉是黃色。

台　語｜羅李亮果（lô-lí-liāng-kó/lô-lí-liōng-kó）、
　　　　阿娜娜（a-ná-ná）
別　名｜羅李亮果、阿娜娜
學　名｜*Annona montana* Macfad.
科　名｜番荔枝科（Annonaceae）
原產地｜哥斯大黎加、巴拿馬、哥倫比亞、委內瑞拉、蓋亞那、蘇利南、法屬圭亞那、巴西、厄瓜多、祕魯、玻利維亞、牙買加、多明尼加、波多黎各
生育地｜森林中
海拔高｜650m 以下

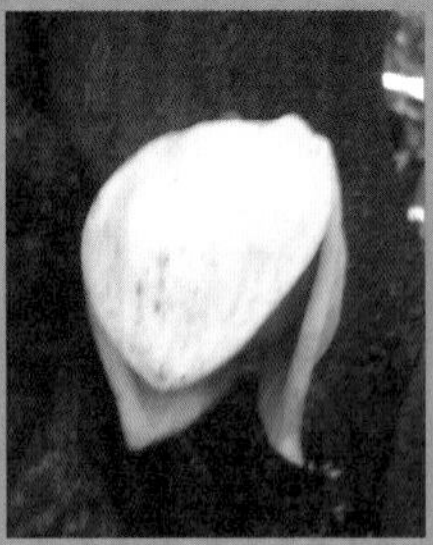

山刺番荔枝是幹生花。

山刺番荔枝的果實。

小喬木，高可達 15 公尺。單葉，互生，全緣。花橘黃色，單生，腋生或幹生，有怪味道。果實為聚合果，圓球狀，表皮有棘狀突起，成熟時淡黃綠色。

tsa-bóo-lí-á

人心果

東協廣場常見到人心果待價而沽。

台　語｜**查某李仔**（tsa-bóo-lí-á）
別　名｜**吳鳳柿、沙漠吉拉**
學　名｜*Manilkara zapota* (L.) P. Royen
科　名｜**山欖科**（Sapotaceae）
原產地｜**墨西哥猶加敦半島、貝里斯、瓜地馬拉、尼加拉瓜**
生育地｜**熱帶海岸林或低海拔潮溼森林**
海拔高｜0-800m

結實累累的人心果。

中南部常稱人心果為查某李仔。

喬木，高可達 25 公尺，基部具板根。單葉，全緣，嫩葉泛紅色，新芽有毛，常簇生在枝條先端。全株具白色乳汁。花單生、腋生。漿果，果皮褐色，表面粗糙，果肉黃色。果實縱切似心臟，故名。

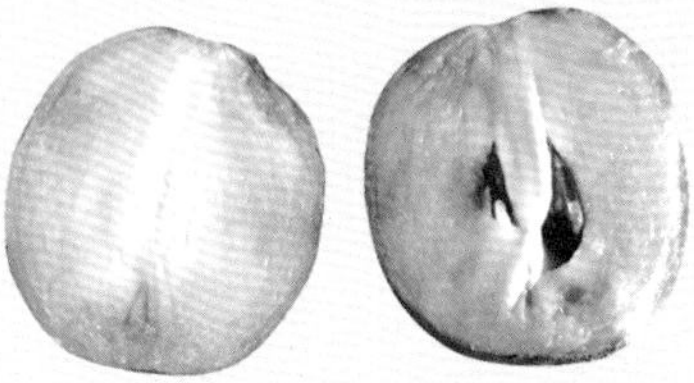

人心果的縱切面略像心臟。

◆上不了供桌的台東名產——釋迦

拜拜這項台灣傳統習俗，禁忌跟眉角很多，並不是所有水果都能拿來拜。

台東與釋迦，可以說是黏在一起分不開的名詞。台東是我國釋迦主要產地，全國約九成九的釋迦來自台東，釋迦也是台東重要的經濟果樹。台東甚至是全球釋迦種植面積最大的地區，栽培面積將近六千公頃。釋迦被視為台東特產一點也不為過。

在我的記憶裡，釋迦是阿公種在木瓜旁的果樹。每到釋迦成熟，大快朵頤之際，我總是喜歡在報紙上鋪滿釋迦果皮，高高低低，彷彿人造大陸；然後把果梗當做樹木，黑色的種子當成動物，如同在報紙上玩起了真實版的動物森友會，邊吃、邊玩、邊唱歌。

「你若來台東，請你斟酌看……鳳梨釋迦柴魚，好吃一大盤……」

或許是沈文程這首《來去台東》太過洗腦，明明小時候也沒去過台東，看到釋迦卻總是聯想到台東。成年後第一次到台東旅遊時，還到處找釋迦，彷彿不買釋迦當伴手禮，旅程就不完整。

不過，釋迦的故鄉並不在台東，而在更遠更遠的拉丁美洲。它是道地的熱帶果樹，台東氣候正巧適合它生長。多年前我在台北讀書時曾在頂樓栽種釋迦，到了冬天非死即傷，好不容易長出果實，不曉得是因為凍傷還是缺水而整個發黑，停止生長。完全能夠理解每年寒流來臨時，農民心中的焦慮。

釋迦又稱做番荔枝，從名稱就能知道是新世界來的植物，雖名荔枝，但大概只有幼果時才像荔枝，成熟的果實反而比較像釋迦牟尼頭上的髮髻，所以被稱為釋迦果或佛頭果。

過去一般認為釋迦原產於西印度，但是本世紀學者新的研究，認為它應該是源自中美洲低地。十六世紀結束前，葡萄牙就將它引進印度，然後擴及亞洲其他地區。十七世紀由荷蘭從印尼引進台灣。因此還有一說，認為釋迦台語音譯自印尼文 srikaya。我倒是覺得，人的心思是很細膩的，取名有時候會考慮很多。「釋迦」既保留了印尼文的音，又能描述它的外型，一定是當時大家都覺得好棒棒的名稱，所以馬上廣為使用。

釋迦是荷蘭時期引進的熱帶果樹。

不只華文的命名很特別，英文稱釋迦為 sugar-apple 或 custard apple[56]，前者形容它的味道甜如糖，後者形容它的口感如卡士達醬一樣綿密，都跟拉丁美洲當地的語言無關。倒是林奈一七五三年替釋迦這個屬 *Annona* 命名時，參考了加勒比海原住民所使用的泰諾語 annon，而釋迦的拉丁文種小名 *squamosa* 是形容它的果皮如鱗片一般，簡單易懂。

南明文官沈光文散失的著作《花草果木雜記》書中有一首詩〈釋迦果〉：

稱名頗似足誇人，
不是中原大谷珍。
端為上林栽未得，
只應海島作安身。

詩的後兩句，說明釋迦引進中國大陸無法栽種，只有在台灣才能好好生長。從這兩句，我自己腦補，推敲當時釋迦應該已經是台南一帶普遍的水果，甚至是中國大陸地區都知道的台灣特產。此外，沈光文來自中國大陸，曾經歷過聯考時代的我，看到他留下的文字，很難不聯想到他似乎也同時在描述自己的遭遇。雖然我跟他不熟，但是這種寓情於景的方式，在華文世界挺普遍的。

鄭成功逝世後，沈光文於一六六二年抵達台灣，而後定居在台南善化一帶度過晚年。他在當地推行教育，被尊稱為開台文化祖師、台灣孔子，台南、彰化都有道路與學校以其為名，以資紀念。他的著作幾乎都佚散了，所幸還有些記錄當時風土民情的詩文，被收錄在《諸羅縣志》或《續修台灣府志》等史書中，讓我們得以窺見這位明代文人眼中十七世紀的寶島。

除了果實形態特殊，釋迦還算是一般正常的「樹樣」，所以清代文獻對它的描述，多半圍繞在果實，而且當時釋迦就是很甜的水果了[57]，也沒有什麼怪味道，所以似乎不像番茄、芭樂有不好的評價。不過，釋迦跟芭樂、番茄一樣都上不了供桌。無論今日釋迦跟番茄變得多高檔，都無法改變。

小時候除了看阿公種水果，印象最深刻的就是幫阿嬤張羅拜拜用的供品。拜拜這項台灣傳統習俗，禁忌跟眉角很多，並不是所有水果都能拿來拜。一般果實裡面有大量種子，而且連種子一起吃下肚子的，像芭樂、番茄都不能拜，因為它「不潔」；太酸的、不好吃的，也都不能拜。但是美味的釋迦，卻是因為長得太像釋迦牟尼頭的造型而上不了供桌，因為「不敬」。很可惜，沒辦法讓釋迦像前兩篇提到的拉美同鄉一樣，在線香的薰陶下加速後熟，只能慢慢等待。

---

56 sugar-apple專指釋迦，custard apple則泛指釋迦與其他番荔枝屬的果實。

57 如一七一七年周鍾瑄主編的《諸羅縣志》：「釋迦果：似波羅蜜而小，種自荷蘭。味甘而膩，微酸。夏盡、秋初熟。一名番梨。」一七七四年余文儀《續修台灣府志》：「釋迦果樹高出牆，實大如柿，碧色，紋縐如釋迦頭；味甘而膩。熟於夏、秋之間。」

釋迦應該是目前全球栽培最普遍，而且也最好吃的番荔枝屬果樹。這個屬台灣也引進不少種類，除了釋迦，還有上一篇提到的山刺番荔枝、刺番荔枝、婁林果。荷蘭時代還曾引進果皮暗橘紅色的牛心梨。一九三〇年代則引進了果皮光滑的圓滑番荔枝，與較耐寒的冷子番荔枝。其中冷子番荔枝與釋迦雜交後，就成為好吃且替我們賺外匯的鳳梨釋迦。

台灣素有水果王國的美稱，因為我們國土涵蓋熱帶與亞熱帶區域，並且有高山而塑造的各種氣候，所以盛產的水果包含了溫帶的蘋果、桃子、梨子，以及種類眾多的熱帶水果。郵局曾發行過數次水果主題的郵票，仔細盤點，來自拉丁美洲的釋迦、芭樂、番茄、木瓜、鳳梨、火龍果，通通都上榜。我相信不久的將來，連可也會被選上。這些水果都是台灣之光，是我們的日常，希望大家未來在大啖美味之際，也可以從不同面向來認識這些水果的身世。

果皮光滑的圓滑番荔枝。（攝影／王秋美）

牛心梨也是荷蘭時期引進的番荔枝屬果樹。（攝影／王秋美）

sik-khia

釋迦

台　語 | 釋迦（sik-khia）
別　名 | 番荔枝、佛頭果
學　名 | *Annona squamosa* L.
科　名 | 番荔枝科（Annonaceae）
原產地 | 墨西哥、貝里斯、瓜地馬拉、宏都拉斯、尼加拉瓜、哥斯大黎加、巴拿馬、哥倫比亞
生育地 | 森林中
海拔高 | 2000m 以下

鳳梨釋迦是釋迦與冷子番荔枝的雜交種。

結果的釋迦樹。

釋迦的果實。

灌木或小喬木，高可達 6 公尺。單葉，互生，全緣。花淡黃綠色，單生，或兩三朵叢生，腋生。果實為聚合果，心形。

chapter 4

同在捷運板南線上的松菸與青草巷

藥用與工業用的拉美植物

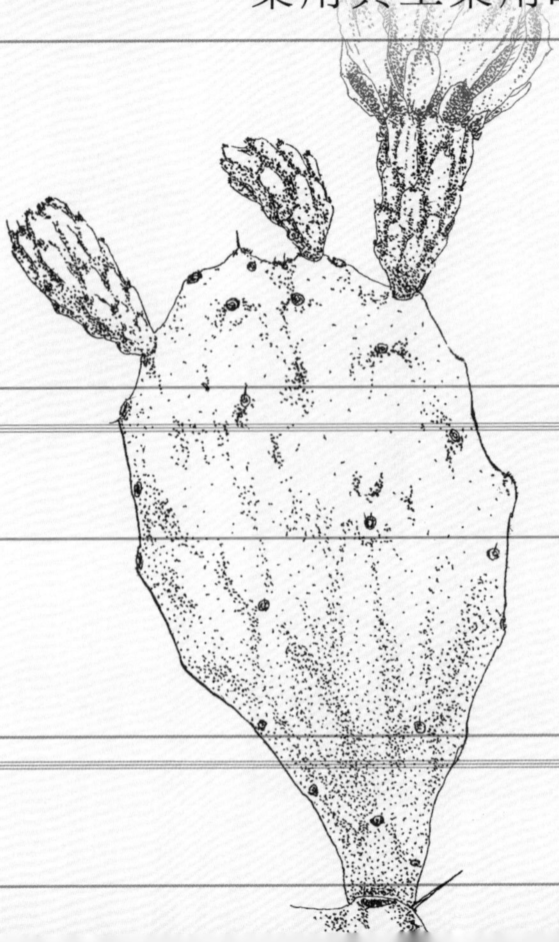

◆艋舺巷弄裡的世界地圖——仙人掌等

某種程度上，花店與草藥店是同行，皆以賣植物為生。只是一個是將植物栽培來觀賞，一個是要吃喝治病。

好友總是喜歡用戲謔的口氣笑我，每次看電影都畫錯重點。像是二〇一〇年春節檔期上映的電影《艋舺》，當中太子幫成員各有各的背景，代表著萬華一帶的各種產業。除了黑幫太子志龍，和尚家裡經營佛具香燭店，蚊子的媽媽開美容院，阿伯的爸爸是殺豬的，而我最感興趣的是白猴的阿公——青草巷的草藥達人。

到台北求學後，一次偶然的機會跟著朋友到三峽清水祖師廟聽導覽，從那時候起，我便喜歡上這樣的活動，陸續參觀了一些知名的古蹟。在人群中，聽導覽人員解釋這些百年建築的一磚一瓦、鉤心鬥角，究竟代表什麼意義，也聽建築背後許許多多年代久遠的故事，想像著百年前的風景。當中我最熟悉也最常到訪的寺廟，是主祀觀世音菩薩的萬華龍山寺。從虎門出來後，我喜歡去吃冰，或是走回龍邊[1]的青草巷喝一杯青草茶或洛神花茶。

---

1 傳統寺廟以青龍、白虎區分左右，左青龍，右白虎。香客從龍門進，虎門出。

有人喝的是單純的清涼退火，有人喝的是懷舊的滋味。而我，喝的是可以跟老闆問東問西，還有找植物、拍植物的機會。

某種程度上，花店與草藥店是同行，皆以賣植物為生。只是一個是將植物栽培來觀賞，一個是要吃喝治病。在植物圖鑑不發達的年代，無論是花市販售野採蘭花、蕨類的店家，或是青草巷中的草藥店，他們學習、辨識植物所仰賴的，絕大多數都是藥用植物圖鑑。而所謂的採草人，他們野採的植物，像是蘭花、蕨類，既是草藥，也常被栽植供觀賞。所以逛青草巷對我的意義就如同逛花市一般，可以見到上百種藥用植物，當中有不少是我特別感興趣的熱帶植物。

青草巷有許多新鮮的藥用植物。

一七四〇年（清乾隆五年）龍山寺落成。因人潮聚集，周邊許多產業應運而生，包括佛具香燭店、糕餅店，還有服裝、刺繡、燈籠、小吃店，應有盡有。此外，有人的地方就會生病，有吃藥的需求，因此賣藥草的店家也跟著在此落腳。

醫藥不發達的年代，以青草藥來調理身體、醫病的情況非常普遍。當時大寺廟既是民間信仰中心，也是提供藥籤醫病救命的場所。而許多被稱為赤跤仙仔或赤跤仔的草藥商人便在寺廟附近聚集，方便求取藥籤的人抓藥，就像是大醫院附近總有許多藥局一樣，而我也開玩笑說，這應該是最早的醫、藥分流吧！觀念相當現代化哩！

年輕一輩如果無法理解生病不看醫生，而是到廟裡求籤這樣特殊的現象，建議可以看一下《俗女養成記》。劇中有一幕女主角陳嘉玲小時候拉肚子，阿嬤就是帶她到廟裡求藥籤。相當寫實地還原了一九七〇年代台灣的民間習俗。

不過要特別說明，青草藥跟中藥並不相同。雖然中藥來源絕大多數也是藥用植物，但中藥是指在中醫理論下使用，經過臨床研究的藥材，多半在傳統中醫典籍中有明確記載。此外，中藥材通常都經過炮製，不含會傷害人體的毒素——如馬兜鈴酸，而且使用跟定義受國家法律明文規範，開中藥店必須有衛福部核可的國家執照。反觀青草藥，使用上不受法規限制，開青草藥店也只要向地方政府申請營利事業登記即可。青草藥可泛指所有具藥用價值的植物，有晒乾使用，也有新鮮使用。它包含了中藥植物，也包含了民間長期流傳使用的藥用植物。當中不乏具有實際療效，有可能進一步成為中藥的種類，卻也包含有微量馬兜鈴酸或其他毒素，必須謹慎使用的植物。

龍山寺旁這條青草巷，曾有「救命街」之稱。從攤販聚集形式開始發展，逐漸變成一整排的店面。好幾家店是三代祖傳，經營逾百年。就我訪談所知，在知識取得不易、資訊不發達的年代，想學習青草藥知識可不容易。不是家族傳承，就是必須有正式拜師學藝的過程。

一九九五年開始實施全民健康保險後，國人看病習慣改變，再加上萬華地區逐漸沒落，青草巷也日漸式微。又因為部分藥籤使用的植物含有毒性，影響國人健康；部分用藥為保育類動物，政府於是明令禁止寺廟使用藥籤，對青草巷無疑是雪上加霜。幸好二〇〇一年台北市文化局協助這條百年的青草巷改善環境，將它轉變成文化觀光景點，並於二〇一五年後將青草巷建築群列為歷史建築。青草文化得以留存。

除了龍山寺旁的青草巷，台中也有一條青草街，位於成功路九十巷內，原本是第一市場的一部分。日治時期也是以推車攤販的形式開始發展，一九四八年出現第一家店面。因為離火車站近，漸漸成為中部地區最主要的青草藥集散地。後來第一市場發生大火後改建成第一廣場，只剩下青草街仍留在原址。二〇〇四年台中市政府推動青草街環境改造，將原本的柏油路改成人行步道，設立解說板，統一店面招牌，讓青草

青草街
Chinese Herbs Street
從第一間青草店設立於民國37年，距今已
有55年之歷史，青草專賣店鋪亦從原有的
一間，發展至目前的十餘間。位於中區成
功路90巷及綠川西街175巷之青草專賣店
，保有傳統古法，依據漢方製造，以生產
具健康養生機能之青草茶、養肝茶為主。
除此之外，各式漢方藥草亦多有販售，已
成為台中市著名之青草集散地。
The first Chinese herbs shop of
Taichung City was established in

青草街

台中青草街歷史也十分悠久。

街成為一處觀光景點。

高雄的青草店集中在三鳳宮前，發展過程與龍山寺旁的青草巷類似，當然也曾受藥籤影響。其他縣市也有各自的青草店與草藥商，只是沒有上述三地那麼知名。學者調查發現，目前全國青草藥店還有兩百多家，其中有部分店家是合法的中藥商兼賣青草藥。

青草店除了販售大家熟悉的青草茶，也有些會賣燒仙草之類的中草藥相關製品，甚至還有結合國術館或風水命理的店家。仔細想，命相學與醫學都是漢文化中的五術，系出同源，皆以易學為基礎。此外，不論是金庸小說還是電視劇，武林高手中也不乏醫術高明的人——張無忌和黃飛鴻就是很好的例子。這樣看來，以上的組合也不足為奇。賈島《尋隱者不遇》：「松下問童子，言師採藥去。」早期許多草藥商同時也是採草人——接近現代大家比較熟悉的詞彙「植物獵人」。這些採草人懂得辨識植物，知道如何使用，往往也會自己栽培，《本草綱目》的作者李時珍就是典型的例子，而且李時珍除了採藥，也親身試藥，做臨床研究，並且整理大量文獻，完成了巨著。不過隨著時代變遷，採草人已經越來越少了。許多大量使用的中藥或草藥，都已經有小規模經濟栽培，應付市場需求。

再回來看青草藥的使用。或許是因為尚不具嚴格規範，所以植物來源相當多元。除了台灣在地草藥，還不斷增加來自世界各地的藥用植物。而且我觀察發現，會到青草店消費的族群在本世紀有了細微的變化。除了過去習慣使用青草藥的既有族群，年輕人也從認識文化的角度切入，開始舉辦導覽活動。更特別的消費者是新住民與移工，因為青草街裡常見的魚腥草、雷公根、香蘭、紫蘇、九層塔、毛西番蓮……都是東南亞新住民會食用的香草。所以我總是猜想，台中東協廣場裡的東南亞菜攤形成，除了交通便利，青草街是否也在當中扮演了關鍵的角色？而新住民是否也增加了台灣青草藥的種類？

就我觀察，引進年代較久，在台灣常被當做青草藥使用的拉美植物，除了前面幾章介紹過的玉米鬚、太白薯、芭樂葉、木瓜，還有仙人掌、仙人球（俗稱八卦癀）、曇花、毛西番蓮（俗稱龍珠）、三角葉西番蓮、蚌蘭（俗稱紅三七）、吊竹草（俗稱水龜草）、紫茉莉（俗稱煮飯花）、薊罌粟（俗稱刺鴉片）、假人蔘、稜軸假人蔘、松葉牡丹（俗稱豬母乳）、馬利筋（俗稱羊角麗）、美人蕉、長柄菊（俗稱肺炎草）、紫花藿香薊與白花藿香薊（俗稱牛屎草）、王爺葵（俗稱五爪金英）、長穗木、馬纓丹、金露花、瑪瑙珠、野莧菜、刺莧、紫花酢漿草、銀合歡、決明子、望江南、晚香玉、石蓮花。

這麼多源自拉丁美洲的植物，來台灣的時間最多不過就是三百多年，有的甚至短短數十年。究竟怎麼會知道這些植物該如何使用？當初又是誰以身試藥？我心中十分納悶。

我一直抱持這些疑問，直到在亞馬遜學習當地草藥知識，看到了薩滿巫師使用香茅、蓖麻等舊熱帶的植物，我突然想通了什麼。青草藥的使用不就是人類文明發展過程，最簡單而原始的醫療形式嗎？隨著新舊世界的交流，填飽肚子的食物可以交換，能夠醫病的草藥當然也可以交流。

小時候我只是單純喜歡植物，喜歡種植物，對於植物的作用並沒有刻意去了解。但或許是生長環境的影響，耳濡目染，許多植物的使用與台語名稱，拼拼湊湊在我腦袋中建立了一個小區塊。大學之後，老師在課堂上總是會強調這個樹可以做什麼？怎麼使用？我開始對每一種植物的作用產生興趣，透過翻書找資料、做田野調查，逐漸深入這塊人類學與植物學交織的民族植物學網絡之中。

在民族植物的範疇中，食用與藥用植物占了大宗，其他還有纖維、染料，乃至於宗教等方面的應用。何其有幸，透過這些熱帶植物，我逐漸認識這個世界，並反過來認識自己。

有近三百年歷史的艋舺龍山寺旁，佛具店、青草店比鄰。在這處象徵著台灣百年文化發展的聖地，漢文化元素、東南亞元素、印度元素，甚至非洲與拉丁美洲元素，竟在

龍山寺旁百年歷史的青草巷。

短短幾十公尺的青草街上匯聚。閉上眼，從明清到近代，一切如電影的快速蒙太奇。在懷舊的街廓中，濃淡的青草氛圍裡，再一次發現了拉美。

仙人掌

小時候我對多肉植物特別感興趣，當時容易取得的仙人掌與仙人球，便是我栽培植物、學習扦插技巧的好材料。印象中上小學前，叔公家就栽培了不少，附近鄰居也很多人種植。直到今日，許多地區皆可以看到長成小樹一般的仙人掌。

除了是十分常見的園藝植物，仙人掌也是青草街必備草藥，具有清熱解毒的功效，可外敷也可以內服，幾乎每家店都有販售。除此之外，國外也會食用仙人掌的莖與果實。

仙人掌科植物是美洲的特產，只有一種生長在舊熱帶。英文、西班牙文、法文、拉丁文都稱仙人掌為 Cactus，這個字來自古希臘文 κάκτος，轉寫為 káktos，意思是多刺的植物。一七五三年林奈將它命名為 *Cactus tuna*，種小名來自泰諾語，指仙人掌或仙人掌的果實。調皮的菲利普·米勒隔年命名了 *Opuntia* 屬，並在一七六八年將仙人掌的學名調整為 *Opuntia tuna*。

台灣栽培仙人掌年代久遠，一般相信是荷蘭引進台灣。「色綠如掌，不葉不花。」一六八五年編撰的《台灣府志》如此描述。

澎湖海邊的叢生仙人掌與仙人掌外觀十分相似，經常被混淆。其實澎湖的仙人掌與台灣本島最常見的仙人掌，是同屬不同種植物。仔細看就會發現莖與刺的顏色有所不同。

仙人球

仙人球也是我很早就接觸的植物。它非常容易長子球，栽培也不困難。除了觀賞，也跟仙人掌一樣是青草藥，具清熱解毒，消腫止痛的功效。

台語發癀意思是發炎，退癀是消炎。一般青草店稱仙人球為八卦癀，我猜想應該就是因為它具有消炎效果。一般青草店家都是秤重販售，而且有趣的是，不但提供夾子自己挑選，還有代削的服務。

比較少人注意到，仙人球其實也是田代安定於一九〇一年自日本引進的眾多植物之一。可惜在台灣栽培不易開出大又美麗的花朵。但仍舊因為藥用價值，讓它在眾多仙人掌中脫穎而出，成為最常栽培的球形仙人掌。

不過令人納悶的是，查外文資料都沒有找到仙人球供藥用的紀錄。當初究竟是怎麼發現它具有藥效，仍百思不得其解。

仙人掌是青草店常見的藥用植物。

lîng-tsih

仙人掌

仙人掌的花苞。

仙人掌是各地十分容易見到的植栽。

台　語 | 龍舌（lîng-tsih）、
　　　　觀音掌（Kuan-im-tsióng）
別　名 | 金武扇仙人掌
學　名 | *Opuntia tuna* (L.) Mill.、*Cactus tuna* L.
科　名 | 仙人掌科（Cactaceae）
原產地 | 牙買加
生育地 | 沙灘或岩石地
海拔高 | 0-120m

灌木，高可達3公尺。枝條扁平葉狀，肉質。葉退化成針刺狀，著生於刺座上。花黃色，單生於枝條頂端。漿果，成熟時淡暗紅色。

pat-kuà-hông

仙人球

八卦癀在青草店也十分常見。

八卦癀很容易結子球。

台　語 | 八卦癀（pat-kuà-hông）
別　名 | 仙人球、八卦黃、八卦球、旺盛丸、長盛丸、多子海膽
學　名 | *Echinopsis oxygona* (Link) Zucc. ex Pfeiff. & Otto、
　　　　Echinopsis multiplex (Pfeiff.) Zucc. ex Pfeiff. & Otto
科　名 | 仙人掌科（Cactaceae）
原產地 | 巴西東南、阿根廷東北
生育地 | 草地或乾燥森林的岩石上
海拔高 | 50-1000m

肉質草本，植株球形或略呈圓柱狀，有縱稜，易生子球。葉退化成針刺狀，著生於縱稜上的刺座。花淡粉紅色，長喇叭狀，單生於縱稜上。漿果。

毛西番蓮

小時候住在鄉下，毛西番蓮是十分常見的蔓性野草。但是到台中念書後，卻幾乎不見它的蹤影。後來才知道，毛西番蓮怕冷，主要歸化在雲林以南。不過這幾年有往北傳播的情況，台中偶爾也可以觀察到毛西番蓮。

毛西番蓮其實就是一種野生的百香果，果實也可以食用，酸酸甜甜，是鄉下小孩子的零嘴。包覆於果實之外的毛狀物，植物學上稱為苞片。

毛西番蓮約在一九六〇年代引進台灣，因為鳥也愛吃，所以除了原產地拉丁美洲，目前已經廣泛歸化於整個熱帶地區。由於它的葉子有特別的味道，一七五三年林奈替它命名時便以不好聞的 *foetida* 做為種小名。

在民間青草藥使用上，毛西番蓮是全株入藥，具清熱解毒、消腫止痛的作用。各地青草店皆有販售。南美洲有利用它治療腸胃道寄生蟲和感冒的記載，大洋洲則會用來治療蛇咬。

開始研究東南亞民族植物後，我經常到各地東南亞市集觀察。二〇二〇年七月於台中東協廣場的越南菜攤上發現毛西番蓮新鮮的嫩芽。訪談得知，主要是越南籍移工或新住民會食用。嫩葉煮湯，具中藥般的苦澀味。不過它的新鮮葉子可能含氰化物，千萬不可以生食。

東協廣場菜攤也會販售毛西番蓮的嫩芽。

三角葉西番蓮

三角葉西番蓮是一九〇七年田代安定跟百香果一起自日本引進的植物，因為比較耐寒，所以目前全島各地都可以見到歸化的植株。它的果實太小，花也小，幾乎不會有人刻意栽培。不過，我倒是從小就一直很喜歡這種可愛的植物，每每見它在花園裡自生，總是任其恣意攀爬。猜想，當初田代安定應該也是覺得它十分討喜所以才引進吧！

三角葉西番蓮果實黑黑小小的，與俗稱烏李仔的龍葵果實還真有幾分相似，所以被稱為烏李仔藤；又因為莖幹如木栓一樣鬆軟，所以被稱為冇仔藤。林奈在《植物種志》中替它命名時，也是以 *suberosa* ——具有軟木質地來做為種小名。

由於它的果實真的太小了，味道偏酸，而且部分文獻記載它的果實有毒，所以建議還是留給小鳥吃就好。根莖葉可做藥用，外敷有消腫止痛之效，新鮮現採或曬乾都可以使用。非洲地區還有用來治療皮膚病與消化不良等問題。

liông-tsu

毛西番蓮

台　語｜**龍珠**（liông-tsu）、**龍吞珠**（liông-thun-tsu）
別　名｜**野百香果、小時計果**
學　名｜*Passiflora foetida* L.
科　名｜**西番蓮科**（Passifloraceae）
原產地｜**中南美洲**
生育地｜**熱帶低地至山地森林、灌叢**
海拔高｜0-1500m

多年生藤本，分枝多數，密被粗毛。單葉，三裂，互生，兩面被毛。卷鬚腋生。花白色，單生於葉腋，絲狀副花冠基部紫色或紫紅色，花萼淡黃綠色，花萼下有三枚二回羽狀絲裂的苞片。漿果橢圓球狀，成熟後橘黃色。

毛西番蓮在台灣南部十分常見。

毛西番蓮的果實。

oo-lí-á-tîn

三角葉西番蓮

台　語｜**烏李仔藤**（oo-lí-á-tîn）、**冇仔藤**（phànn-á-tîn）
別　名｜**栓皮西番蓮、小果西番蓮**
學　名｜*Passiflora suberosa* L.
科　名｜**西番蓮科**（Passifloraceae）
原產地｜**中南美洲**
生育地｜**熱帶低地至山地森林、灌叢**
海拔高｜0-2500m

多年生藤本，嫩莖被毛，老莖有木栓一般的外皮。單葉，三裂，互生。卷鬚腋生。花綠色，一次兩朵生於葉腋，絲狀副花冠基部褐色，花萼淡黃綠色。漿果圓球狀，成熟時紫黑色。

三角葉西番蓮的花十分精巧可愛。

三角葉西番蓮的果實成熟是紫黑色。

蚌蘭

蚌蘭之所以稱為蚌蘭，是因為它的花會開在類似蚌殼一般的苞片之內，是各地青草店必備的新鮮藥草。一般以葉片入藥，具清肺化痰、清熱解毒、止血等功效。

青草店稱蚌蘭為紅三七。這是因為有一種名叫三七[2]的中藥植物，是知名的止血化瘀藥材，也是雲南白藥的主要成分。於是，只要長得相似——葉片細長叢生或功效相當的藥用植物，便常常被取名為某某三七。蚌蘭也是相當常見的觀賞植物，是台灣早期觀葉植物的代表。隨時代演進陸續出現一些園藝品種，例如迷你型、線藝型等。

蚌蘭的植株形態類似積水鳳梨，葉基也可以短暫儲藏水分，加上微肉質，有利於適應短暫的乾季。一九〇九年自日本引進後，在台灣適應良好。有人活動的地區，都可見到自播繁殖的植株。部分國家甚至將它列為入侵植物。

吊竹草

吊竹草喜溼耐陰，又稱為水龜草。全草入藥，外敷治燒燙傷，內服清熱解毒、利尿，在民間有腎病救星之稱。但是生病還是建議看醫生，不要在沒有醫師指導下自己亂服祕方。吊竹草是中美洲的植物，與蚌蘭同樣是一九〇九年自日本引進，也是早期觀葉植物的代表，而且它耐陰性比蚌蘭更好，加上貼地生長的特性，因此許多登山步道旁常有人刻意栽植。

除了台灣，吊竹草廣泛歸化於全球熱帶地區。在亞馬遜雨林裡見到它，我一度誤

蚌蘭是青草店常見的紅三七。

以為是野生植物，回國確認後才知道是人類協助它翻越了安地斯山。

薊罌粟

小時候從圖鑑上認識有毒植物，就對外觀刺夯夯的薊罌粟印象深刻。除了全株帶刺，大黃花、銀色葉脈也十分顯眼。也知道誤食會引起嘔吐、腹瀉、水腫、全身疼痛，嚴重的話甚至會致命。

不過後來又從一位栽種草藥的親戚那得知薊罌粟可做藥用，並且實際喝過薊罌粟煮的青草茶後，理解毒與藥是一體兩面，端看如何使用。

一七五三年林奈在《植物種志》命名薊罌粟屬 *Argemone* 與薊罌粟時，用了一個特別的古希臘字 ἀργεμώνη，轉寫為 argemṓnē，原本是指一種長得相似，而且可以治療白內障的植物。種小名 *mexicana* 說明了它源自墨西哥。

薊罌粟全株可入藥，枝葉、根、種子各有不同功效。主要是清熱解毒、消炎止癢。一九一一年引進栽植供觀賞，中南部、東部、澎湖可見到歸化植株。因為植株十分特殊，也做為插花的材料。

---

2 *Panax notoginseng*，五加科。

蚌蘭的花開在蚌殼狀的苞片內。

蚌蘭也是十分常見的觀賞植物。

âng-sam-tshi

蚌蘭

台　語｜紅三七（âng-sam-tshit）、紅川七（âng-tshuan-tshit）
別　名｜紫背鴨跖草、紫背萬年青、葉包花、水紅竹
學　名｜*Tradescantia spathacea* Sw.、*Rhoeo spathacea* (Sw.) Stearn
科　名｜鴨跖草科（Commelinaceae）
原產地｜墨西哥、貝里斯、瓜地馬拉、西印度群島
生育地｜潮溼森林
海拔高｜500m 以下

草本，莖粗壯，全株微肉質。葉細長，互生，全緣，密集排列成蓮座狀，葉背紫色。花白色，數朵叢生於蚌殼狀苞片內，腋生。蒴果球形。

常栽培做地被的吊竹草也是草藥。

tsuí-ku-tsháu

吊竹草

台　語｜水龜草（tsuí-ku-tsháu）
別　名｜吊竹梅、紅舌草、紅竹子草、二打不死、百毒散
學　名｜*Tradescantia zebrina* Heynh.、*Zebrina pendula* Schnizl.
科　名｜鴨跖草科（Commelinaceae）
原產地｜墨西哥東部、貝里斯、瓜地馬拉、宏都拉斯、尼加拉瓜、哥斯大黎加、巴拿馬、哥倫比亞
生育地｜潮溼森林
海拔高｜0-1500m

草本，莖匍匐生長，全株微肉質。單葉，互生，全緣，葉墨綠色，中肋兩側各有一條銀色縱紋，葉背紫色，新葉亦泛紫，上表面被毛。花紫紅色，數朵叢生於葉狀苞片內，頂生。蒴果。

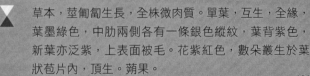

ké-a-phìnn

薊罌粟

台　語 | **假 鴉 片**（ké-a-phìnn /ké-a-phiàn）、**刺鴉片**（tshì-a-phìnn）、**黃花雞角刺**（ng-hue-ke-kak-tshì）、**刺夯夯**（tshì-giâ-giâ）

別　名 | **刺罌粟、黃花雞角刺、老鼠竻**

學　名 | *Argemone mexicana* L.

科　名 | **罌粟科**（Papaveraceae）

原產地 | **墨西哥、貝里斯、瓜地馬拉、宏都拉斯、薩爾瓦多、尼加拉瓜**

生育地 | **開闊地、路旁、草地、受干擾處**

海拔高 | 0-3000m

直立草本，莖粗壯，高可達 1 公尺，全株具黃色乳汁。一回羽狀裂葉，互生，鋸齒緣，鋸齒先端形成尖刺。葉片粉綠色，葉脈銀白色。花黃色，單生，頂生或腋生。蒴果長橢圓形，表面被刺，具 6 條縱溝。

薊罌粟的花大而美麗。（攝影／王秋美）

薊罌粟也是中南部常見的歸化植物。（攝影／王秋美）

假人蔘

假人蔘因為具有膨大的塊根而得名。一九一一年初引進時，原本是當做觀賞植物，但是故事發展卻不如人意。最後，它沒有變成觀賞植物，反而在各地歸化，幾乎可以說有人跡的地方就有假人蔘。不過，仔細看，紫紅色的花朵，真的小巧可愛。別嫌棄它，使其在花園裡自在生長，也別有一番趣味。

假人蔘是多用途的草藥，可外敷也可以內服，功效多多，除了最常見的清熱解毒，還可以利尿消腫、止咳潤肺、調經通乳等。此外也是野菜的好選擇，肥厚的葉子，清炒或煮湯都適宜。下次在野菜店留意一下，也許您也嚐過它的美味。

稜軸假人蔘

稜軸假人蔘跟假人蔘這對兄弟，來台時間一樣，生長環境類似，使用方式接近，連外觀都相像。不過仔細看，氣質還是不同，假人蔘不管是植株還是葉子，都比較矮胖；稜軸假人蔘比較瘦高，而且最重要的區別是花軸，稜軸假人蔘是四方形，與假人蔘完全不同。

一樣可以當野菜，不過稜軸假人蔘含的草酸鈣較多，就跟芋頭一樣，一定要煮熟才可以食用喔！藥效與假人蔘也很接近，但是作用更多，有興趣的人可以進一步研究。

一七五九年林奈在《自然系統》將它放在馬齒莧屬，命名為 *Portulaca fruticosa*。種小名形容它是灌木狀的，藉此多少也可以看出它比假人蔘高大。

路旁常見的假人蔘可以食用也可以製藥。

稜軸假人蔘的花小巧可愛。

thóo jîn-sim

假人蔘

台　語｜**土人蔘**（thóo jîn-sim）、**假蔘仔**（ké-som-á）、**土高麗**（thóo ko-lê）、**蔘仔草**（som-á-tsháu）
別　名｜**土人蔘**
學　名｜*Talinum paniculatum* (Jacq.) Gaertn.
科　名｜**馬齒莧科**（Portulacaceae）
原產地｜**中南美洲熱帶與亞熱帶地區**
生育地｜**開闊地、路旁、受干擾處**
海拔高｜0-2500m

矮小草本，莖較短，具地下塊根。單葉，互生，全緣，肉質。花粉紅色，圓錐狀聚繖花序頂生。蒴果圓球狀，成熟時橘紅色。

假人蔘的果實。

假人蔘植株微肉質。

thóo jîn-sim

稜軸假人蔘

台　語｜**土人蔘**（thóo jîn-sim）、**假蔘仔**（ké-som-á）、**土高麗**（thóo ko-lê）、**蔘仔草**（som-á-tsháu）
別　名｜**稜軸土人蔘**
學　名｜*Talinum fruticosum* (L.) Juss.、*Talinum triangulare* (Jacq.) Willd.
科　名｜**馬齒莧科**（Portulacaceae）
原產地｜**中南美洲熱帶與亞熱帶地區**
生育地｜**乾燥森林邊緣、受干擾處**
海拔高｜0-3000m

直立草本，具地下塊根。單葉，互生，全緣，肉質。花粉紅色，複聚繖花序頂生，花軸有稜。蒴果圓球狀。

稜軸假人蔘也是常見的草本植物。

稜軸假人蔘花軸有四稜。

松葉牡丹

松葉牡丹總是在早上開花，中午前凋謝，所以有了午時花這樣的名稱，不過，台語總是把馬齒莧這類植物稱為豬母乳。它也是林奈在《植物種志》中命名的植物。馬齒莧屬名 *Portulaca* 來自兩個拉丁字的結合，porta 是門，字尾 ula 是小的意思，合起來 portula 是形容它的果實有一個小門般的開口。種小名 *pilosa* 意思就簡單許多，是毛茸茸的，形容它植株上有毛。除了是常見的觀賞性草本，也跟馬齒莧一樣可以當野菜食用。一般民間做為草藥，主要功效也是清熱解毒、消炎止痛。

馬利筋

馬利筋引進年代久遠，難以考證，平地及低海拔偶爾可以見到歸化的植株。不過，看到馬利筋的科別就要特別留意，它可是有毒植物，不能隨便開玩笑。若誤食，輕則發燒、脈搏加速、瞳孔放大，重則有生命危險。

不過，馬利筋倒是常被當做誘蝶植物。一方面它的花能吸引蝴蝶，一方面它的葉子是斑蝶類幼蟲的食草。斑蝶幼蟲能將毒素儲存在體內，避免被鳥類捕食，是非常聰明的生存策略。誘蝶以外，馬利筋也能栽培供觀賞，或者做為消炎止痛的青草藥。幾乎各種發炎腫痛都適用，有見腫消的別名。又因具生物鹼，也可當興奮劑。

林奈於一七五三年在《植物種志》命名時，藉古希臘醫神阿斯克勒庇俄斯[3]之名造字，做為馬利筋屬名。除了台灣，南美洲與非洲也都會將馬利筋做為皮膚疾病的用藥。

園藝種的松葉牡丹花特別大，開花時間也長。

3 希臘文：Ἀσκληπιός，拉丁文：Asclepius，阿波羅之子。

ngóo-sî-hue

松葉牡丹

台　語 | **午時花**（ngóo-sî-hue）、**豬母乳仔**（ti-bó-ling-á）、**五色草**（ngóo-sik-tsháu）
別　名 | **毛馬齒莧、龍鬚牡丹**
學　名 | *Portulaca pilosa* L.
科　名 | **馬齒莧科**（Portulacaceae）
原產地 | **美國南部、中南美洲熱帶與亞熱帶地區**
生育地 | **海灘、岩石地、受干擾處、森林邊緣**
海拔高 | 0-3000m

松葉牡丹也算是多肉植物。

草本，莖匍匐生長，莖泛紅，節上有毛，全株微肉質。單葉，互生，短針狀，肉質。花紫紅色、橘色、黃色、白色，單生，頂生。蓋裂蒴果橢圓球狀。

松葉牡丹節上有白毛。

松葉牡丹的花通常下午就凋謝了。

iûnn-kak-lē

馬利筋

台　語 | **羊角麗**（iûnn-kak-lē）、**尖尾鳳**（tsiam-bué-hōng）、**馬利筋**（má-lī-kin）
別　名 | **蓮生桂子花、見腫消**
學　名 | *Asclepias curassavica* L.
科　名 | **夾竹桃科**（Apocynaceae）
原產地 | **墨西哥、貝里斯、瓜地馬拉、宏都拉斯、薩爾瓦多、尼加拉瓜、巴拿馬、哥倫比亞、委內瑞拉、蓋亞那、蘇利南、法屬圭亞那、巴西、厄瓜多、祕魯、玻利維亞、西印度**
生育地 | **開闊地、路旁、森林邊緣**
海拔高 | 0-1500m

馬利筋在低海拔也常見歸化自生植株。

草本或亞灌木，莖直立，高可達 1.8 公尺，幼枝被毛，全株含白色乳汁。單葉，對生，全緣。花紅色，副花冠黃色，繖形花序腋生。蓇葖果紡錘狀。種子頂端叢生白色長細毛。

馬利筋的花十分美麗。

長柄菊

長柄菊就是路旁常見的小野花。在台灣各地，特別是中南部，只要有一點點土的地方，幾乎就有長柄菊的存在，而且幾乎全年都可以看到它成排的花在風中搖曳。

別看長柄菊花小不起眼，人家可是青草藥裡有名的肺炎草，除了治肺炎、咳嗽，也是治肝炎的藥呢！

除了台灣，全世界很多地方，包含印度阿育吠陀、東南亞、大洋洲，都有用它做藥，或是製成殺蟲劑、護髮素。嫩葉煮熟也可以食用，是多用途植物。

當初它怎麼傳播已經不可考，很可能不是刻意引進。但是目前全球熱帶及亞熱帶地區，幾乎都有長柄菊的蹤跡。

更有趣的是，連這種大家不屑一顧的小草，也都是林奈大作《植物種志》中的一份子。屬名 *Tridax* 形容它的舌狀花有三個齒狀裂，種小名 *procumbens* 是形容它匍匐生長的特性。

長柄菊的花梗細長。

hì-iām-tsháu

長柄菊

台　語 | 肺炎草（hì-iām-tsháu）
別　名 | 長梗菊、燈籠草、肺炎草
學　名 | *Tridax procumbens* L.
科　名 | 菊科（Asteraceae）
原產地 | 墨西哥、貝里斯、尼加拉瓜、哥斯大黎加、巴拿馬、哥倫比亞、委內瑞拉、蓋亞那、法屬圭亞那、巴西東南、厄瓜多、祕魯、玻利維亞、阿根廷北部、大小安地列斯
生育地 | 開闊地、路旁、草地
海拔高 | 0-1800m

長柄菊的種子也有毛。

草本，莖匍匐生長，莖泛紅，全株被毛。單葉，對生，粗鋸齒緣。花淡黃色，頭狀花序，花序梗細長，頂生。瘦果具毛。

長柄菊全株毛茸茸，常被當做治療肺炎的草藥。

白花藿香薊

白花藿香薊因為有臭味，台語常稱為牛屎草。它含有各式各樣的化學成分，包含好聞的丁香酚，還有不好聞的怪味道。有人不喜歡，卻也有人很愛。越南甚至還將它加入洗髮精做為芳香劑，據說有去頭皮屑、使頭髮柔亮的功效。

它沒有明確的引進紀錄，在台灣可能已經歸化百年以上。推測是細小的種子跟著國際貿易商品到處移動，最後遍布全世界熱帶、亞熱帶，甚至溫帶地區。

一七五三年林奈以另外一種菊科植物的名稱[4]創造了它的屬名，有永恆的、不凋謝的意思。種小名原本則是指另一種歐洲的菊科草藥土木香[5]。

包含台灣，全世界各地都有以它做為外傷及止血的用藥，也有做為殺蟲劑。西非甚至有地區取食它的嫩葉，聽說可以增加母乳的泌乳量。不過白花藿香薊有毒，誤食會引起肝病變，強烈建議不要食用。

紫花藿香薊

別看現在紫花藿香薊是常見的野草，在一九一一年被引進時，它可是浪漫又美麗的紫色草花中的翹楚。在沒有薰衣草以前，誰能出其右？

相較於其他菊科野生草本，紫花藿香薊比較喜歡潮溼的環境，半日照的林緣也常見到它，所以即使跟白花藿香薊一樣分布全島，多雨的北部地區見到紫花藿香薊的機會比白花藿香薊高。

但是，它美麗外表下有個反差很大的名稱。因為跟白花藿香薊一樣全株有奇怪的味道，台灣民間總是戲稱它牛屎草。不過說真的，牛都要抗議了，牛屎可能都沒有它難聞。

藥效跟白花藿香薊也雷同。全草可以止血、治療蟲蛇咬傷、皮膚外傷、感冒發燒與咽喉腫痛。國外多半也是做為外傷用藥，就像武俠小說裡面的場景。而蟲也不喜歡的怪味道，則可做天然的驅蟲劑。

這次，菲利普・米勒倒是沒有再自己取屬名，而是直接用林奈取的屬名替紫花藿香薊命名，種小名*houstonianum*是紀念十八世紀到拉丁美洲研究藥用植物的蘇格蘭醫生威廉・侯斯頓[6]。

4 學名：*Achillea ageratum*。
5 學名：*Inula helenium*。
6 英文：William Houstoun。

gû-sái-tsháu

白花藿香薊的花序十分秀氣。

白花藿香薊全株有怪味道。

白花藿香薊

台　語｜牛屎草（gû-sái-tsháu）
別　名｜白花勝紅薊
學　名｜*Ageratum conyzoides* L.
科　名｜菊科（Asteraceae）
原產地｜墨西哥
生育地｜開闊地、草地
海拔高｜0-1300m

草本，莖直立生長，莖暗紅色，全株被毛。單葉，對生，粗鋸齒緣。花白色，頭狀花序排列成複繖房花序，頂生。瘦果。

紫花藿香薊的花十分夢幻。

gû-sái-tsháu

紫花藿香薊

台　語｜牛屎草（gû-sái-tsháu）
別　名｜墨西哥藍薊、紫花毛麝香、勝紅薊
學　名｜*Ageratum houstonianum* Mill.
科　名｜菊科（Asteraceae）
原產地｜墨西哥、貝里斯、瓜地馬拉、宏都拉斯、薩爾瓦多
生育地｜潮溼開闊地、草地
海拔高｜0-1300m

草本，莖直立生長，莖暗紅色或紫黑色，全株被毛。單葉，對生，粗鋸齒緣。花紫色，頭狀花序排列成複繖房花序狀，頂生。瘦果。

紫花藿香薊已經歸化全台。

王爺葵

王爺葵的花像是小號的向日葵，植株卻比向日葵要更高大。在高速公路或高架道旁的山坡，很容易見到一大片的王爺葵。

一九一〇年，台灣近代農業教育先驅藤根吉春自新加坡引進王爺葵，原本是當觀賞植物，沒想到繁殖力太強，變成了入侵種。王爺葵生長的地方雖還沒到寸草不生，卻也不容易見到其他植物的蹤跡。

不過王爺葵也不是全無作用。研究發現它有助於改良土壤，是很好的綠肥作物。此外在草藥應用上，因為其枝葉又苦又涼，常被加在青草茶或苦茶之中，是民間常用來降火氣、治療肝病與糖尿病的配方。

近代醫學研究也證實，它對皮膚癌、調降血糖、降膽固醇都有一定作用。但是千萬要特別注意，它的藥性太強，長期使用會導致肝纖維化。沒有醫師建議，切莫自行服用。

瑪瑙珠

瑪瑙珠也是全台常見的矮灌木，在各地花園、草地自生。植株多數生得矮矮小小，長得也慢，不仔細看容易誤以為是草。

不過瑪瑙珠有一個很特殊的形態喔！仔細看就會發現，它總是同時有一大一小兩片葉子長在一起。為此，林奈一七五三年將它跟馬鈴薯、番茄一起放在茄屬，並以兩

片葉子 *diphyllum* 做為它的種小名。

這種不起眼的小植物，除了有大名鼎鼎的林奈替它命名，連引進者也是大人物。一九一〇年，瑪瑙珠跟王爺葵一起被藤根吉春自新加坡引進，最開始也是當觀賞植物。

瑪瑙珠根可消炎、止痛、消水腫；葉可以治瘡瘍腫痛。不過它也是全株有毒，含有會造成心律不整的生物鹼，千萬不可以生食。

路旁常見的瑪瑙珠果實顏色鮮豔，具觀賞價值，但全株有毒。

ngóo-jiáu-kim-ing

王爺葵

王爺葵常大面積生長。

台　語 | **五爪金英**（ngóo-jiáu-kim-ing）、**樹菊**（tshiū-kiok）
別　名 | 五爪金英、提湯菊、假向日葵、小向日葵
學　名 | *Tithonia diversifolia* (Hemsl.) A. Gray
科　名 | 菊科（Asteraceae）
原產地 | 墨西哥、貝里斯、瓜地馬拉、宏都拉斯、薩爾瓦多、尼加拉瓜、哥斯大黎加、巴拿馬
生育地 | 山坡、草地、森林邊緣
海拔高 | 200-2300m

灌木狀草本，莖粗壯，高可達 5 公尺，全株被毛。單葉，互生，三至五裂，鋸齒緣。花菊黃色，頭狀花序頂生或腋生。瘦果。

王爺葵的花像小朵的向日葵。

bé-ló-tsu

瑪瑙珠

瑪瑙珠的葉片一大一小兩片長在一起。

台　語 | 瑪瑙珠（bé-ló-tsu）
別　名 | 黃果龍葵、冬珊瑚、玉珊瑚
學　名 | *Solanum diphyllum* L.
科　名 | 茄科（Solanaceae）
原產地 | 墨西哥、貝里斯、瓜地馬拉、宏都拉斯、尼加拉瓜、哥斯大黎加
生育地 | 受干擾地區、路旁、林緣
海拔高 | 0-800m

直立灌木，高可達 1 公尺，嫩莖紫黑色。單葉，全緣，一大一小長在同一邊。花白色，先端五裂，總狀花序與葉對生。漿果球形，成熟時黃色。

瑪瑙珠的花下垂，形態與番茄和辣椒類似。

藍蝶猿尾木

藍蝶猿尾木也具有漂亮的紫色花，而且全年都會開花，所以特別吸引我的目光。大約一九〇〇年引進供觀賞。不過，它耐旱也耐潮溼，又有毒他作用，已經成為中南部地區的入侵植物，恆春和蘭嶼特別常見。

在青草藥應用上，有清熱解毒、活血化瘀的功效。治療過敏、感冒、便祕或月經失調。中南美洲用它來治療黃熱病、瘧疾、頭痛、發燒、皮膚病等症狀，現代藥理研究證實，藍蝶猿尾木有一定的抗氧化、抗真菌、降血壓、降血脂、驅蟲的功效。

目前我們常見的藍蝶猿尾木總是被稱為長穗木，連使用的學名都錯誤。事實上藍蝶猿尾木不是長穗木，而是長穗木同屬不同種的植物。藍蝶猿尾木正確學名是 *Stachytarpheta cayennensis*，而真正學名為 *Stachytarpheta jamaicensis* 的長穗木，才是長穗木屬的模式種。在台灣因為較少見，所以大家幾乎都把藍蝶猿尾木當成長穗木。不論是網路上、傳統的植物圖鑑、草藥應用，都經常都把兩種植物搞混，甚至把 *Stachytarpheta jamaicensis* 誤當藍蝶猿尾木的學名。

雖然它們外觀、原產地、生長環境、藥性都非常相像，連引進年代也一樣，但是藍蝶猿尾木的花顏色較深，而且各級葉脈皆十分明顯於表面凹下，讓葉片看起來彷彿有皺褶一般；而相對不常見的長穗木，或稱牙買加長穗木，花是淡紫色，葉表面較光滑且油亮。

希望大家以後可以仔細觀察，區分藍蝶猿尾木與長穗木，別再張冠李戴了。

牙買加長穗木葉表面較光滑且油亮。（攝影／陳煥森）

hīnn-kau-tsháu

藍蝶猿尾木

台　語｜耳鉤草（hīnn-kau-tsháu）、久佳草（kú-ka-tsháu）
別　名｜長穗木、玉龍鞭、假馬鞭、木馬鞭、假敗醬
學　名｜*Stachytarpheta cayennensis* (Rich.) Vahl
科　名｜馬鞭草科（Verbenaceae）
原產地｜墨西哥、貝里斯、瓜地馬拉、宏都拉斯、尼加拉瓜、哥斯大黎加、巴拿馬、哥倫比亞、委內瑞拉、蓋亞那、蘇利南、法屬圭亞那、巴西、厄瓜多、祕魯、玻利維亞、阿根廷、巴拉圭、大小安地列斯
生育地｜遮陰潮溼地、路旁或森林內受干擾處
海拔高｜0-1500m

藍蝶猿尾木是矮灌木。

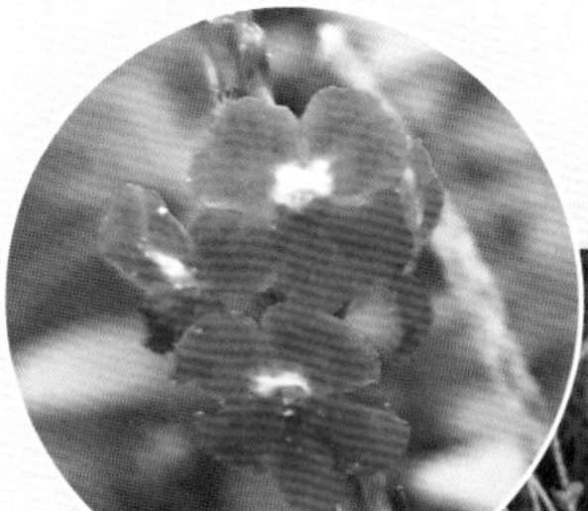

藍蝶猿尾木的花。

草本或亞灌木，高可達 1 公尺，小枝四邊形。單葉，十字對生，鋸齒緣，葉脈明顯於表面凹下、背面隆起。花藍紫色，穗狀花序頂生。蒴果。

藍蝶猿尾木的紫色花十分夢幻，所以常見栽培。

古早味紅茶的祕密香氣——決明子與望江南

可別以為決明子是台灣限定的風味喔！全世界熱帶地區都會利用決明子煮茶。因為顏色偏深，又有特殊的香氣，所以英文稱之為咖啡決明（coffee senna）或決明咖啡（senna coffee）。

台灣傳統市場與夜市的古早味紅茶，是許多人心中道地的台灣味。不過仔細觀察，古早味紅茶不但顏色深，味道也與真正的紅茶不大相同，因為裡面加了決明子。

小時候，阿公總是會在池塘邊栽植決明子。待天氣漸漸轉熱，阿公便將其米粒般的種子炒熟，然後煮成「紅茶」。味道當然跟紅茶不太一樣，但是跟古早味紅茶又有說不上來的相似感。一直到求學以後，我才知道阿公種的是決明子，它是使紅茶具有古早味的祕密。除了煮茶，種子也可以做為枕頭的填充物，據說有安神的功能。

此外，很多自助餐或早餐店的紅茶，為了降低成本，使用的多半是進口的紅茶葉，香氣不足且澀味重。為了解決這個問題，往往會加入大量的決明子調味。又因為決明子本身有潤腸通便的效果，形成了大家喝早餐店或自助餐紅茶容易拉肚子的刻板印象。

不過，可別以為決明子是台灣限定的風味喔！全世界熱帶地區都會利用決明子煮茶。因為顏色偏深，又有特殊的香氣，所以英文稱之為咖啡決明（coffee senna）或決明咖啡（senna coffee）。

決明子顧名思義，是決明的種子。現今中草藥所使用的決明子，其來源在分類學上可再細分成兩種植物：決明與小決明。兩種植物十分相似，差異在於決明的葉子、植株高度、種子大小，都比小決明還要大，而決明的種子形狀也較不規則。然而，兩種植物實在太過相似，常被搞混。我們台灣常使用的決明子，是種子較整齊的小決明。此外，還有一種外觀相似、功效雷同的植物望江南，常被稱為假決明或石決明。

但傷腦筋的是，決明子這個華文名稱早在約莫秦漢時期成書的《神農本草經》便出現，原本可能是華中或華北的溫帶植物。但是現代植物學中，不論是決明、小決明或望江南，三種植物的原生地都在拉丁美洲，是熱帶植物。究竟為什麼會出現這樣的落差，令人十分頭痛。

參考《本草綱目》，李時珍便提到「決明」不只一種，從《本草綱目》所引用的其他中草藥相關書籍的描述，也看得出來，中藥上所謂的決明子，包含好幾種不同的植物。因此我推想，或許是決明屬的植物種類繁多，形態往往又十分相似，所以古代所謂的決明，原本就可能會因地區不同，指涉現代植物學中定義的不同物種。地區差異加上中草藥學幾百年來的演進與發展，造成現在我們所稱的決明，竟來自遙遠的拉丁美洲，早已非古書所指的植物。至於古代所稱的決明子，究竟還包含哪些植物，光憑典籍中的描述或圖畫，實在不易考證，還有待專家學者進一步深入研究。

一七五三年林奈同時命名了決明、小決明及望江南。當時三種植物都被歸在黃槐屬 *Cassia*，種小名分別是 *obtusifolia*、*tora*、*occidentalis*。*obtusifolia* 是盾葉的意思，*tora* 來自僧伽羅語 තොර，而 *occidentalis* 意思是西方的。

隔年，愛跟林奈唱反調的菲利普．米勒馬上以阿拉伯文 سنا，轉寫為 sanā，發表了決明屬 *Senna*。往後相當長的時間，雖然有部分植物學家採納菲利普．米勒的意見，但是大部分的植物學家依舊沒有特別將黃槐屬和決明屬分開，要等到一九八二年後，植物分類學者才普遍接受這個分類方式。

決明子在中藥上最為人知的功效就是「明目」。煮成茶飲，清涼退火，還可以通便、利尿、去溼，甚至現代認為有降脂、降血壓的功效，是常見的保健飲品。除了上述藥效，全草或葉片還可以外敷治療皮膚方面的疾病。此外，嫩豆莢、嫩葉可以炒食或煮食，做為野菜。

望江南形態跟決明子相似，差異在於葉片先端尖，豆莢較短且扁，可與之區分。其用途與決明子雷同。種子同樣可以炒熟煮茶，英文也是 coffee senna。望江南是青草店常見的藥用植物，種子具有清肝明目、健胃潤腸的功效，可做為緩瀉劑。葉片或全草作用與決明子相彷。嫩葉、嫩莢與花可以做野菜，不過有微量的毒性，生食過量恐致死。

雖然「決明」在華文的醫藥古書裡資料不少，但是在台灣的歷史文獻中卻不多，僅《台灣府志》、《續修台灣府志》及《噶瑪蘭廳志》中有「石決明」的紀錄。不過，石決明除了是望江南的別名，在中藥上又可以指九孔等數種鮑螺科貝類。書中指的究竟是何物，要比對前後文才能確認。《台灣府志》與《噶瑪蘭廳志》明確表示石決明是貝類，所以不可能是植物。只有《續修台灣府志》中跟其他草藥並列的石決明，有可能就是現在所稱的望江南。

然而，這幾種廣泛歸化於全世界的豆科植物，並沒有詳細的歷史紀錄，也沒有明確的引進時間。只能推斷是地理大發現以後，陸續散播至全球熱帶與亞熱帶區域。而台灣究竟何時引進無法確定，只能從一九〇二年小決明與望江南在《植物學雜誌》首次科學紀錄了解，至少在十九世紀結束前，它們就在台灣落地生根。

現代所謂的決明和望江南，名稱相當詩意，想不到竟是拉丁美洲的植物，陰錯陽差成為了中藥材，融入我們的「古早味」。

iûnn-kak-tāu

小決明

台　語｜**羊角豆**（iûnn-kak-tāu）、
決明（kuat-bîng）
別　名｜**決明、假花生**
學　名｜*Senna tora* (L.) Roxb.、*Cassia tora* L.
科　名｜**豆科**（Fabaceae or Leguminosae）
原產地｜**貝里斯、薩爾瓦多**
生育地｜**受干擾處、荒地**
海拔高｜0-1000m

決明子的花黃色，與望江南相似。（攝影／王秋美）

決明子的葉片較圓，類似花生。（攝影／王秋美）

決明子是古早味紅茶特殊香氣的來源，也是保健飲品的原料。

決明子的豆莢細長彎曲。（攝影／王秋美）

一年生灌木狀草本，高可逾 1 公尺。一回羽狀複葉，互生，小葉三對，倒卵形，葉柄基部有兩枚線形托葉，早落。花黃色，總狀花序，或兩朵成對生長，頂生或腋生。莢果細長。

tsio̍h-kuat-bîng

望江南

台　語 | 石決明（tsio̍h-kuat-bîng）、**羊角豆**（iûnn-kak-tāu）

別　名 | 羊角豆、假決明

學　名 | *Senna occidentalis* (L.) Link、*Cassia occidentalis* L.

科　名 | 豆科（Fabaceae or Leguminosae）

原產地 | 中南美洲、西印度群島

生育地 | 受干擾處、荒地

海拔高 | 0-1200m

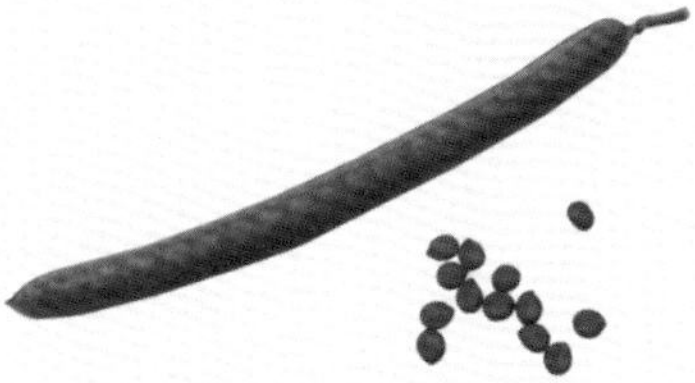

望江南的豆莢與種子

灌木，高可逾 2 公尺。一回羽狀複葉，互生，小葉披針形，葉軸略帶紫紅色。花黃色，總狀花序，頂生或腋生。莢果扁平。

望江南的花。

中南部的荒地、牆角，常見野生的望江南。

望江南的葉子先端較尖。

送你一朵煮飯花——紫茉莉

每次在外頭採草觀蟲，看到它開花，就知道差不多該回家吃飯了。

詹雅雯有一首台語歌叫做《煮飯花》，歌曲描述女孩子藉由煮飯花向男生表示心意，當中有幾句歌詞是這樣寫的：「有一蕊花，花店攏無塊賣，開置阮兜門口，相信你看過……有一蕊花，是我家治種的……花的名字，你嘛一定聽過……送你一蕊煮飯花……。」

大意是我家門口有栽種一種花，花店都沒有賣，但是名稱你一定知道，叫做煮飯花。

煮飯花這名稱充滿濃濃鄉土味，是我幼年生活在鄉下時，隨處可見的植物。每次在外頭採草觀蟲，看到它開花，就知道差不多該回家吃飯了。又因為農村社會人們通常在下午洗澡，所以也有洗澡花這樣的名稱。國外一般都稱它為 four o'clock flower（四點花）。

煮飯花不但有鬧鐘的功能，其黑色種子就如同ＢＢ彈一般，是我們玩彈弓的最佳彈藥。用花朵榨的汁液，可以塗指甲或當口紅使用，故又稱為胭脂花。《續修台灣府

煮飯花是常見的觀賞植物。

志》也有相關記載：「胭脂花有紅、黃、白及五色四種。」

但是，千萬不要因為這樣，就以為煮飯花是台灣的原生植物。中美洲古文明阿茲提克才是最早開始栽種煮飯花的民族。煮飯花約在十七世紀後期引進台灣，算是很早就風行世界的觀賞植物。

從一七五三年它所得到的學名，也可以看出其故鄉在拉丁美洲，種小名 *jalapa* 是指墨西哥灣的城市哈拉帕[7]。很特別的是，林奈使用 *Mirabilis* 做為煮飯花的屬名，意思是驚奇或奇異。這個字在植物命名上很常使用，不過都是做為學名的種小名，例如東南亞最常見的奇異豬籠草[8]，只有煮飯花是用這個字做為屬名。

究竟這種植物在林奈心中有多神奇，竟然用奇異來做為它的屬名呢？原來，煮飯花像花瓣的部分其實是它的花萼，而看起來像花萼的部分是它的苞片。看似種子的部分也不是種子，是果實，而且還是花萼發育而來的假果實，植物學上稱之為摻花果[9]。煮飯花完全顛覆大家對花及果實的既定印象。

另外，煮飯花還有一個很奇異的特點是花色變化。不過這是林奈過世後才發現的遺傳學現象。

仔細觀察煮飯花的顏色。白色花跟深紫紅色的花雜交，會產生粉紅色的花朵。而粉紅色花朵再次雜交，後代卻有可能出現白色、深紫紅色或粉紅色的花。這跟我們中學生物課學的孟德爾豌豆遺傳實驗不完全相同，因為白色和深紫紅色的花都是顯性基

7 西班牙文：Xalapa。
8 學名：*Nepenthes mirabilis*。
9 英文：anthocarp，鳳梨和無花果也是屬於這種果實。

雜色花的煮飯花。

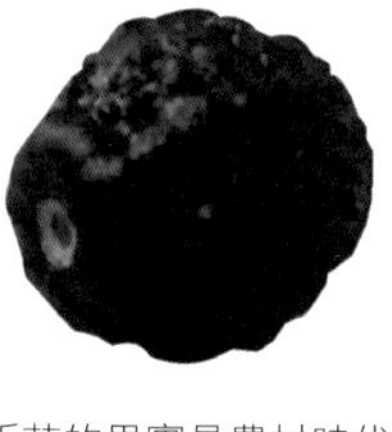

煮飯花的果實是農村時代的玩具。

因，而不是一個顯性一個隱性，所以兩個基因都會表現出來，生物學上稱之為共顯性。

這有一點類似人類的血型，AB型和AB型結婚生子，有可能產生A型、B型與AB型。不過，人類血型更複雜，A型和B型結合除了產生AB型，倒是還有其他種可能。

以現代基因科技的發展來看共顯性，或許不會覺得有什麼了不起。但是在遺傳學發展初期，這可是驚人的發現。

除了觀賞，煮飯花也是青草街必備的青草藥，塊根、葉子、花、果，都有不同的功效。一般主要是以塊根治療腸胃或婦女疾病，或是將莖葉煮水洗澡，治療痱子。此外，嫩葉和塊根煮熟也可以當野菜。不過新鮮的植株有毒，一定要煮熟才能食用。

民間相傳，白色的煮飯花塊根藥效最好，所以一般青草店多半販售白花的塊根，稱為煮飯花頭。因為造型和顏色的緣故，又讓煮飯花頭有入地老鼠的別稱。

就像有人會到花市找藥草，我也喜歡到青草巷找植物。還記得第一次在台北青草巷看到一簍一簍的煮飯花頭，覺得十分新奇。沒想到這種可愛的小花竟會以這種形式出現在市場上。

雖然後來從書上知道煮飯花比較正式的名稱叫做紫茉莉，但我依舊習慣叫它煮飯花，不只比較親切，也總讓我憶起童年。

不過說來慚愧，我從未像留意樹木所在位置一樣，留意過身邊何處可見煮飯花，也不曾擔心它會消失不見，總覺得它還是像小時候一樣常見。直到某天突然想起煮飯花，卻四處找不到它的蹤影，只好到青草街買塊根來栽培。奇妙的是，塊根冒芽後，煮飯花又巧妙地四處露臉。我想，這就是莫非定律吧！

煮飯花發芽的塊根。

煮飯花的塊根是青草店常見的草藥。

tsú-pn̄g-hue

紫茉莉

台　語｜**煮飯花**（tsú-png-hue）、**胭脂花**（ian-tsi-hue）

別　名｜**煮飯花、洗澡花**

學　名｜*Mirabilis jalapa* L.

科　名｜**紫茉莉科**（Nyctaginaceae）

原產地｜**墨西哥、貝里斯、瓜地馬拉、宏都拉斯、薩爾瓦多、尼加拉瓜**

生育地｜**路旁、開闊地**

海拔高｜0-1700m

亞灌木，高可達 1 公尺，節間略膨大，具地下塊根。單葉，對生，全緣。花白色、紫紅色或黃色，長喇叭狀，先端五裂，聚繖花序腋生，總花軸極短。苞片花萼狀，先端五裂，花凋謝後會延長包被果實。摻花果堅果狀，球形，成熟時黑色，具五縱稜，表面凹凸不平，常被誤以為是種子。

白色的煮飯花。

紫紅色的煮飯花。

生長在路邊的煮飯花。

◆只剩文創中心的夕陽產業——菸草

我猜想大部分人都跟我小時候一樣沒看過菸草，也不認得這種神祕的植物。但或多或少，應該有幫家裡大人跑腿買香菸的經驗。

許多年前，摯友跟我一起到美濃雙溪樹木園，回程他特別提到想去看看菸草田。當時常在各地調查，也在不少地方看過菸葉的我，全然不知道菸草田即將消失。直到多年後看到新聞，才後知後覺地發現，二〇一七年台灣菸酒公司終止與菸農契作，不再保價收購菸葉，菸草栽培將走入歷史。冬季菸草在田間搖曳的景象，未來只存在記憶之中。

回想我跟菸草初遇，是在未燒完的長壽菸蒂裡的屑屑。好奇的我拆解了當時手邊所有能拆解的東西，透過叔公的放大鏡，觀察到香菸裡一根根如小蟲般可能是植物的葉子，彷彿發現新大陸一般興奮。不過，那時候大人給我的答案「菸草」無法滿足我的好奇心，於是我翻遍了所有手邊能找到的書籍，企圖找尋菸草的蛛絲馬跡。很可惜，這種十八禁的物品，別說當時的兒童讀物沒有介紹，連大人的書上也沒有半張照片。

那時候村子裡沒有人栽種——也不能栽種菸草，我完全沒機會接觸到這種葉片碩大，但是花朵十分秀氣的植物。後來反倒是先認識了同樣來自拉丁美洲的山菸草，而開始腦補菸草的模樣。

又不知道過了多久，我終於意外邂逅了菸草，心想：「哇！這是什麼妖怪？」沒想到菸草的廬山真面目，竟然如此巨大，與想像的畫面完全不是同一個等級。

菸草與香菸，一個是美麗的植物，一個卻是評價兩極的嗜好品。事實上它們不過是同一條生產線的不同階段，從農地上的植株，變成了工廠裡切碎的細絲。

我猜想大部分人都跟我小時候一樣沒看過菸草，也不認得這種神祕的植物。但或多或少，應該有幫家裡大人跑腿買香菸的經驗——以前雜貨店幾乎不會拒絕小孩子來買菸，現在應該會被告吧！

菸草在田間搖曳的景象已很難再見。

除了跑腿買菸，菸草也從其他面向間接影響了我們多數人的回憶。辛曉琪《味道》的歌詞「手指淡淡煙草味道」，單從年代與香菸的銷量來推斷，有超過一半的機率是聞到台灣所栽培的菸草。「想要來一包長壽煙，發現我未滿十八歲。」張震嶽一九九七年創作的《愛的初體驗》，是我們這世代相當熟悉的歌。歌詞中的長壽菸正是台產菸草的代表商品，見證了台灣近代菸葉栽培的興衰。

撇開抽菸對身體健康的影響，菸業曾經是國庫與菸農重要的收入來源。一九六〇及一九七〇年代，栽培一甲地菸葉的收入，幾乎是公務員年薪的兩倍。國庫有一半歲收來自菸酒公賣局，而菸酒公賣局有高達六成的營收是菸類產品。

不過，對我國經濟發展有重要貢獻，又存在你我記憶中的菸草，原本可是中南美洲印地安文化中的藥用植物與宗教植物。我在厄瓜多便感受到當地對菸草的重視。許多儀式——例如神祕的死藤水儀式，都要用到菸草。

歐洲人發現新大陸後，引進了菸草及古柯等藥用植物，開啟了人類上癮五百年的歷史大戲。菸草被拱成植物界的貴族，成為全世界栽培面積最高的非糧食作物。全盛時期台灣栽培面積也逼近一萬兩千公頃，是釋迦最大栽培面積的兩倍，相當驚人。

不過，在那個抽菸是好國民的年代，這種高經濟價值的作物也不是想種就能種，沒有政府特許，門都沒有，更不能在家裡像種菜一樣隨便種幾棵自用。

菸草在古代有個特別的名稱「淡巴菰」，音譯自英文 tobacco，而英文則來自西班牙文與葡萄牙文 tabaco。不過 tabaco 的來源就不確定了，有人認為是受加勒比海原住民所使用的泰諾語或阿拉瓦克語影響，也有一說是源自阿拉伯語。

菸草在古代還有相思草、醫師草、永樂草、返魂草、延命草、延壽草、長壽草等名，真是嚇死人了！竟然都是如此正面的稱呼。可以想見吞雲吐霧對人類具有強大的吸引力。

哥倫布發現新大陸時，船上的成員就觀察到加勒比海的泰諾人會抽菸。不過當時菸草就跟可可等作物一樣，不受貴族重視，甚至被認為是粗俗的玩意。於是菸草先從水手間開始流行，然後從港口附近的酒吧、妓院，慢慢在較低的階層傳開。走在流行尾巴的反而是歐洲貴族——一開始認為抽菸是邪惡行為的那群人。

歐洲最早開始抽菸的國家是荷蘭和英國。後來因為三十年戰爭而透過士兵開始傳進歐陸。百姓日復一日看不見希望的苦悶環境，成為香菸傳播的溫床。十七世紀末，歐洲各階層通通淪陷，成為香菸的俘虜。十八世紀末浪漫主義興起，藝術家成為第二波香菸大流行的帶頭者，不但使菸草需求大增，也影響我們對藝術家的刻板印象。

在菸草傳播過程中，亞、非比歐洲更早接受這種植物，由西班牙和葡萄牙將其引進，十六世紀末、十七世紀初很快就在東亞、東南亞、南亞、西亞等地廣為流行。

至於菸草何時傳入台灣，並沒有明確的記載，很可能在十六世紀末，原住民就開始栽種適合做雪茄的品種，日本來台灣調查時，稱之為高山型番產菸葉。參考光緒年間《恆春縣志》的記載[10]，不但引用了所有研究菸業史都會提到的姚旅《露書》，也特別說明原住民所栽培的菸草非漳泉移民所帶來。

10 一八九四年成書，原文如下：「淡巴菰：即煙草，出番山，以上十八社者良。姚旅《露書》：『呂宋國，有草名淡巴菰，一名金絲醺，漳州人自海外攜來』。茲恆邑僻在海外，番人不知貿利，亦有此種，自非漳州人所攜贈，蓋天地自然之產耳。」

荷蘭在台期間，漳泉移民從華南引進適合平地栽培的品種。直到清代初期，官方都未曾對菸草栽培多加限制。中南部農民栽種的菸葉，以菸絲的形式流通與交易，是個沒有專賣制度，也沒有商品標準的自由市場。

大家熟悉的劉銘傳應該是官方帶頭種菸葉的第一人。來台後為了增加收入，他派人到菲律賓引進馬尼拉品系，也從福建引進優良品系與菸草栽培書籍，在全島推廣菸草栽培。

日本來台後，起先並沒有積極推廣或限制菸草栽培。一方面由於當時日本也能栽培菸草，不需仰賴台灣；一方面則是因為日本最初將台灣視為熱帶植物試驗地，重視的作物是各種熱帶植物。不過，日治初期卻因為進口成品菸要課重稅，間接刺激了台灣本地的菸葉加工廠發展與菸葉栽培。

一九〇四年日露戰爭[11]爆發，導致日本財政吃緊。台灣總督府為了充盈國庫，又把腦筋動到菸草上。先是積極布局，對菸田課以重稅，迫使農民轉作。次年（明治三十八年）繼鴉片、鹽與樟腦之後，一舉將菸草栽培、加工與行銷也納入專賣。

實施專賣前，日本盤點當時台灣栽培的菸業品種，除了高山型番產菸葉，還有平地型支那種、馬尼拉種。一九一三年引進黃色品種試種，大幅提升台灣菸草的品質與產量，被視為台灣菸業的里程碑。

國民政府來台後，許多農產品皆延續日本的政策，特別是占政府營收高比例的菸葉，仍舊保留專賣制度。除了承襲日治時期既有的宜蘭、台中、嘉義菸區，並將自清末便開始栽培菸草的屏東、花蓮也一併規畫，共五大菸區。不過菸區並非限定於該縣

農復會發行的菸草栽培與蟲害防治手冊。

市，像我拍攝菸草花的南投草屯，還有彰化，都屬於台中菸區；而觀察植物時巧遇菸草田的美濃，是屏東菸區。

台灣氣候溫暖，一年三穫。通常春夏兩季種稻，入秋後開始栽種一些喜歡涼爽氣候的作物，例如來自安地斯山的菸草，於是有了「秋菸」這樣的名稱。

做為一個好奇寶寶，我曾經四處看菸草，只為了拍下大片菸草田花朵盛開的照片，可惜未曾如願。不管我多早到，都只能看到菸草花梗三三兩兩，不是剛被摘掉棄於田間，就是剛開還沒有被折掉。後來詢問菸農才曉得，由於專賣制度不能私自種菸，為了避免菸草種子外流，所以政府要求菸農，只要菸草開花都必須摘除。十分遺憾，只好撿拾地上的花朵拍照。

大學以後我開始對歷史建築產生興趣，無論是日治時期美麗的建築物，或是有味道的老房子，總是吸引我駐足。後來手機有了照相功能，在記錄植物之餘，我也開始拍攝這些老房子。跟菸業相關的歷史建築，除了大家最熟悉的松山菸廠、台北南昌路上一九二二年竣工的專賣局，其實各地都有規模不等的菸樓與買菸場。

近年來，有的歷史建築被重新規畫，像是一九三七年興建的松菸改設為文創園區，台中太平買菸場蛻變成了陳庭詩紀念館。除了大型廠館，昔日的製菸產業也留下許多不起眼的平房。以稻草和泥蓋成的塗墼厝，其實是乾燥機出現之前用來乾燥菸葉的菸樓，曾在台灣菸業上扮演螺絲釘角色，台語多半稱之為菸仔間。

—

11 即日俄戰爭。

菸草的花很是秀氣。

隨著貿易環境改變，各類商品逐步開放進口，台灣的產業勢必受到衝擊。就如同二〇二〇年美豬的議題一樣，一九八七年台灣打開美菸進口大門，導致國產菸市占率逐年下滑，菸葉栽培也開始走下坡。二〇〇二年加入世界貿易組織WTO之後，對菸農更是雪上加霜，台灣的菸業必須面對來自世界各地巨大的挑戰。回頭看，這些舉措彷彿已經宣告，台灣的菸葉注定要走入歷史。

菸草，曾經是台灣的黃金產業，養活了好幾代人；卻也曾因為國民政府來台初期查緝私菸，導致二二八事件，在國人心中留下了難以抹滅的歷史傷口。菸草，做為一種特殊存在，交織太多太多複雜的情緒，讓我好幾次不知該如何下筆，成為我寫作本書最大的挑戰，也是全書最後完成的文章。

我在亞馬遜雨林裡，以一支一美元跟當地原住民購買現捲的土菸。突然想起了摯友特地跟我南下看菸葉的情景，想起了已走入歷史的台灣菸業，剎那間感慨萬千。

台中太平買菸場蛻變成了陳庭詩紀念館。

1944 年創建的台中水湳菸樓。

台中南屯菸樓是塗墼厝。

廢棄菸樓內部，右下是燒柴火的地方，左邊是觀察菸葉乾燥狀況的方窗。

hun-tsháu

菸草

台　語 | **燻草 / 薰草**（hun-tsháu）、**菸草**（ian-tsháu）
別　名 | **紅花菸草**
學　名 | *Nicotiana tabacum* L.
科　名 | **茄科**（Solanaceae）
原產地 | **熱帶美洲**
生育地 | **受干擾地區、路旁、林緣**
海拔高 | 800-1800m

直立灌木或亞灌木，高可達 2.5 公尺，全株被毛。單葉，互生，全緣，葉片十分巨大。花粉紅色，喇叭狀，先端五裂，圓錐狀聚繖花序頂生。蒴果卵形。

菸草的葉片十分巨大。

菸草田見證台灣菸葉發展的興衰。

亞馬遜的土菸與乾燥菸葉捲。

◆製藥業的祕密起點——古柯

古柯、金雞納、樹薯還有瓊麻，既是熱帶植物、工業原料，更在日本對外戰爭中具有舉足輕重的地位。如果沒有這些植物，歷史或許會改寫。

說到古柯，一般人便會想到古柯鹼，殊不知古柯葉曾是台灣製藥產業的開端。或許因為古柯鹼是一級管制毒品，所以大家鮮少談起這段歷史。至於大家津津樂道的奎寧[12]，其實原本只能算是古柯的備胎罷了。

記得在安地斯山旅行時，第一天導遊便讓大家喝古柯葉泡的古柯茶[13]預防高山症。在安地斯山城奧塔瓦洛的市集，也看到小販在路邊販售古柯葉與古柯糖。這是大學修植物分類學課程，從書本認識這種樹木數十年後，我跟古柯的第一次親密接觸。

古柯英文Coca，源自克丘亞語[14] kuka，是古柯樹的通稱，也翻譯做高卡或可卡。從植物分類的角度來看，可以分成古柯與長柄古柯兩種，喜歡生長在安地斯山脈東側山地雲霧林至亞馬遜低地雨林，是當地重要的民族植物，人類使用已數千年。我個人認為古柯就好像泰雅族的馬告[15]，不但生長環境類似，長得也有幾分相像，甚至在藥

奧塔瓦洛市集路邊販售的古柯葉與古柯糖。

用上同樣都具有醒腦、鎮痛、消除疲勞的功效。

從出生到死亡，南美洲有許多宗教儀式都會用到古柯葉，例如祈福儀式、死藤水儀式。甚至當人死亡後，都會在亡者口中放入古柯葉。此外，古柯葉也是當地生活常備的草藥，可以減緩各種疼痛、改善消化不良、止血、壯陽。在印加帝國，工人會嚼古柯葉並飲用紫玉米汁，減輕身體的不適感，消除疲勞，提高工時與工作效率。這不禁讓我聯想到台灣勞工朋友吃檳榔、喝阿比，竟有幾分熟悉感。

從安地斯山西側發跡的印加帝國，為了穩定取得古柯葉，向亞馬遜雨林擴張，讓古柯變成整個南美洲西部各國常使用的宗教植物與民間草藥。

雖然近代科學研究發現，古柯葉中所含的古柯鹼[16]會對人體造成傷害，是絕大多數國家管制性的麻醉藥與興奮劑。不過天然古柯葉的古柯鹼含量很低，嚼食古柯葉並不會出現中毒反應。

事實上古柯在十九世紀曾被認為是有益身體健康的補藥，於歐美地區十分流行。一八六三年，法國化學家甚至在葡萄酒中加入古柯，創造了一款連愛迪生也十分喜愛的古柯葡萄酒[17]——馬里亞尼酒[18]，酒瓶上就印有古柯葉。後來美國有一位藥師，混

12 關於台灣栽培金雞納樹生產奎寧的歷史，請參考《看不見的雨林——福爾摩沙雨林植物誌》一書。
13 西班牙文：mate de coca，英文：Coca tea。
14 英文：Quechua。
15 學名：*Litsea cubeba*，植物學上稱為山胡椒。
16 英文：Cocaine，又翻譯為可卡因，是一種生物鹼。
17 英文：Coca wine。
18 法文：Vin Mariani。

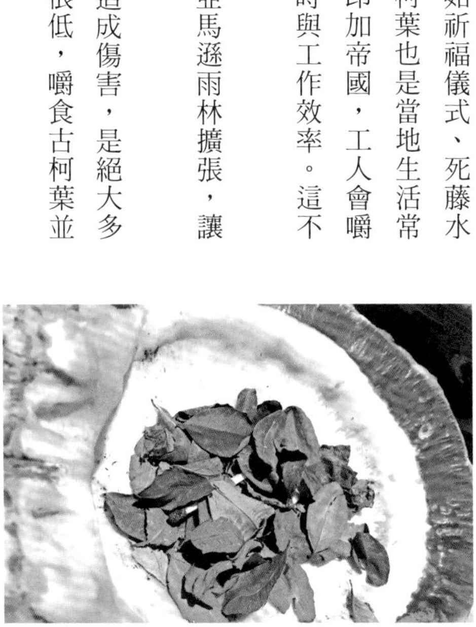

南美洲許多宗教儀式都會用到古柯葉。

古柯葉是安地斯山預防高山症的草藥。

合當時流行的古柯葡萄酒與碳酸飲料，發明了舉世聞名的可口可樂（Coca-Cola），其名稱就是結合了原料中的古柯樹（Coca），以及可樂果（kola nuts），聲稱可以安定神經、減輕頭痛、解決消化不良等症狀。除了飲用，十九世紀末英國藥廠也混合古柯葉和可樂果，開發出一款藥錠，同樣強調可以增強身體耐力、舒緩精神壓力[19]。

這麼好康的東西，那時候急於近代化的日本，當然也會想參一腳。但不是製作可樂，而是製作古柯鹼。

一九一〇年，曾引進五爪金英的藤根吉春，率先引進了長柄古柯，栽培於林業試驗場[20]。由神田壽重展開研究，並於一九一五年成功從古柯葉製造出古柯鹼，發表在《台灣總督府林業試驗場報告》。

同一時期，政商關係良好的星製藥株式會社於一九一一年成立。在當時日本政府的支持與鼓勵下，一九一六年星製藥開始從祕魯進口古柯葉製造古柯鹼，成為日本第一家製造古柯鹼的藥商。由時間點來看，星製藥成立與開始製造古柯鹼的時間，都緊接於引進與研發成功，不難判斷日本政府在當中扮演的角色。

不過要注意的是，當時科學家已發現古柯鹼會對人體造成傷害，美國也在一九一四年宣布古柯鹼為禁藥。然而，一九一四至一九一八年歐陸卻爆發第一次世界大戰，鴉片與古柯鹼等麻醉性藥物需求大增。日本在這時候製造古柯鹼的目的，不言而喻。

除了看世界局勢，也要看星製藥老闆星一的布局。他在一九一四年就開始在台灣中南部尋找合適的地點，並於一九一六年率先在嘉義中埔購地栽培古柯，而後陸續在南投、潮州、知本購地栽培試驗，開拓台灣的事業版圖。一九一七年甚至還找美國人共同開發，越過太平洋到祕魯投資，穩定供貨。

除了古柯，一九一五年星製藥還取得嗎啡專賣權，一九一七年成功製造奎寧。這都有助於星製藥擴展事業版圖，使其獲得東洋化學王的美譽。

與此同時，林業試驗場嘉義支場的主事小野三郎應該也扮演了關鍵角色。從他自一九一七至一九二一年陸續發表的可卡[21]栽培與施肥相關研究報告，以及地理位置上，小野三郎的辦公地點跟星製藥的菸田都在嘉義，很難不聯想林業試驗場與星製藥或許有合作關係。

無奈樹大招風，一九二五年星製藥正值事業最高峰，卻被捲入了政治鬥爭。對手策畫一連串陰謀企圖扳倒星製藥，使之信譽掃地。加上隔年的超強颱風，摧毀了星製藥在台栽培的藥用植物。苦撐多年後，一九三〇年星製藥終究還是申請破產。

不過，台灣的古柯製藥產業並未因星製藥倒閉而就此結束。文獻記載，台灣自爪哇兩度引進古柯。第一次是前面提到的藤根吉春。相隔十多年後，阿部幸之助[22]於一九二三年再度引進。這次參與古柯栽培並製藥的藥廠，還有台南在地稱為「藥仔會社」的台灣生藥株式會社，於一九二二年成立，一九二三年開始在白河栽種古柯。而

19 關於可樂樹與可樂飲料的歷史，請參考《看不見的雨林——福爾摩沙雨林植物誌》一書。
20 位於今日台北植物園內。
21 當時古柯的另外一種翻譯。
22 很可能與台灣釀酒及樟腦製造產業的資本家阿部幸之助是同一人，可參考華山文創園區的歷史。

大家更常在電視廣告聽到的武田製藥，也於一九二七年在嘉義設立藥草園栽培古柯。這一年，東京帝大才開始投入研究金雞納在台試驗栽培，星製藥以外的藥廠製作奎寧八字剛有一撇。

接下來，台灣製藥產業與化學工業的發展，因為戰爭而進入黃金時期。

一九三一年爆發九一八事變，日本占領中國東北；一九三二年中日在上海發生第一次淞滬會戰；次年，日本退出聯合國。一連串事件，造成日幣貶值，進口原物料與藥品價格不斷攀升，刺激了日本官方重視台灣的化工與製藥產業，也讓星製藥有機會捲土重來。

之後，一九三七年爆發七七盧溝橋事變，以及接連幾場中日戰爭，這段歷史大家都十分熟悉。然而，具戰略價值的熱帶植物在戰爭中扮演的角色，卻是我們以前課本沒有教過，大家相對較陌生的部分。

回頭來看，九一八事變那年，台灣生藥株式會社除了緊鑼密鼓地製藥，還引進製作各種化學溶劑的原料樹薯，似乎不是巧合。而古柯鹼、奎寧等藥品生產，也在日本退出聯合國後開始走向巔峰，直到一九四五年二戰結束前，都是台灣重要的藥品，藥廠的命脈。

古柯、金雞納、樹薯還有瓊麻，既是熱帶植物、工業原料，更在日本對外戰爭中具有舉足輕重的地位。如果沒有這些植物，歷史或許會改寫。

回到古柯樹與古柯鹼，除了可樂飲料早期曾使用，其實紅牛能量飲料也曾被檢測出微量的古柯鹼。不過，目前全世界多數國家都已禁止栽種。除非到南美洲旅遊，否則幾乎不可能有機會看到古柯樹。

在資訊尚未發達的年代，認識古柯樹比認識菸草還要困難。我從課堂上初次聽聞這種植物，後來又因為查究可樂由來，才慢慢認識它的歷史。當初台灣所引進，在製藥產業中使用的原料，植物學上稱為長柄古柯。因為自爪哇引進，又被稱為爪哇古柯，拉丁文種小名是 *novogranatense*，有時也會稱為新格拉納達[23]古柯或哥倫比亞古柯。

這種連懷舊都沒有機會的藥用植物，大家早已遺忘，只剩下幾張泛黃的照片，以及鮮少人會翻閱的歷史文獻中，還有關於古柯樹曾經來過台灣的吉光片羽。

23 西班牙文：Nueva Granada，葡萄牙文：Nova Granada，是十六世紀南美洲北部地區的舊稱，範圍約略與大哥倫比亞共和國相似。

ko-kun

長柄古柯

台　語 | 高根（ko-kun）、龜根（ku-kun）
別　名 | 爪哇古柯、長柄高卡
學　名 | *Erythroxylum novogranatense* (D. Morris) Hieron.
科　名 | 古柯科（Erythroxylaceae）
原產地 | 哥倫比亞、委內瑞拉、厄瓜多、祕魯
生育地 | 森林內受干擾處
海拔高 | 0-2000m

古柯是小灌木。

古柯是管制性植物，不能隨意栽培。

灌木，高可達3公尺，主幹明顯。單葉，互生，全緣。花白色，五瓣，數枚叢生於葉腋或無葉枝條上。核果橢圓球形，成熟時紅色。

從新潮到懷舊的沙士糖——墨西哥菝葜

很多人喝了一輩子沙士，卻不一定聽過，也不曉得這種植物竟是沙士的原料。

不曉得大家有沒有這樣的經驗，每當輕微的喉嚨痛、嘴破或中暑，阿嬤會說喝一點加鹽沙士就好了。我不是醫生，無法解釋這是否真有效果。但我想告訴大家的是，「沙士」這個名稱，也是指美洲的藥用植物喔！

沙士音譯自其中一項製作原料——墨西哥菝葜的英文 sarsaparilla 前兩個音節，本意是有刺的藤蔓。

在歐洲人抵達北美洲前，當地原住民便將北美檫樹[24]的樹根與墨西哥菝葜、多香果等十多種藥用植物與香料烹煮成飲料。簡單來說，就是北美洲青草茶啦！

十九世紀初，這種青草茶就開始在商店中販售，不過剛開始規模都不大，就像我們的青草茶一般。真正大規模商業生產，要歸功於美國藥劑師海爾斯[25]。一八七五年，

沙士是大家熟悉的汽水。

24 學名：*Sassafras albidum*。
25 英文：Charles Elmer Hires。

海爾斯將這種青草茶取名為根汁茶[26]。隔年在朋友的建議下改名根汁啤酒[27]，成功打響名號，並在費城建立工廠大量生產瓶裝飲料。此後陸續有競爭業者加入，很快地根汁啤酒便於全美流行。根汁啤酒上市十年後，可口可樂出現，頗有與根汁啤酒較量的意味。

至於根汁啤酒改名沙士又是另一個故事了。根汁啤酒原本就有不同的配方，海爾斯早期的競爭對手巴克為了區別自家產品，特別強調自己是以墨西哥菝葜為基底，稱為沙士根汁啤酒[28]。久而久之，市場就出現了沙士與根汁啤酒兩種稱呼。但仔細探究緣由，就會發現沙士與根汁啤酒是同一家族。

根汁啤酒與可樂兩大碳酸飲料的競爭，從美國打到了上海，而後戰線又延伸到台灣。大約在一九二〇年代，根汁啤酒與可樂都在上海上市，戰況如何不得而知。不過，可以確定的是，黑松公司前身進馨汽水負責人張文杞於一九四六年到上海參訪時，接觸到的是根汁啤酒而非可樂，否則歷史可能會改寫。

張文杞購買根汁啤酒的配方，並自行改良口味，於一九五〇年在台推出黑松沙士，就此一炮而紅，成為家喻戶曉的國民飲料。仔細看，黑松沙士包裝上寫的商標正是Sarsaparilla。

隨美軍姍姍來遲的可樂始終無法打敗沙士。一方面或許是因為價格，一方面也是受到政府的限制。雖然可樂在沙士開始生產四年後便開放進口，甚至曾在一九五七年設立中美汽水廠生產。然而，政府基於保護本土汽水產業發展的前提下，只讓可樂在美國駐台外交與軍事人員之間流通。

在可口可樂公司不斷游說與仿冒品充斥下，一九六七年終於開放本土市場販售可樂。但此時沙士早已深入國人飲料消費習慣中，可樂望塵莫及，更別說在本世紀取代或超越沙士深植國人心中的懷舊形象與地位。

一九八一年金車也推出沙士飲料，取名麥根，包裝上仍保留 Root beer 字樣。口味據說更接近美國的根汁啤酒。不過一九八四年爆發黃樟素事件，開始出現一種說法：沙士才含黃樟素，不含黃樟素的沙士要正名為根汁飲料。

回顧根汁飲料與沙士的歷史，黃樟素正是來自根汁飲料的主要原料北美檫樹。只不過因為黃樟素會致癌，美國早在一九六〇年就禁止大量生產的商品添加黃樟素，因此後來從美國引進的沙士不具黃樟素。

根汁飲料發明時，各家公司配方皆不相同，各有特色，就如同青草茶一樣，所以很難去評論哪家味道才道地。只能說鐘鼎山林，各有所好。

除了飲料形式，沙士也被做成了糖果。比較有名的大概是橘紅色包裝的萬成沙士糖，與金色包裝的三信沙士糖。

萬成沙士糖是由彰化員林萬成糖菓行生產。萬成糖菓行創業已經有七十年的歷史，早期曾生產抽抽樂玩具。一九八〇年代在沙士汽水的風潮下，開始生產沙士糖，風靡全台。三信沙士糖則是台中龍井正佳珍食品在一九九〇年代開始生產。除了台灣，國外其實也有生產沙士糖或沙士棒棒糖。可見沙士是許多小朋友喜愛的味道。

---

26 英文：Root tea。
27 英文：Root beer。
28 英文：Sarsaparilla-based root beer。

沙士糖是許多大朋友懷念的滋味。

叫做沙士也好，根汁飲料也罷，都少不了當中的靈魂植物墨西哥菝葜。它是當地常使用的草藥，根莖能治療消化、排泄、皮膚等方面的疾病，甚至曾有「萬能草藥」的美稱。

菝葜這個名稱大家或許不熟悉，其實中藥材土茯苓[29]就是一種菝葜科植物。這個科長得有點像山藥——都是藤本，都有平行的葉脈。不過血緣上，菝葜科倒是跟百合科比較接近。全球有三百多種，廣泛分布在熱帶至溫帶地區。台灣有十多種菝葜，幾乎都可以做為草藥使用。有的果實比較大，也可當救生野果。

中醫、印度阿育吠陀、美洲印地安薩滿……世界各地都會使用不同的菝葜入藥。無奈同科不同命，眾多菝葜當中，名氣最響的當屬土茯苓。然而，變成了大家熟悉的商品，甚至是汽水工業與糖果工業重要原料的，卻只有來自拉丁美洲的墨西哥菝葜。而台灣其他種類，就只是青草店裡大家陌生的草藥罷了！不過，也別太灰心。墨西哥菝葜用量雖大，卻沒有名。很多人喝了一輩子沙士，卻不一定聽過，也不曉得這種植物竟是沙士的原料。

二〇一九年華劇《用九柑仔店》中出現沙士糖畫面，一度造成討論話題，網路上甚至出現一波沙士糖求購潮。這種跟著七年級生一同誕生的糖果，沒想到隨著七年級生的年紀增長、雜貨店的消失，曾經最新穎的商品，也漸漸變成了懷舊的味道。

---

29 學名：*Smilax glabra*，又稱光葉菝葜。

sà-suh

墨西哥菝葜

台　語｜沙士（sà-suh）

別　名｜宏都拉斯沙士

學　名｜*Smilax ornata* Lem.、*Smilax regelii* Killip & C.V.Morton

科　名｜菝葜科（Smilacaceae）

原產地｜墨西哥、貝里斯、瓜地馬拉、宏都拉斯、尼加拉瓜、哥斯大黎加

生育地｜潮溼或乾燥森林、灌叢

海拔高｜0-1500m

台灣低海拔郊區常見菝葜科植物，形態與墨西哥菝葜相似。

木質藤本，莖上有鉤刺。單葉，互生，全緣，葉緣及葉柄也具刺，卷鬚腋生。單性花，雌雄異株，白色，繖形花序腋生。漿果球形，成熟時紅色。

《海角七號》的包裹——瓊麻與銀合歡

從應用與文化的角度來看，瓊麻名列恆春三寶當之無愧。但如果以能見度而言，我總是開玩笑說，恆春的特產是銀合歡。

電影《海角七號》曾經風靡一時，而劇中從日本寄給友子的包裹，外頭包著一條麻繩。那正是電影拍攝地點恆春的特產——瓊麻。

恆春古名瑯嶠，是本島最南方、台灣最溫暖的所在。除了可以見到很多罕見的熱帶植物，恆春也跟兩種拉美植物，以及兩位熱帶植物夢想家有著剪不斷的緣分。

牡丹社事件後，沈葆楨來台善後，命當時還在候補當官的劉璈負責督辦恆春縣城的建築工事，讓劉璈與恆春結下不解之緣。

大家可能對劉璈比較陌生，不過我演講時卻常提到他，因為他不只是治台有功的官員，也是我心中被遺忘的熱帶植物夢想家。

二〇一七年古裝電視劇《那年花開月正圓》中，兩個反派角色聊天就曾提到他的名字：「劉銘傳馬上就會有彈劾劉璈的摺子遞上去。」這可不是虛構的橋段，而是真實的歷史。因為湘軍左宗棠門下的劉璈，是北洋海軍李鴻章學生劉銘傳的政敵。一八八一年（清光緒七年）劉璈再度來台，官任福建分巡台灣兵備道，也就是電視劇中常出現的道台大人。他在台治理期間，最為人稱道的是建造台北城。簡單來說，台北今天有東門、西門、南門、北門，是劉璈的政績。

不過比較少人知曉，劉璈曾經想在台灣推廣熱帶林業，栽種橡膠與咖啡。無奈，一八八四年中法戰爭的戰火延燒至台灣，後來又遭劉銘傳彈劾而流放黑龍江，他的夢想終究無法實現。

打開劉璈日記般的著作《巡台退思錄》，書中記錄，一八八三年八月，劉璈構想在鵝鑾鼻附近栽種咖啡與橡膠，認為這是可以獲利無窮的行業[30]。

劉璈的想法沒有錯，不過很可惜在他之後的官員並沒有相同的眼光。他的熱帶植物夢想，得等到日本來台後，由田代安定來替他實現。巧合的是，當初劉璈看中的地點龜仔角與豬勝束，竟與田代不謀而合，並且在往後台灣咖啡栽培史上留下一頁。

---

30 《巡台退思錄》原文：「竊聞鵝鑾鼻附近如龜仔角至豬勝束、射麻里江口一帶，樹木叢雜；無樹處又有平原廣野，地熟而肥，最宜種植。又其地有一種樹，漿汁極多，土名紅棗樹。遽照料洋人起造燈樓之委員千總畢松林曾見洋人持漿化之，是否化成何物，未知底細。並聞洋人說過，此槳有大用。職道考問西學家，言『可制橡皮膠，能做一切軟硬器物，其用甚廣，輪船機器非此不成。平原地方，可種加非，洋人用以代茶，獲利無窮』各等語。職道細思，該處出水較便，材木既豐，樹漿又有大用，更有肥美之地可種加非，洋人閒居其間，久必垂涎而設法。」

田代安定是熱帶植物研究先驅。一九〇一年籌建恆春熱帶植物殖育場[31]，陸陸續續自世界各地引進了許多植物。台灣今天有太多跟熱帶植物扯上邊的行業，都要感謝田代的遠見。

單就拉丁美洲植物來說，大家比較熟悉的觀葉植物彩葉芋、龜背芋、俗稱草間彌生的斑點秋海棠[32]；多肉植物如仙人球八卦癀、兩種蟹爪仙人掌[33]；香料植物如香草蘭與巴西胡椒[34]。還有其他觀賞植物或行道樹如聖誕紅[35]、翅果鐵刀木[36]、布袋蓮、大葉桃花心木、小葉桃花心木、吉貝木棉[37]；熱帶水果百香果、人心果、巴西栗[38]。都是田代安定曾引進的物種[39]。

還有一些熱帶植物，雖然不是田代安定所引進，但該產業也在田代安定的試驗與研究下奠定了基礎，例如製藥業的金雞納樹，還有本文的第一個主角——瓊麻。

瓊麻是纖維工業重要的原料。瓊麻絲彈性好、拉力強，而且耐泡水；做成瓊麻繩後既抗靜電，也不易卡灰塵，可進一步製作船艦的纜繩、麻布袋、拔河繩、漁網、吊床、箭靶、草鞋、草帽、地墊等。幾乎無所不在。即便在石化工業發達的今日，仍有無可取代的地位。

早在哥倫布發現新大陸前，馬雅人便開始栽培並馴化瓊麻，利用其纖維製作各種織品或造紙，也將瓊麻做為燃料與藥品。不過，西方國家認識瓊麻的時間相對較晚，一直到十九世紀初，美國的熱帶植物專家亨利・佩里林[40]以領事的身分派駐在墨西哥坎佩切[41]，才開始接觸並研究這種植物。

亨利・佩里林在坎佩切工作十年，對瓊麻特別感興趣，不但在一八三三年將瓊麻寄

最上方是瓊麻做的麻布袋，質地堅硬。

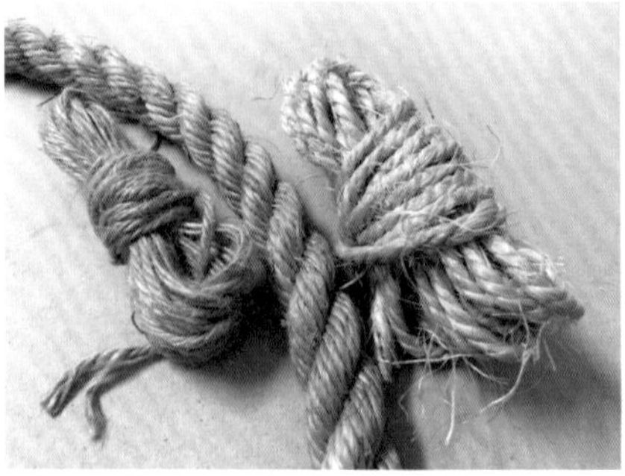

左邊是黃麻繩，右邊兩個是瓊麻繩。

回佛羅里達，也非正式地將其命名為 *sisalana*——這是墨西哥南方的一個港口西沙爾[42]，後來也成為瓊麻的正式學名。

因為亨利．佩里林的研究與推廣，歐美開始重視這種纖維作物，十九世紀結束前，瓊麻被引進非洲與亞洲地區，之後甚至成為東非坦尚尼亞的重要經濟來源。

台灣於日治時期曾三度引進瓊麻。最知名的一次在一九〇一年，由美國駐台領事達飛聲[43]自墨西哥引進。達飛聲是有名的探險家、記者與商人，其著作《福爾摩沙島的過去與現在》[44]是研究台灣近代史重要的資料。另外兩次分別是一九〇〇與一九〇四年，今井兼次從夏威夷引進。

達飛聲引進次年，田代安定將瓊麻苗移到恆春，開啟了恆春與瓊麻的不解之緣。另外，從今井兼次任職於當時殖產局農務課來推測，第三次引進應該也是為了在恆春試驗並推廣瓊麻栽培。

一九一二年日本政府建立恆春麻場[45]，並成立台灣纖維株式會社恆春出張所，台灣的瓊麻製麻工業正式開展。一九一八年引進機器採絲設備，製麻工業機械化，大幅加速纖維採收速度，並提高了瓊麻產量。

---

31 即現在的恆春熱帶植物園。
32 學名：*Begonia maculata*。
33 包含聖誕節仙人掌（*Schlumbergera russelliana*）與感恩節仙人掌（*Schlumbergera truncata*）。
34 學名：*Schinus terebinthifolia*。
35 學名：*Euphorbia pulcherrima*。
36 學名：*Senna alata*。
37 學名：*Ceiba pentandra*。
38 學名：*Bertholletia excelsa*。
39 以上多種熱帶植物，除了本書介紹的種類，請參考《看不見的雨林——福爾摩沙雨林植物誌》。
40 英文：Henry Perrine。
41 西班牙文：Campeche。
42 西班牙文：Sisal。
43 英文：James Wheeler Davidson。
44 英文：*The Island of Formosa; Past and Present; History, People, Resources and commercial Prospects*。
45 即今日瓊麻工業歷史展示館。

二戰爆發時，日軍為了提供戰艦足夠的瓊麻纜繩，擴大瓊麻工廠與瓊麻栽植面積，這段歷史就跟樹薯、古柯、金雞納相仿，熱帶植物與相關工業，成為了戰爭時期重要的物資來源。

國民政府來台後，由恆春纖維股份有限公司接收恆春麻場。比照其他產業，繼續推動瓊麻栽培與製麻工業。

瓊麻需求不斷提高，價格持續上漲，替恆春地區帶來大量的就業機會，當地甚至產生「瓊麻抽絲起高樓」之俗諺。然而為了增加瓊麻栽培面積，卻也使得恆春地區許多熱帶海岸林及原始植被遭開墾與破壞。

隨著石化工業興起，便宜又能夠快速生產的尼龍繩，打敗了製程麻煩又費時的瓊麻繩，瓊麻工業由盛轉衰。再加上國際市場競爭，瓊麻價格下跌，工廠開始從南非、坦尚尼亞等國進口便宜的瓊麻絲；農民紛紛轉種洋蔥等其他經濟價值高的作物，瓊麻栽培面積快速下滑。一九八三年恆春麻場正式停工，瓊麻工業走入歷史，只遺留下恆春海岸邊的植株。

從應用與文化的角度來看，瓊麻名列恆春三寶當之無愧。但如果以能見度而言，我總是開玩笑說，恆春的特產是銀合歡。雖然全台從平地至低海拔山區到處可見銀合歡，但是應該沒有一個地區的密度像恆春這麼高，這裡的銀合歡純林面積超過五千公頃。雖然銀合歡四處可見，但在今日卻是必須除之而後快、除也除不盡的入侵種代名詞！其實，銀合歡來到台灣並蔓延全島，有其歷史文化背景。

小時候在鄉下阿公家生活，池塘邊、大水溝旁，常常可以看到銀合歡。那時候我

1950年代發行的瓊麻栽培手冊。

們會玩它的豆莢，像樂器一樣發出擗擗擗的聲音，所以我們稱它為擗仔。又因為葉子有臭味，也叫它臭青仔。雖然常見，但是牛、羊會吃它，似乎也沒有滿坑滿谷到處都是。

到台中念書以後，河邊、鐵軌旁、還沒蓋房子的荒廢地，依舊很容易出現銀合歡的身影。只是少了牛羊啃食，才發現原來它會長那麼高大。

稍微大一點開始看植物圖鑑，知道它叫做銀合歡，是荷蘭時代就來台的拉美植物。由於富含蛋白質，在物質條件不好的年代，常被當做牛、羊、豬飼料。

考古學家發現，早在六千年前，墨西哥南部就會食用銀合歡的豆子了！一五六五年西班牙將銀合歡引進菲律賓，做為薪柴與飼料。沒多久這種植物就開始往附近島嶼移動。沒有意外，也踏上了福爾摩沙。

經過了漫長的時間，在台乏人問津的銀合歡終於要粉墨登場，成為台灣史上空前絕後的神奇商品，超越日本、大清帝國與荷蘭的「創舉」。

河岸常可以見到許多銀合歡。

一九五〇年代，黃豆短缺且價格昂貴，農復會、經濟部聯合工業研究所[46]與台糖公司合作開發，以常見且營養價值高的銀合歡種子為原料，釀造紅醬油。這應該是首波栽種銀合歡的熱潮。一方面可以採豆生產所謂的紅醬油，一方面枝條與豆莢也可以做薪柴使用，可謂「一兼二顧，摸蜊仔兼洗褲」的妙計。而紅醬油因為顏色討喜，所以在中南部大為流行，或許也是間接造成銀合歡失控的幫兇。不過很快政府就發現銀合歡有含羞草鹼等毒素，長期食用會導致落髮。當時台灣省衛生處通令各縣市衛生局，取締以銀合歡種子釀造紅醬油的廠商，結束這段已經被國人遺忘得差不多的醬油釀造插曲。

不能釀造醬油也沒關係，銀合歡馬上又找到新舞台。一九六〇年代台灣的造紙工業迅速發展，出口量大增。生意人為了因應紙漿需求，腦筋又動到了生長快速，適合造紙的銀合歡上。無奈，銀合歡有木蝨危害問題，加上不敵進口紙漿的價格與品質，很快就被企業打入冷宮，任其自生但沒有自滅。

原生熱帶的銀合歡多少會怕冷，在北部生長不佳，當時種最多的地方應該是在屏東縣。我們中學畢業旅行欣賞關山夕照的地方，就是當時企業投資銀合歡造林的地點之一。

不過，政府這時候還沒完全放棄利用銀合歡做紙漿喔！因為一九七五年又引進了巨大型的銀合歡試種，只是這次仍沒有推廣成功就是了。

隨著國人用火習慣改變，薪柴需求降低，畜牧業使用飼料比例提高，牛羊豬餵養習慣不同，都是銀合歡順利生長的好機會。再加上一九八〇年代開始，台灣的產業型態轉變，廢耕農地成為銀合歡散布的溫床，而恆春地區部分栽種瓊麻的山坡荒廢，也成為銀合歡入侵的絕佳地點。

種子產量極高又有毒他作用的銀合歡，在幾次產業推波助瀾下，幾十年後，竟然成為恆春地區的夢魘。不僅造成恆春半島的植被單一化，降低生物多樣性，也讓林業單位與國家公園疲於奔命，每年必須提撥大筆預算剷除。

同樣有銀合歡入侵問題的東南亞，將銀合歡的嫩葉與豆子當做蔬菜。隨著泰緬孤軍來台，銀合歡變成了信國社區居民口中的河梗菜。開放移工之後，那些四處生長的銀合歡，更是愛吃臭豆的印尼移工心中的小臭豆，思鄉時續嘴的零食，甚至出現在台北車站、台中東協廣場的印尼自助餐廳。

搖曳在恆春海邊的瓊麻與銀合歡，見證台灣製麻、釀造、造紙工業的起落。在台灣經濟發展的過程中，各有各的角色。只可惜，今日恆春早已不再是劉璈與田代安定眼中，梅花鹿處處的風景。

---

46 日治時期的天然瓦斯研究所。一九七三年與經濟部所屬的聯合礦業研究所、金屬工業研究所合併成立工業技術研究院。

khîng-muâ

瓊麻是一種巨大的龍舌蘭，葉片銀灰色。

瓊麻

台　語 | **瓊麻**（khîng-muâ）
別　名 | **劍麻、龍舌蘭麻、鳳梨麻、西沙爾瓊麻、菠蘿麻**
學　名 | *Agave sisalana* Perrine ex Engelm.
科　名 | **天門冬科 / 龍舌蘭亞科**（Asparagaceae/Agavoideae）
原產地 | **墨西哥猶加敦半島**
生育地 | **灌叢、草原**
海拔高 | **2000m 以下**

瓊麻葉片切面就可以看到許多纖維。

巨大草本，株高可達 3 公尺，全株肉質，具地下莖。葉長如劍，堅硬，先端尖刺狀，全緣或鋸齒緣，叢生呈蓮座狀。花黃綠色，叢生，排列成巨大的圓錐花序，頂生，花序粗大，高可達 10 公尺。蒴果橢圓形。花謝後，花萼會發育成珠芽，可無性繁殖。

tshàu-tshenn-á

銀合歡

台　語 | 臭青仔（tshàu-tshenn-á）、擗仔（phiak-á）
別　名 | 白相思子、白合歡、細葉番婆樹
學　名 | *Leucaena leucocephala* (Lam.) de Wit
科　名 | 豆科（Fabaceae or Leguminosae）
原產地 | 中美洲
生育地 | 潮溼至乾燥森林、灌叢
海拔高 | 0-1500m

銀合歡豆莢是東南亞常見的蔬菜。

銀合歡的頭狀花序。

灌木或小喬木，高可逾 15 公尺。二回羽狀複葉，互生，托葉早落。花白色，聚生成頭狀花序，花序腋生。莢果扁平，成熟時會開裂。

結實累累的銀合歡。

chapter 5

婚禮、台語歌與童玩

民俗文化中的拉美植物

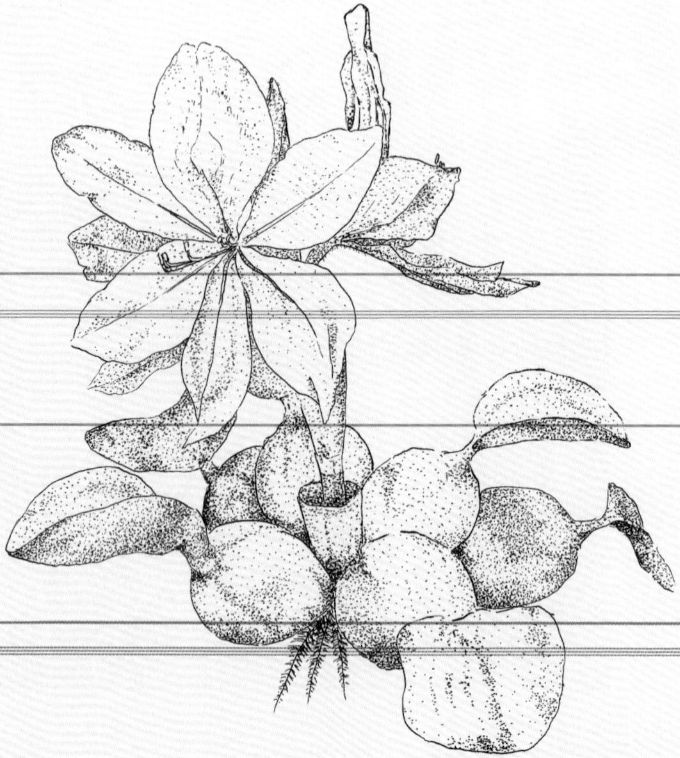

◆傳統婚禮不傳統——蓮蕉花、圓仔花、新娘花

在台灣的傳統婚禮當中，男女雙方準備的十二禮各有不同。其中女方要準備的第十一禮是植物喔！就是芋頭與蓮蕉花，象徵早生貴子。還有一說，蓮蕉台語與男性生殖器諧音，蘊含生男孩的寓意。

這些年陸陸續續擔任過親友婚禮的總召、男儐相，因此除了喜宴，還有機會參與整個婚禮的流程。我發現，台灣的傳統婚禮也用到很多植物，像是綁在車上吊豬肉的甘蔗，有時候還會見到蓮蕉花、圓仔花、新娘花。

傳統婚禮過程繁複，要準備的東西也非常多，最常見的就是所謂的六禮。原本的六禮是指結婚過程中的納采、問名、納吉、納徵、請期、親迎六個禮法。後來卻因為下聘時要準備的十二禮簡化為六項禮物，以至於現在所謂的六禮，往往是指六種聘禮。在台灣的傳統婚禮當中，男女雙方準備的十二禮各有不同。其中女方要準備的第十一禮是植物喔！就是芋頭與蓮蕉花，象徵早生貴子。還有一說，蓮蕉台語與男性生殖器諧音，蘊含生男孩的寓意，這是農村社會特別重視的一面。另外，參加婚禮的每個人

都要戴花，稱為春仔花。不過，特別講究的時候，每個人戴的花可都是不一樣的，其中賓客要戴的是圓仔花，有祝福新人圓滿、福氣之意。

另外受歐美的影響，台灣的新娘也開始會拿捧花。早期的捧花，常常使用俗稱新娘花的蔦蘿。這個傳統就不太傳統，畢竟發展時間很短，只有幾十年。

我特別注意到這幾種花，是因為它們都是拉丁美洲植物，更巧的是，它們也都是林奈於一七五三年所命名。

蓮蕉花又稱為美人蕉，引進時間相當早，在一六八五年成書的《台灣府志》便有記載[1]。十八世紀孫元衡的《赤崁集》[2]與黃叔璥《台海使槎錄》[3]還特別提到美人蕉有黃色花和紅色花，有黑色念珠般的種子，紀錄詳實。

日治時期曾引進食用美人蕉[4]、紅花美人蕉[5]、紫葉美人蕉[6]，當時使用的學名都不同，但是近代研究都視為同種異名。

美人蕉是南美洲已栽培數千年的多用途植物，最早應該是從安地斯山區開始馴化。嫩芽、塊莖可以食用，或是入藥治女性疾病；莖的纖維能造紙，種子可以裝在樂器裡發出聲響。在台灣除了傳統婚禮的應用，多半是栽植供觀賞，也做青草藥與野菜。

台灣俗諺：「圓仔花，不知醜。」用來諷刺一個人沒有自知之明。不過圓仔花一點也不醜，反而小巧可愛。

圓仔花顏色鮮豔，富含花青素，可做為食品、化妝品的添加劑。《台灣府志》也記載，圓仔花顏色耐久，或許這就是它另一個名稱千日紅的由來[7]。在台灣傳統習俗中，除了婚禮使用，七夕情人節也用來祭祀七仙女。此外，圓仔花也是治療支氣管相關疾病的草藥。

芋頭與蓮蕉花象徵早生貴子，是傳統婚禮中女方要準備的十二禮中之一。

早期的新娘捧花蔦蘿，名稱來自《詩經》小雅・桑扈之什・頍弁：「蔦與女蘿、施于松柏。」蔦是桑寄生，女蘿是菟絲子，據說是像這兩種植物的結合而得名。但是除了跟菟絲子一樣都是藤蔓，其實我真不覺得它跟桑寄生有什麼相似之處。蔦蘿引進時間就比較晚，要到一九一一年才引進。也是清熱解毒的草藥。

婚禮、祭祀、俗諺，每一項都是我們熟悉的傳統。但這些花卻是道道地地的拉美植物。從陌生，逐漸融入我們的生活。

1 《台灣府志》原文：「蓮蕉，葉似蕉珠、花無香，開夏秋，亦曰美人蕉。」

2 《赤崁集》原文：「黃美人蕉：『美人名自香山贈，珍重叢生琥珀芽。才省漢家宮樣好，澹煙斜月見新花。』」

3 《台海使槎錄》原文：「美人蕉，花紅、黃二種。黃者尤芳鮮可愛，四時不絕。有高丈餘者，子堅黑，或作小念珠。」

4 學名：*Canna edulis*，一九〇〇年引進。

5 學名：*Canna coccinea*，一九〇二年淺井守敏方引進。

6 學名：*Canna warszewiczii*，一九二五年引進。

7 《台灣府志》原文：「千日紅，色紫無香，瓣勁最耐久，雖摘藏之，經年累月，以熱水洗之，則鮮紅如新。亦有白色者，亦無香。」

liân-tsiau hue

美人蕉的花序。

美人蕉

台　語 | 蓮蕉花（liân-tsiau-hue）

別　名 | 蓮蕉花、蕉芋

學　名 | *Canna indica* L.、*Canna edulis* Ker Gawl.

科　名 | 美人蕉科（Commelinaceae）

原產地 | 中南美洲熱帶與亞熱帶

生育地 | 森林邊緣或林內受干擾處

海拔高 | 0-2000m

美人蕉是常見的觀賞植物。

美人蕉有黃色花的變種。

草本，具地下塊莖，株高可達 1.5 公尺。單葉，互生，全緣。花紅色或黃色，總狀花序頂生於假莖頂。蒴果三稜，表面有棘刺狀突起。種子黑色。

înn-á-hue

圓仔花

台　語 | 圓仔花（înn-á-hue）
別　名 | 千日紅、百日紅
學　名 | *Gomphrena globosa* L.
科　名 | 莧科（Amaranthaceae）
原產地 | 墨西哥、瓜地馬拉、宏都拉斯、尼加拉瓜、巴拿馬、哥倫比亞、蓋亞那、巴西、厄瓜多、玻利維亞
生育地 | 草地或開闊地
海拔高 | 0-2000m

草本，莖直立，高可達 60 公分，全株被毛。單葉，十字對生，全緣，葉柄與莖泛紅。花十分細小，紫紅色，頭狀花序，頂生。胞果圓形。

圓仔花也是祭祀七仙女必備的花卉。

小巧可愛的千日紅。

sin-niû-hue

新娘花

台　語 | 新娘花（sin-niû-hue）、新娘網仔（sin-niû-bāng-á）
別　名 | 蔦蘿、五角星
學　名 | *Ipomoea quamoclit* L.
科　名 | 旋花科（Convolvulaceae）
原產地 | 墨西哥、貝里斯、瓜地馬拉、宏都拉斯、尼加拉瓜、哥斯大黎加、巴拿馬
生育地 | 森林邊緣、受干擾處
海拔高 | 0-1500m

一年生草質藤本，植株纖細。一回羽狀深裂葉，互生，葉柄基部具兩枚細小的羽狀托葉。花漏斗狀，白色或紅色，聚繖花序腋生。蒴果卵形。

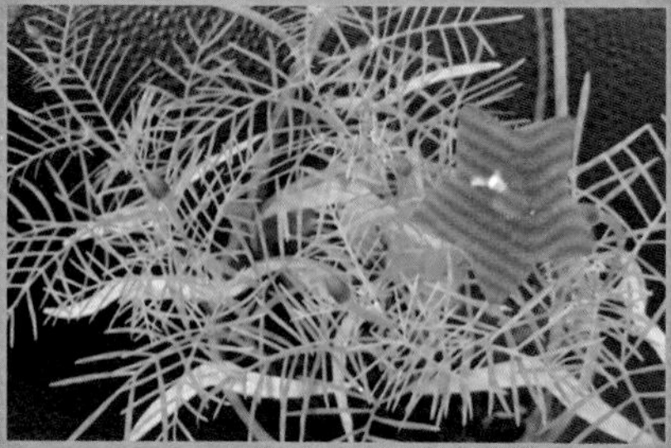

新娘花的葉片像魚骨狀。

新娘花有紅有白。

蔦蘿是西方婚禮捧花常用的植物，又稱新娘花。

◆和月娘做伴的《孤戀花》——曇花與火龍果

或許是夜晚開花的特性，特別容易引人睹物思情，所以有非常多首情歌都曾借曇花來表述情意。很多歌手如葉啟田、蔡幸娟、張秀卿、張洪量等人，都曾唱過以「瓊花」或「曇花」為名的歌。

二戰剛結束時，有一首非常知名的台語歌《孤戀花》。歌詞優美，用花跟景來喻情，描述台灣傳統女性對愛情的期待、壓抑及自我排解。這首歌是楊三郎作曲，周添旺填詞。最早原唱是紀露霞，後來江蕙、蔡琴等人都曾翻唱過，至今依舊十分經典。在我很喜歡的小說集《台北人》中，白先勇也以此為題寫了短篇小說，並且數度被翻拍成電影或電視劇。因此，即便完成年代較早，相信大家跟我一樣對這首歌一點都不陌生。

這麼懷舊的一首歌，也跟拉丁美洲有關嗎？仔細看《孤戀花》第二段「月光暝，月光暝，夜夜思君到深更……孤單阮，薄命花，親像瓊花無一暝。」台語所稱的瓊花，就是華文所謂的曇花，是來自拉丁美洲的仙人掌科植物。

因為夜晚才開花，花只開一夜，所以常讓人聯想到成語「曇華一現」。或許這就是它華文名稱的由來。但事實上，它不是成語中的主角，曇華一現最早指的是佛經中的優曇婆羅華[8]。十七世紀才引進亞洲的植物，如何出現在千年前的佛經？所以其實是現代我們所稱的曇花，借了古代佛經的典故為名。如今的曇花與佛經中的優曇婆羅華是兩種完全不同的植物。

曇花又稱為夜下美人。或許是夜晚開花的特性，特別容易引人睹物思情，所以有非常多首情歌都曾借曇花來表述情意。很多歌手如葉啟田、蔡幸娟、張秀卿、張洪量等人，都曾唱過以「瓊花」或「曇花」為名的歌。

其中蔡幸娟和張秀卿的歌《瓊花》，對曇花描述較多。

蔡幸娟《瓊花》：「瓊花的愛，黑暗中，恬恬悲哀……思慕你的心是一蕊黑暗白花蕊，日時不敢開，只有和月娘相做堆……」

張秀卿《瓊花》：「你窗外寂寞的彼蕊瓊花，按怎水也只有水一暝。瓊花、瓊花，無紅豔的美麗，只有冷冷冷冷的白……」

這兩首歌皆提到瓊花的特性：潔白、黑夜開花，而且只開一夜。

台灣在荷蘭時期便引進曇花。在清代的多數歷史文獻中，都可以找到關於曇花的相關紀錄，或詳或略。從清代文獻不難發現，當時佛寺會栽培曇花，甚至將它跟佛經中的優曇婆羅華混淆[9]。

---

8 請參考《悉達多的花園——佛系熱帶植物誌》書中〈千年只待曇華現——優曇華〉一文。

9 例如《台海采風圖考》：「曇花，即優缽羅花。草本。種出西域。」《台海使槎錄》：「曇花，一枝數十蕊，一蕊長七、八寸，花六出，外紫內白，頗似蓮香。亦有白色者，摘置几案間經時略不損壞，花蕊仍然開放，是一異種；僧家言是西方小本。」

《孤戀花》歌詞裡的瓊花就是曇花。（攝影／王秋美）

雖然這個誤會延續至今日，卻也讓曇花成為家喻戶曉且十分常見的觀賞植物。就我的經驗，幾乎每個地區都會栽培觀賞，也有很多人嚐過曇花羹。此外，它也可以做青草藥，有潤肺止咳的功效。

還有一種植物，跟曇花一樣夜晚開花，並且也是荷蘭時期引進的拉美仙人掌科植物，它就是三角柱仙人掌——現在大家常食用的火龍果。

《台海使槎錄》對某種植物描述如下：「倒垂蘭，出北路內山；枝屈曲如梅葉，似萱短而厚，不著土生。取一枝挂簷陰雨露所及處，自能生根抽芽、出葉開花。花似蘭，色黃碧，微香。」從幾個關鍵字：北路、枝屈曲、短而厚、不著土生、色黃碧、微香，我能想到可能的植物就只有三角柱仙人掌。

早期台灣還沒有引進結實率較高的火龍果之前，北部較容易看到三角柱。這種植物攀爬於牆上、樹上，在養分、水分不足的情況下，枝條多半很細，甚至只有手指頭粗。植物中大概也只有它擁有如此絕佳的耐旱力，掛在屋簷上就能自己長出根來，這些特性與《台海使槎錄》的敘述吻合，再加上台語稱這種不易結果的品種為搭壁蓮、倒吊蓮，所以我相信黃叔璥記錄的倒垂蘭就是三角柱仙人掌。

再參考《台灣通史》的記載：「倒垂蘭：幹如火秧，附墻而生，入夜始開，花白如蓮，自上倒垂。」其中「幹如火秧」與「入夜始開，花白如蓮」這兩個描述，恰好補足了《台海使槎錄》不足之處。火秧是大戟科多肉植物金剛纂[10]的台語俗名，其嫩枝就是三角柱狀，邊緣有刺；而花的描述，點出了夜間開花與花白如蓮這兩個特徵，讓我更加確定倒垂蘭就是三角柱仙人掌。雖然名為仙人掌，三角柱卻是喜歡生長在森

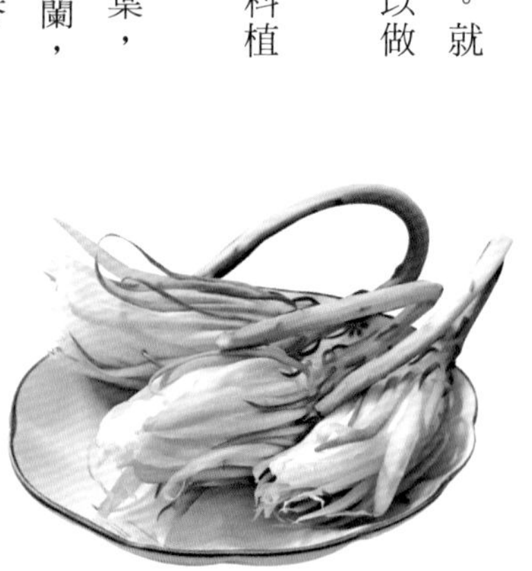

曇花的花苞也可以食用。

曇花羹。

林裡大樹上或岩壁上的著生植物，生態條件與一般大家對沙漠的想像不同。

在還沒有火龍果的年代，這種仙人掌主要有三個用處：一、以花入藥，跟曇花一樣具有潤肺止咳的功效；二、將花苞煮來吃，滑嫩的口感、淡淡的清香，非常好入口；

火龍果可以爬在牆上，所以又稱為貼壁蓮。

10 學名：*Euphorbia neriifolia*。

三、做為其他仙人掌的保母，將不好照顧或沒有葉綠素的仙人掌嫁接在三角柱上，應該是近幾十年才有的功能。

一九八三年起，台中大里、南投集集與名間、台南善化等地的農民、業者、玩家，陸續自越南、拉丁美洲引進結實率高，適合商業栽培的火龍果。其中包含植物學上與三角柱仙人掌同種的白肉火龍果、紅肉火龍果、深紅肉火龍果，甚至果皮黃色且長滿刺的麒麟果，也曾在這階段引進。

一九八〇年代後期，因為好的品種火龍果種苗供不應求，一度出現了以實生苗混充品種較好的扦插苗。一方面造成火龍果上市初期，果品參差不齊的狀況；一方面也由於火龍果的實生苗基因變異大，部分植株仍像早期引進的三角柱一樣不易授粉成功，造成栽植時的結實情況不穩定。

一九九三年，我第一次在台中大里德芳路的菜市場上見到白肉火龍果，印象很深刻。當時火龍果產業還不成熟，市場上販售的火龍果主要是白肉種，不甜也不怎麼好吃。攤商以降血壓為訴求來說服對火龍果陌生的消費者購買，而我完全是基於好奇跟貪吃兩大理由來購買。

我在大里國光花市以一株三百元或三百五十元購買了火龍果苗，並帶回鄉下阿公家栽培。沒想到，從我首次看到火龍果不過一、兩年時間，鄉下幾乎家家戶戶都開始栽培火龍果，而且白、紅、深紅都有。一瞬間，火龍果從大家陌生的水果，成為家喻戶曉的新興農作物，而我也才有機會嚐到火龍果在叢紅最美好的滋味。

中學與大學的暑假期間，我總是會回到阿公家協助晒稻子、普渡拜拜。當時夜間

黃色皮的麒麟果，學名是 *Selenicereus megalanthus*，近年又重新以厄瓜多燕窩果重新在市場上推出。

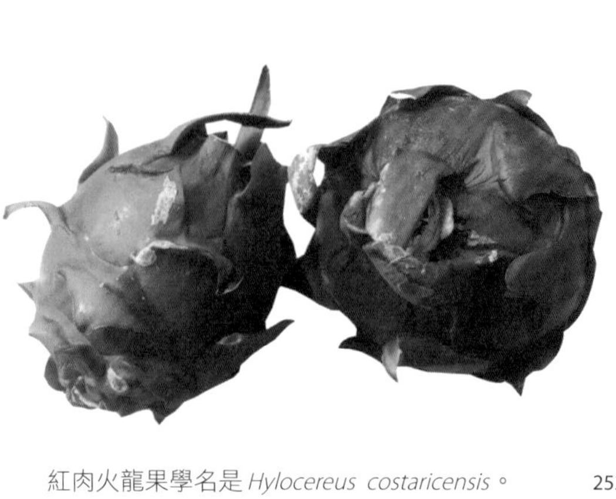

紅肉火龍果學名是 *Hylocereus costaricensis*。

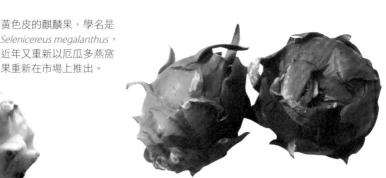

還有一件工作，就是拿毛筆替火龍果授粉，提高結實率，這樣才能確保我有很多火龍果可以吃，而我也因此學會了從枝條就能分辨火龍果顏色的方法。

隨著火龍果栽培技術提高，國人接受度上升，一九九〇年代末期，在我念高中的階段，火龍果的產量、銷售量、栽培面積開始一路往上增長，二〇〇二年來到一千公頃大關，隔年栽培面積到達首波高點。隨後，因為火龍果價格崩盤，栽培面積也跟著一路下滑。

這時期台灣各界開始不斷育種，研究火龍果栽培技術。二〇〇九年隨著大紅品種出現，火龍果栽培面積觸底反彈，帶來另一波栽植熱潮，至二〇一七年突破兩千公頃大關。而白色火龍果與紅色火龍果的市占率也從八比二，逐漸變成紅大於白。

曇花與火龍果，同樣是來自拉丁美洲的仙人掌科植物，最初登台的時間相同，

火龍果田已成為台灣中南部常見的風景。

而且都有夜間開花的特性。不過兩種植物命運卻大不同。我猜想或許是名稱上的差異，或許是植株特性不同，一個纖細不爬樹，一個粗獷愛亂爬。早期曇花似乎更受歡迎，總是跟馬纓丹、九重葛等植物一起被布置在花園、校園，而火龍果卻總是出沒在海邊或是山林裡，野生野長。

經過數百年漫長的時光，曇花不只被寫到正史裡，還成為家喻戶曉的歌曲。而屬於火龍果的時代，卻姍姍來遲。假若月娘有知，不知會對誰更加青睞。

火龍果的果實與花苞都可以食用。

khîng-hue

曇花

台　語｜瓊花（khîng-hue）
別　名｜月下美人
學　名｜*Epiphyllum oxypetalum* (DC.) Haw.
科　名｜仙人掌科（Cactaceae）
原產地｜墨西哥、貝里斯、瓜地馬拉、宏都拉斯、薩爾瓦多、尼加拉瓜、哥斯大黎加
生育地｜乾燥森林、海岸林
海拔高｜0-1400m

灌木，高可達 3 公尺。枝條扁平葉狀，肉質。葉退化。花白色，花萼暗紅色，單生於枝條頂端。漿果。

曇花的葉狀枝。

曇花於夜晚盛開。
攝影／王秋美

曇花是常見的觀賞植物。

âng-lîng

火龍果

台　語｜紅龍（âng-lîng）、搭壁蓮（tah-piah-liân）、倒吊蓮（tò-tiàu-liân）
別　名｜三角柱仙人掌、搭壁蓮、倒吊蓮、壁蓮花
學　名｜*Hylocereus undatus* (Haw.) Britton & Rose
科　名｜仙人掌科（Cactaceae）
原產地｜墨西哥、貝里斯、瓜地馬拉、宏都拉斯、薩爾瓦多、尼加拉瓜、哥斯大黎加、哥倫比亞
生育地｜乾燥森林樹上
海拔高｜0-2750m

著生性藤本。莖三角柱狀，肉質，邊緣波浪狀。葉退化成短刺，刺座位於莖邊緣波谷處。花白色，花萼綠色，著生於枝條邊緣刺座旁。漿果橢圓球狀，紅色，外皮散生肉質鱗片。

火龍果的花通常清晨就凋謝了。

火龍果果實外皮有肉質鱗片。

郵票、學校與童玩——紫花酢醬草、含羞草、大王椰子

下課時間，玩伴坐在學校走廊或涼亭上鬥草，那時候學校操場都是草地，跑道都是紅土，而操場上總有許多含羞草。不用解釋，大家都知道怎麼玩含羞草。

初上小學時，曾跟著堂哥還有《漢聲小百科》的主角一起集郵。印象特別深刻的是，郵局曾發行一系列的童玩郵票。其中，一九九二年四月的童玩郵票，有一張是鬥草，而這套童玩郵票小全張的主圖，以及郵票小冊的封面，就是鬥草的主角紫花酢醬草。這種取材容易、規則簡單的小遊戲，許多人都有玩過，應該也算是一種懷舊吧！

郵票是郵資的憑證，世界上第一張郵票於一八四〇年在英國發行，因為使用便利，很快就在全球普及。台灣則在劉銘傳擔任巡撫後，隨著郵政總局的設立，於一八八八年發行第一張郵票。由於郵票上頭印有當地相關的動植物、風景、建築、人物、特產等豐富的圖案，加上其變現性與增值性，成為全球性的蒐藏品。甚至還出現「集郵三益：怡情、益智、儲財」這類鼓勵大家集郵的標語。時至今日，雖然通訊習慣改變，

但全世界郵局每年仍舊會發行各式各樣的郵票。

就我觀察，我國發行的郵票當中，水果、花卉、童玩等主題都曾多次發行。其中源自拉丁美洲的植物包含了前面介紹過的釋迦、芭樂、番茄、木瓜、鳳梨、火龍果，還有藏在童玩郵票裡的紫花酢醬草。

在農村時代，物質條件還不是那麼富足，童玩多半就地取材製作而成，像是大家較熟悉的筷子槍、紙飛機、牛奶罐等，當中有很大一部分，其實都跟植物有關。

依我個人的經驗，小時候玩過的拉丁美洲植物，除了鬥草的紫花酢醬草，還有製作彈弓的芭樂樹幹、細長適合編蚱蜢的大王椰子葉；完全不用加工就可以玩得不亦樂乎的含羞草；花朵榨汁後，可以塗指甲或當口紅使用的煮飯花；當做竹蜻蜓玩的大葉桃花心木種子。另外，嘉義植物園的巴西橡膠樹種子，花紋美麗，也是當地孩子常撿拾來玩的「燒子」[11]。

南宋文人陸游〈農家〉詩中寫道：「互笑藏鉤拙，爭言鬥草贏。」取材簡便的鬥草遊戲古代便有，相傳是端午節的習俗之一。用草互相勾連、拉扯，比看看誰的草韌性最強。相信這是所有童玩中，「懷舊感」最強的一項。不過，古代鬥草用的植物，應該是歐亞地區常見的大車前草[12]的花梗。後來不知怎地，紫花酢醬草的葉片漸漸成為鬥草的主要材料。

---

11 關於橡膠與大葉桃花心木的介紹，請參考《看不見的雨林——福爾摩沙雨林植物誌》。

12 學名：*Plantago major*。

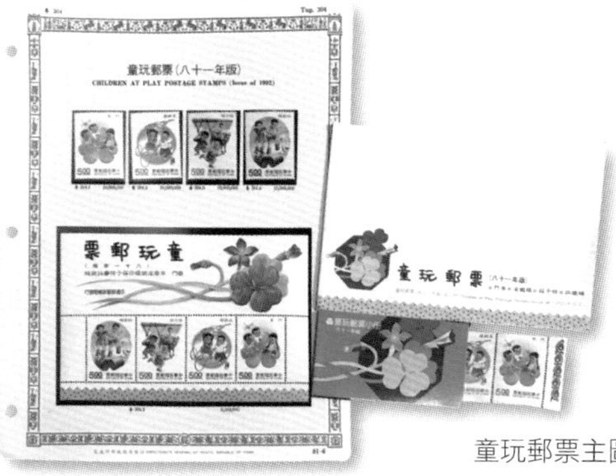

童玩郵票主圖就是紫花酢醬草。

台灣可以見到的酢醬草有不少種，其中，一九〇〇年代才引進做為觀賞植物的紫花酢醬草，因為無性繁殖的能力強，較為耐旱，加上葉片大又好辨認，應該是目前平地最常見的種類。

除了用來鬥草，大家常提到的幸運草，就是紫花酢醬草四葉小葉的突變。這種植物也可做藥用，有清熱解毒、止痛、治蛇咬、月經失調等功效。全株可食用，清炒、煮湯皆可。花朵還可以油炸做點心，真的是用途多多。

校園，大概是小朋友最容易接觸植物的地方。下課時間，玩伴坐在學校走廊或涼亭上鬥草，那時候學校操場都是草地，跑道都是紅土，而操場上總有許多含羞草。

不用解釋，大家都知道怎麼玩含羞草，有時候甚至連大人都可以玩上好一陣子。它是少數可以藉由水分流動，快速將葉片閉合的植物，專業一點的說法稱為觸發運動。林奈在一七五三年替它命名，其屬名 *Mimosa* 源自默劇 mime 一詞，而種小名 *pudica* 則有害羞或萎縮的意思，兩個字都與它的葉片可以快速閉合的特性有關。

不過，含羞草的觸發運動，其實會大大影響光合作用的效率。之所以演化出這樣的現象，一方面是要嚇跑植食動物，一方面則是減少整個植株的面積，降低被植食動物看到的風險。說到底，一切都是為了生存，而不是為了讓大家玩。

如此惹人憐愛的療癒系小草，一七〇三年孫元衡《赤崁集》中描寫：「羞草葉生細齒，撓之則垂，如含羞狀，故名。」還替它做詩：「草木多情似有之，葉憎人觸避人嗤。也知指佞曾無補，試問含羞卻為誰？」

但是千萬不要以為含羞草是台灣原生植物喔！含羞草同樣也是荷蘭帶來台灣的拉

美植物，而且是小灌木，不是草啦！它跟銀合歡一樣具有含羞草鹼，都算有毒植物。在台灣民間傳統草藥使用上，含羞草有清熱利尿、消炎止痛，以及止咳化痰等功效。據說還可以用來治療骨刺、安眠、流鼻水。台灣以外，中美洲與印度阿育吠陀，也都將它視為藥用植物。

小花、小草之外，校園裡常見的大王椰子也是孩子們的玩具。不僅長葉可經巧手編成蚱蜢，連它巨大的葉鞘也會被小朋友拿來坐在地上滑。但也因為葉片又大又重，掉落後容易砸傷人，是許多老學校傷腦筋的樹種。

十九世紀末至二十世紀初，日本為了滿足對熱帶的想像，引進並栽培了許多棕櫚科植物，營造婆娑椰影。當中，大王椰子應該是栽種最多、最具代表性的種類。一八九八年，日本新宿御苑園藝家福羽逸人率先自日本寄贈種子，可惜未能培育成功。一八九九與一九〇二年，曾引進瓊麻的今井兼次，又自夏威夷引進大王椰子，終於培育成功。

時至今日，許多學校、公家機關，甚至菸廠的入口兩側，都可以見到成排的大王椰子。而這個獨特的景觀，成為我到各地演講的重要線索。只要觀察校園裡是否有大王椰子，大概就能斷定學校創建的時期，藉此跟老師聊聊學校的歷史，還有這種植物對大家造成的困擾。

含羞草被觸碰時會將葉片閉合。

　　童玩，是那個沒有電腦、沒有手機遊戲的年代，孩子們的共同回憶。不僅考驗手藝，也考驗創意。校園中、郵票裡，都還找得到這些懷舊的痕跡。只是隨著時代的發展，這些植物名稱、來源、童玩，不知道是否也將逐漸被遺忘。

台中菸廠前的大王椰子。

iâm-sng-tsháu

紫花酢漿草

台　語 | **鹽酸草**（iâm-sng-tsháu）、**鹹酸草**（kiâm-sng-tsháu）

別　名 | **鹽酸草、鹹酸草**

學　名 | *Oxalis debilis* Kunth、*Oxalis corymbosa* DC.

科　名 | **仙人掌科**（Annonaceae）

原產地 | **瓜地馬拉、宏都拉斯、薩爾瓦多、尼加拉瓜、哥斯大黎加、巴拿馬、哥倫比亞、委內瑞拉、蓋亞那、巴西、厄瓜多、祕魯**

生育地 | **森林邊緣、受干擾處**

海拔高 | 0-2600m

紫花酢醬草的花十分美麗。

紫花酢醬草的根膨大如小蘿蔔。

草本，具地下塊根，塊根上有許多鱗莖叢生。掌狀三出葉，小葉倒心形，葉柄細長，叢生於莖頂，夜晚有睡眠運動，會下垂。花粉紅色，複聚繖花序。蒴果。

路邊與野外常見的大片紫花酢醬草。

kiàn-siàu-tsháu

含羞草其實是矮灌木。

含羞草

台　語 | 見笑草（kiàn-siàu-tsháu）、
驚撓草（kiann-ngiau-tsháu）

別　名 | 怕羞草、怕癢花

學　名 | *Mimosa pudica* L.

科　名 | 豆科（Fabaceae or Leguminosae）

原產地 | 墨西哥、中美洲、哥倫比亞、委內瑞拉、蓋亞那、蘇利南、法屬圭亞那、巴西、厄瓜多、祕魯、玻利維亞、西印度群島

生育地 | 草地、路旁、森林受干擾處

海拔高 | 1300m 以下

含羞草的豆莢。

含羞草的花序是紫紅色。

蔓性灌木，匍匐生長，莖上有刺，疏被毛。二回羽狀葉，互生，小葉，全緣。托葉兩枚，對生於葉柄基部。頭狀花序粉紅色，具長花梗，二至三枚一起生於葉腋。莢果邊緣有刺毛，成熟時會一節一節脫落。

iâ-tsí-tshiū

大王椰子

台　語 | 椰子樹（iâ-tsí-tshiū）
別　名 | 王棕
學　名 | *Roystonea regia* (Kunth) O.F. Cook
科　名 | 棕櫚科（Palmae）
原產地 | 佛羅里達半島、墨西哥猶加敦半島、貝里斯、宏都拉斯、巴哈馬、古巴、海地、多明尼加、開曼
生育地 | 雨林、灌叢、疏林潮溼處
海拔高 | 低海拔

椰林大道的椰子大部分是大王椰子。

有大王椰子的學校通常都是老學校。

大喬木，高可達 30 公尺，樹幹粗大，直立不分枝，樹幹基部會長出不定根。一回羽狀複葉，叢生莖頂，具有葉鞘。單性花，雌雄同株，花細小，白色，三瓣，圓錐狀穗狀花序腋生，於葉片脫落後才會發育。核果球形。

◆老派植物之必要——九重葛等

經過幾百年歲月，我們身邊的許多老社區、老街道、老學校、老公園，栽種了各式各樣的老派植物。它們都是我從小翻閱圖鑑自學的最佳教材。

二〇二〇年觀葉植物大流行，原本總是被當成配角的綠葉，一夕之間變成了主角，沒有在書桌或客廳裡擺上幾盆觀葉植物，彷彿就跟不上流行。

許多過去鮮少接觸植物的人，紛紛加入這波在室內擺設植物的風潮。不僅變成「細胞壁奴」，開始擔心自己的植物黃葉是不是生病了；就連原本鮮少留意周遭植物的人，都因為自己栽種觀葉後而改變了習慣。

在這波風潮中，有幾種來自拉丁美洲的觀葉植物，如龜背芋、彩葉芋、蔓綠絨、合果芋，並非是新引種，而是我從小就認識的常見植物。原來新風潮也會帶動老植物的流行啊！

不過話說回來，在家種植物也不是什麼新鮮事，甚至過去往往被認為是有點老氣的行為。我小時候愛種花花草草，就常被笑說那是老人家的興趣。只是誰也沒想到時代改變，年輕人在社群媒體上帶起了新風潮。

從古自今，有太多文人雅士喜愛蒔花藝草，不然我們中學國文課也不會接觸到〈愛蓮說〉或「採菊東籬下」等文章或句子。而一九七〇年代末期流行的民歌《蘭花草》，也出現了在家裡種花的歌詞。

東方相關的詩文不勝枚舉。唐代柳宗元寫了一篇〈種樹郭橐駝傳〉，讓我們知道當時已經有人以種樹為業。稍晚，怪才段成式在他的筆記小說集《酉陽雜俎》第十八、十九卷當中，介紹各種花草樹木，還教大家怎麼種牡丹。清康熙年間，園藝家陳淏子七十七歲才寫完的著作《花鏡》更精采，除了教大家如何種花、扦插、高壓、播種、移植、催花、防止病蟲害，還把三百多種園藝植物分成了花木、果樹、藤蔓、草花，甚至記載辣椒在當時做為觀賞植物來栽培，而非辛香料。

西方愛種花草的例子也很多，前面一直提到的菲利普．米勒，其著作《園丁辭典》算是給園藝家的參考書吧！英國哲學家培根一定也是喜歡花草的人，否則不會在《隨筆》第四十六篇以〈論園藝〉為題，甚至提到：「文明的起點，開始於城堡的興建。但高級的文明，必然伴隨著優美的園林。」一舉把園藝推向了新高度。

十七世紀，法王路易十四不但建立廣達八百公頃的凡爾賽花園，做為炫富與中央集權的工具，甚至還派人到拉丁美洲尋找新的植栽，意外發現了龜背芋這類葉子破洞的怪物。藉由蒐集植物來炫富的風氣，在英國維多利亞時代[13]達到鼎盛。當時是日不落帝國最強盛的時期，英國貴族花大錢蓋溫室，競相蒐藏來自各殖民地的稀罕植物。

早期的台灣，在家種花主要是栽培國蘭，其他花卉種類不多。《台灣府志》記載的花卉約有三、四十種，當中包含了前面介紹過的晚香玉、曇花、圓仔花、美人蕉，還有雞蛋花、紅蝴蝶等拉美植物。另外，同樣來自拉丁美洲，也常做為園藝或景觀植物栽培的馬纓丹、金露花、金龜樹、仙人掌、煮飯花，最早栽培紀錄也都可以推到十七世紀。

十八、十九世紀，向日葵與蔥蘭登台。《天津條約》簽訂後，馬偕引進了九重葛。到了日治時期，原本文人小清新的興趣，更快速發展成一門學問。除了陸續引進孤挺花、蚌蘭、吊竹草、松葉牡丹、龜背芋等適合居家栽培的園藝植物，甚至還有布袋蓮和水蘊草等水生植物。總督府殖產局還建立了園藝試驗場，專門研究這些花花草草。

國民政府來台後，大概在一九六〇年開始重視園藝景觀植物的發展。學術與農業單位、駐外農耕隊陸續引進了各種熱帶地區常栽培觀賞的拉美花草樹木，如毛西番蓮、風鈴木、金鳥赫蕉、蔓綠絨、白鶴芋、合果芋、各種竹芋。

經過幾百年歲月，我們身邊的許多老社區、老街道、老學校、老公園，栽種了各式各樣的老派植物。它們都是我從小翻閱圖鑑自學的最佳教材，更引起我的好奇心，刺激我不斷探索這些植物的源頭。

盤點眾多來自拉丁美洲，而且非常普遍栽培的種類，在我心中算得上老派的觀賞植物，包含上一章介紹過的藥用植物仙人掌、蚌蘭、吊竹草、松葉牡丹、煮飯花，本章介紹的美人蕉、曇花，都是一般居家常見的盆栽。但是我相信，九重葛、馬纓丹、金露花、雞蛋花、紅蝴蝶、孤挺花、蔥蘭、布袋蓮、水蘊草，應該更廣泛也更容易接觸到。除此之外，還有百年歷史公園、校園裡才有的金龜樹，以及花店裡永不退流行的向日葵。這些花草樹木經過幾十年甚至幾百年，已經成為台灣街道熟悉的風景。

我突然想起李維菁的書《老派約會之必要》寫道：「帶我出門，用老派的方式約我……記得把你的哀鳳關掉，不要在我面前簡訊，也不要在我從化妝室走出來前檢查臉書打卡……」希望藉由這波觀葉植物潮呼籲大家，蒔花藝草，不如從身旁的老派植物認識起。除了在臉書或IG上跟同好交流，也期待更多人可以翻閱圖鑑，在紙張交錯間，感受一下拉丁美洲與老派植物的美好。

---

13 英文：Victorian era，一八三七至一九〇一年。

九重葛

九重葛是台灣很常見的植物。雖不至於家家戶戶，但幾乎遍布全國各鄰里，可以說是無人不知、無人不曉的花卉。

九重葛原本野外生長於巴西東南岸的大西洋雨林。經過數百年人為栽培及育種，培育出白、粉、橘、紅、紫等各種顏色，觀賞價值高。最初是馬偕從英國引進台灣，一九〇一年田代安定也曾引進過。

九重葛花期長，花的苞片顏色多變，一般做為觀賞花卉，或是做盆栽，或是做綠籬，或是攀附花架上，各種形式都有。九重葛也可以入藥，治療月經失調與肝癌，印度與菲律賓則用來治療糖尿病。

植物分類上，常見的九重葛其實包含九重葛、光葉九重葛與雜交種。九重葛的葉背與嫩枝條毛茸茸，葉面無光；光葉九重葛的嫩枝條毛甚短，葉片幾乎無毛，葉面油亮；雜交種比例最高，枝條毛鮮少，葉面無光。

九重葛常被栽培做圍籬。

tshì-á-hue

九重葛

台　語｜**刺仔花**（tshì-á-hue）、
三角梅（sann-kak-muî）
別　名｜**南美紫茉莉、三角花、勒杜鵑、葉似花、葉子花**
學　名｜*Bougainvillea spectabilis* Willd.
科　名｜**紫茉莉科**（Nyctaginaceae）
原產地｜**巴西東南**
生育地｜**雨林邊緣**
海拔高｜**低海拔**

九重葛有各種花色。

九重葛的白色小花長在苞片裡。

九重葛的枝條有刺。

九重葛是巨大的藤本。

光葉九重葛的葉片油亮。

木質藤本，莖粗壯，嫩枝被毛，具鉤刺。單葉，互生，全緣，被毛。花小，白色，基部與一片紫色或紅色的葉狀苞片合生，三朵排列成聚繖花序，組合成一個小單位。由許多小單位聚繖狀排列成一個大花序，腋生。鮮少結果，果實形態不詳。

馬纓丹

十七世紀荷蘭將馬纓丹引進台灣，因為其全年開花、花色多變、容易栽種等優點，所以成為全島常見的觀賞植物，比便利商店還普遍。有人跡的都市廣為栽培，沒有人跡的低海拔次生林也到處生長。

馬纓丹台語叫損破碗。大部分的解釋都是說馬纓丹有毒，採花的話手會發抖不穩，容易打破碗。還有一種說法，馬纓丹的花序像一個碗，一採整個花序就會散掉，彷彿打破碗。兩者似乎都有幾分道理。但是從小就調皮不信邪的我，故意做了很多次試驗，從來沒有打破碗的經驗。所以，我比較認同後者。

一七五三年林奈替馬纓丹命名，屬名 *Lantana* 是指它的整體形態類似歐洲的植物綿毛莢蒾[14]；種小名意思是拱形屋頂。

馬纓丹全株有毒，但是全株都可以做藥。民間用來治療發燒、皮膚疾病、跌打損傷、蛇咬等症狀。南美洲、南亞、東南亞也有類似的使用方式。

金露花

金露花受歡迎的程度幾乎可以媲美馬纓丹，不過在低海拔山區，倒沒有像馬纓丹那樣四處蔓生。

它明明是十七世紀西班牙引進台灣的拉美植物，卻有台灣連翹這樣容易造成誤會的名稱。我判斷是因為金露花和原產於中國的連翹有很多相似之處：一樣常被栽植做

馬纓丹是十分常見的景觀植物。

低海拔次生林也非常容易見到歸化的馬纓丹。

圍籬、植株形態類似、葉片形態類似，而且都可以做藥用。

林奈在《植物種志》中替金露花命名時，以 *Duranta* 為屬名，紀念文藝復興時代的義大利醫師暨植物學家杜蘭特[15]。不過，林奈可能太累了，替金露花取了兩個種小名，正式學名 *erecta* 意思是直立的，被當做同種異名的 *repens* 卻有爬行的意思。

金露花全株有微毒。雖然成熟果實可以食用，但未熟果有毒，建議無法判斷果實成熟度時不要嘗試。在民間草藥應用方面，根、莖、葉、果皆有使用，可消炎止痛，治療跌打損傷、風溼關節炎、高血壓、感冒等症狀。在奎寧引進前，還曾用來治療瘧疾。

14 學名：*Viburnum lantana*。
15 義大利文：Castore Durante。

金露花可以長成小樹狀。

kòng-phuà-uánn

馬纓丹

馬纓丹的花會一邊開一邊變色。

馬纓丹的頭狀花序一拔就會整個散掉。

台　語｜**摃破碗**（kòng-phuà-uánn）、**摃破花**（kòng-phuà-hue）
別　名｜**馬櫻丹、五色繡球、變色草**
學　名｜*Lantana camara* L.
科　名｜**馬鞭草科**（Verbenaceae）
原產地｜**墨西哥、貝里斯、瓜地馬拉、宏都拉斯、薩爾瓦多、尼加拉瓜、哥斯大黎加、巴拿馬、哥倫比亞、委內瑞拉、蓋亞那、巴西、厄瓜多、西印度群島**
生育地｜**相對開放且不潮溼的地方**
海拔高｜**0-1700m**

蔓性灌木，高可達 3 公尺，小枝四邊形，具鉤刺。單葉，對生，鋸齒緣，兩面被毛。花色多變，初開時為黃色，慢慢轉成橘色、粉紅色、紅色，頭狀花序，腋生。核果。

tâi-uân-liân-khiâu

金露花

人工培育的藍紫色金露花。

金露花的果實成串下垂。

金露花的紫色小花。

台　語｜**台灣連翹**（tâi-uân-liân-khiâu）、**苦林盤**（khóo-nâ-puânn）、**番仔刺**（huan-á-tshì）
別　名｜**假連翹、台灣連翹、苦林盤、籬笆樹**
學　名｜*Duranta erecta* L.、*Duranta repens* L.
科　名｜**馬鞭草科**（Verbenaceae）
原產地｜**美國南部、墨西哥、瓜地馬拉、宏都拉斯、薩爾瓦多、尼加拉瓜、哥斯大黎加、巴拿馬、哥倫比亞、委內瑞拉、蓋亞那、巴西、厄瓜多、祕魯、玻利維亞、巴拉圭、阿根廷、烏拉圭、西印度群島**
生育地｜**路旁或灌叢**
海拔高｜**0-2600m**

灌木，高可達 6 公尺，小枝四邊形。單葉，對生，全緣或先端鋸齒緣。花淡藍紫色，總狀花序，腋生或頂生，下垂。核果。

雞蛋花

雞蛋花在荷蘭時期便引進台灣，除了做為觀賞，相傳荷蘭將雞蛋花栽種於水邊，希望利用掉入水中的落花來抑制孑孓，減少瘧疾危害。雞蛋花的花朵芬芳，可以蒸餾做香水，晒乾做香料；也可以入藥，潤肺解毒。東南亞地區還會裹粉炸來食用。

查考歷史文獻，《台灣府志》稱之為三友花或番茉莉。《裨海紀游》稱之為番花，描述更詳細，包含了植株的形態：「枝必三叉」；花、葉的形態及氣味：「葉似枇杷」、「開花五瓣……香如梔子」；物候：「自四月至十月開不絕，冬寒並叶俱盡。」[16]。不過，《台海使槎錄》有一段錯誤的引用，將雞蛋花誤以為是印度抄寫佛經的貝多羅樹，影響了後來台語對雞蛋花的稱呼[17]。

台灣許多古建築的庭院，常可以見到雞蛋花的大樹。可見它從古代便十分流行。插枝即可活，十分容易栽培。除了經典的白花且中心泛黃的品種，還有紅花、橘色花，甚至紫黑色花。台灣過去二十年由汽車旅館帶起的庭園風潮，特別喜歡栽培雞蛋花等植物，營造類似峇里島的南洋風情。殊不知，雞蛋花引進三百多年，早已是台灣常見的風景。而且它根本就是拉美植物啊！東南亞栽培的歷史跟我們差不多久啦！

16 原文：「花之木本者曰番花，葉似枇杷，枝必三叉，臃腫而脆；開花五瓣，色白，近心漸黃，香如梔子，宜於風過暫得之，近則惡矣；自四月至十月開不絕，冬寒並叶俱盡。」

17 原文：「番花，葉大於枇杷，枝每三叉。花有五瓣、六瓣者，外微紫，內白色，近心漸黃，香似梔子。夏秋多開，冬則葉落。但名番花，似屬統稱。廣東志云：『貝多羅來自西洋，葉大而厚，梵僧用以寫經，花大如小酒杯，六辨，瓣皆左紐，白色，近蕊則黃，有香甚縟；落地數日，朵朵鮮芬不敗。』乃知此為貝多羅花也。」

huan-hue

雞蛋花

台　語 | 番花（huan-hue）、貝多羅（puè-to-lô）
別　名 | 緬梔、鹿角花、三友花
學　名 | *Plumeria rubra* L.
科　名 | 夾竹桃科（Apocynaceae）
原產地 | 墨西哥、貝里斯、瓜地馬拉、宏都拉斯、薩爾瓦多、尼加拉瓜、哥斯大黎加、巴拿馬、哥倫比亞、委內瑞拉
生育地 | 乾燥多岩石的森林或草地
海拔高 | 0-1500m

雞蛋花的葉片十分巨大 。

雞蛋花是常見的花卉。

雞蛋花枝條常是三叉狀，又稱三友花。

橘紅色的雞蛋花品種。

小喬木，高可達 12 公尺。全株具乳汁。單葉，簇生於枝條末端，全緣。花白色，中心黃色，聚繖花序腋生。蓇葖果柱狀，雙生，種子有薄翅。

紅蝴蝶

紅蝴蝶是荷蘭時期便引進的植物。《台灣府志》稱之為金絲蝴蝶。它的花瓣初開時邊緣黃色，凋謝前會整朵轉為紅色，非常容易辨認。《諸羅縣志》描述得很到位，把花朵特徵和葉片形態都寫出來了，並且還特別將它稱為番蝴蝶，而整朵開黃色花的品種另外稱為金絲蝴蝶[18]。

紅蝴蝶也是四季常開，所以大家喜歡栽培。不過隨著其他植物陸續引進，似乎也慢慢減少。除了觀賞，在台灣也被當成青草藥，使用其根、樹皮、葉、花，具有通便、止咳等各式各樣的用途。

國外有食用紅蝴蝶花朵與嫩豆莢的紀錄，還會用它來當做瀉藥或墮胎藥。連十八世紀初歐洲博物學家暨畫家梅里安[19]出版的名作《蘇利南昆蟲之變態》都有這項不人道的記載。

向日葵

向日葵也是舉世聞名的重要經濟植物，除了成為梵谷的天價名畫，也是學運的代名詞。它在墨西哥栽培已有數千年的歷史，由於花會向著太陽旋轉，因此崇拜太陽神的印加帝國特別喜歡這種植物。

---

18 原文：「番蝴蝶：葉略似槐；花中紅、外黃，似蝶有須，一枝可數十蕊。四季長開。台產。金絲蝴蝶：花黃色，形如蝶。『華夷考』謂之金莖花。」

19 德文：Maria Sibylla Merian。

含油率高的葵花子是非常重要的農作物。因此，向日葵有時候也會跟中美洲三姊妹——玉米、四季豆、南瓜並列，稱為美洲四姊妹。

台灣栽培向日葵年代久遠，乾隆年間《續修台灣府志》便提到：「向日葵又一種名秋葵。」這主要是因為向日葵生長快速，又喜歡涼爽乾燥的氣候，台灣多是入秋後栽培。不過，我倒也曾在七月盛夏見過向日葵花海。

除了觀賞、榨油、食用種子外，向日葵也是藥用植物。全株上下，從花、種子、果殼、根、莖到葉，被用來治療數十種疾病，非常神奇。

還記得大學時，我曾在台北市最昂貴的大安區土地上栽培向日葵。一粒小小的葵花子，不過數月就長成比我還高大的植株。雖然它不是熱帶雨林植物，卻仍舊在我心中留下深刻的印象。

大面積的向日葵總是吸引人駐足。

kim-hōng-hue

紅蝴蝶

台　語｜金鳳花（kim-hōng-hue）、
　　　　蝴蝶花（ôo-tia̍p-hue）
別　名｜黃蝴蝶、番蝴蝶、金莖花、金鳳花
學　名｜*Caesalpinia pulcherrima* (L.) Sw.
科　名｜豆科（Fabaceae or Leguminosae）
原產地｜墨西哥、貝里斯、瓜地馬拉、尼加拉瓜、
　　　　哥斯大黎加
生育地｜熱帶乾燥森林至潮溼森林
海拔高｜低海拔

紅蝴蝶的花邊緣是黃色。

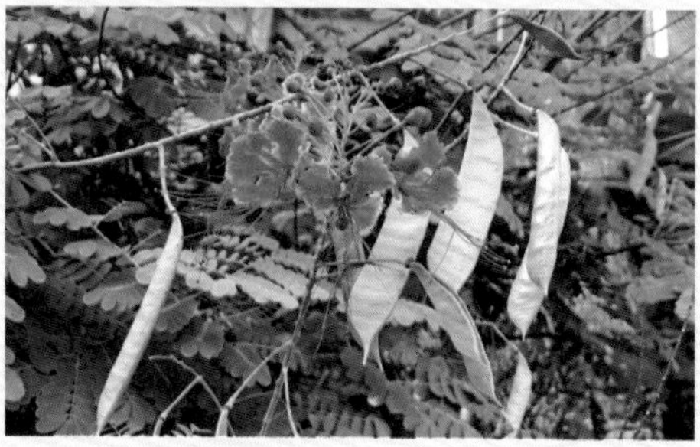

紅蝴蝶幾乎四季都會開花結果。

灌木或小喬木，高可達 5 公尺。二回羽狀複葉，互生，葉背略帶白粉。花紅色，邊緣黃色，總狀花序，頂生。莢果扁平如刀狀，成熟時會開裂。

jit-thâu-hue

向日葵

台　語｜日頭花（jit-thâu-hue）、向日葵（hiàng-jit-kuî）
別　名｜太陽花、天葵子、花葵子
學　名｜*Helianthus annuus* L.
科　名｜菊科（Asteraceae）
原產地｜美國西南、墨西哥北部
生育地｜山坡草地
海拔高｜0-2600m

向日葵的花和植株。

葵花子就是向日葵的種子。

草本，莖直立且粗壯，依品種不同，高約 1 至 4 公尺，全株被毛。單葉，互生，鋸齒緣，三出脈，兩面被毛。花菊黃色，頭狀花序頂生，盤狀。瘦果。

孤挺花

從小阿公家三合院就栽培許多孤挺花，不太需要照顧，但是每到春天就自動開花。記得那時候母親教我用紙摺喇叭花的技巧，至今我仍熟稔。

孤挺花堪稱台灣最受歡迎的球莖植物，能見度不輸前述幾種花卉。不過，孤挺花同樣也是有毒植物。雖然鱗莖長得很像洋蔥，但是千萬不能食用。除了栽培供觀賞，僅可做藥用，主要是外敷，消腫散瘀。

孤挺花屬有將近一百種，主要分布在南美洲，少數種類分布至中美洲。早在十八世紀末，園藝家就開始育種，經過幾百年培育，花又大又美，顏色豐富，觀賞價值高。

一九一一年由鈴木三郎開先河，自新加坡引進了四種原生種孤挺花，分別稱為孤挺花[20]、華冑蘭[21]、白肋華冑蘭[22]與朱頂蘭[23]。一九五〇年之後，園藝家又多次引進大花的栽培種或其他特殊的原生種。在一百多年的雜交育種下，目前大家所栽種的幾乎都是大花或重瓣的品系，僅白肋孤挺一枝獨秀，仍保留原本的樣貌。

雖然孤挺花是老派的園藝植物，卻因為雜交容易，總有新的品種不斷出現在市面上，令人目不暇給。現在想找小時候常見的那些懷舊系小花品種，似乎也成為了不簡單的任務。

---

20 學名：*H. puniceum*。
21 學名：*H. reginae*。
22 學名：*H. reticulatum var. striatifolium*。
23 學名：*H. vittatum*。

kóo-tshue-hue

孤挺花

台　語 | 鼓吹花（kóo-tshue-hue）、
紅閣丹（âng-kok-tan）
別　名 | 喇叭花、朱頂紅、朱頂蘭、華冑蘭
學　名 | *Hippeastrum* spp.
科　名 | 石蒜科（Amaryllidaceae）
原產地 | 熱帶美洲
生育地 | 森林邊緣、草地
海拔高 | 0-3000m

白肋華冑蘭又稱白肋孤挺，是較常見的原生種孤挺。

全紅且小花的外觀接近早期稱為華冑蘭（*H. reginae*）的栽培品系。

花的外觀接近最早引進被稱為孤挺花（*H. puniceum*）的栽培品系。

花瓣紅白相間的常見品系最接近早期引進的朱頂紅（*H. vittatum*）。

草本，具洋蔥狀的鱗莖。單葉，生於鱗莖頂，細長，全緣。花大型，多半是紅色系，繖形花序，花軸直接自鱗莖生出。蒴果三稜。

蔥蘭

蔥蘭是該屬植物最早栽培的種類，於一八六五年便引進。因為植株矮小，常常都是栽植在其他植物旁邊當陪襯。

在草藥應用方面，它有平肝熄風、治療小兒急驚風的用途，故又被稱為風肝草。

早期將它稱為蔥蘭，而另外一種開粉紅色花的種類稱為韭蘭。《台灣通史》中也有相關記載：「玉葱：葉如韮，一莖一花，有紅、白兩種，雨後盛開。」

雨後開花是它最特別的生態現象，所以英文稱之為white rain lily。過去二、三十年來，園藝廠商又引進了非常多不同花色的種類或園藝栽培種，於是這類植物都改稱為風雨蘭。

金龜樹

金龜樹是往來於新世界與亞洲的馬尼拉大帆船所載運，最早栽培於菲律賓。納瓦特語稱之為cuamóchitl，影響了西班牙語guamúchil、菲律賓他加祿語Kamatsile。

風雨蘭在雨後開花。（攝影／田碧鳳）

不過因為果實形態與用途，跟東南亞常見的羅望子類似，都是甜甜圈狀，且果肉可以生食，有時候會被稱為馬尼拉羅望子，造成大家誤解。事實上它跟羅望子[24]長得一點也不像，而且也不是原產於馬尼拉。

《台海使槎錄》書中有一筆紀錄：「番樹，大如槐；枝幹離奇，或似臥松。結實如槐角，皮紅時綻裂；肉白可食，名日莿豆，一名番豆。」單看名稱，其實不容易判斷。但其他描述倒是仔細，從樹幹的形態特殊、葉柄基部有刺、果實樣貌、顏色、可食等資訊，與莿、番等名稱，不難推測所描述的植物就是金龜樹。

《台灣通史》：「金龜樹：以金龜多宿之，故名。」我個人從未觀察到很多金龜子爬滿金龜樹，所以無法判斷這個說法正確與否。但是金龜樹的小葉，兩片對生，倒是有像金龜子的一對翅膀。

金龜樹除了栽培供觀賞，也適合栽培於靠海的地區，定沙防風。樹皮中所含的丹寧可以做染料。白色的假種皮可以直接食用或做果汁、做菜，種子可榨油。整個果莢也能當飼料。木材是做箱板的好材料。在原產地，全株皆可藥用，而台灣主要是將它的葉片做為消腫去溼的草藥。

在台中公園、台中一中、台南公園、成大校園這幾處具有歷史的地點，都可以見到這種荷蘭時期便引進，樹型巨大且奇特的樹木。大家有機會不妨到此一遊，見見這種老派的景觀植物。

---

24 關於羅望子，請參考《舌尖上的東協——東南亞美食與蔬果植物誌》一書。

thih-kú-tshài

蔥蘭的葉片較堅硬，所以台語稱之為鐵韭菜。

蔥蘭

台　語｜鐵韭菜（thih-kú-tshài）、白菖蒲（pe̍h-tshiong-pôo）
別　名｜風雨蘭、白菖蒲蓮
學　名｜*Zephyranthes candida* (Lindl.) Herb.
科　名｜石蒜科（Amaryllidaceae）
原產地｜巴西東南、阿根廷、巴拉圭、烏拉圭
生育地｜半遮蔭的潮溼環境
海拔高｜不詳

草本，具鱗莖。單葉，生於鱗莖頂，細長，全緣。花大型，白色，單生。蒴果三稜。

蔥蘭通常是雨後開花。（攝影／王秋美）

iûnn kong tāu

金龜樹

台　語｜羊公豆（iûnn-kong-tāu）、
金龜樹（kim-ku-tshiū）
別　名｜牛蹄豆、洋酸角、洋皂莢、馬尼拉羅望子
學　名｜*Pithecellobium dulce* (Roxb.) Benth.
科　名｜豆科（Fabaceae or Leguminosae）
原產地｜墨西哥、貝里斯、瓜地馬拉、宏都拉斯、薩爾瓦多、尼加拉瓜、巴拿馬、哥倫比亞、委內瑞拉、蓋亞那、祕魯
生育地｜乾燥森林、灌叢、較少見於潮溼森林
海拔高｜0-1500m

喬木，高可達15公尺。最簡單的二回羽狀複葉，互生，僅一對羽片，羽片上各具兩片小葉，小葉全緣，對生。托葉兩枚，針刺狀。花細小，綠白色，頭狀花序三枚排列成聚繖狀，由無數個聚繖狀排列的頭狀花序，再排列成總狀或圓錐狀，腋生或頂生。莢果扭曲，果皮紅色，成熟後會開裂。

老公園比較容易見到金龜樹老樹。

金龜樹的豆莢也可以食用。

如《台海使槎錄》記載，金龜樹「枝幹離奇」。

金龜樹的葉子像金龜子的翅膀。

◆摸魚的日子——布袋蓮與水蘊草

幼時心中曾縈繞一個疑惑：「到底布袋蓮和水蘊草是好的植物，還是壞的植物呢？」隨著年紀增長，學習從各種角度看待事物，終於慢慢想通。植物的本能就是生存，一切的好壞都是人所定義。

在諸多觀賞植物中，跟拉丁美洲息息相關的主要有兩大類。其一是非常多人研究與栽培的蘭花，像是常被稱為跳舞蘭的文心蘭就是拉美植物，是我國外銷僅次於蝴蝶蘭的大宗商品，每年產值約有七億元。此外，每年國際蘭展，遠在厄瓜多與祕魯的廠商，也都會帶來各式各樣的蘭花與觀葉植物[25]。

台灣另外還有一個特殊的產業，大家可能較為陌生，但是該產業卻有將近一半的產品源自中南美洲，甚至原本是生長在亞馬遜河裡，那便是水草栽培業。

小時候我總是喜歡四處跑，在田間、山野裡，撈魚、抓蝦、觀蟲獸。除了各種陸生植物，當然也接觸到不少水草。有印象以來，布袋蓮就已經充斥於所有水域，包括大排水溝、池塘，還有河川下游。

年幼時，我特別喜歡處處可見的布袋蓮，覺得它的花十分夢幻，開滿整座池塘時特別壯觀。每當把布袋蓮拉起，總是有機會看到小螃蟹或水生昆蟲等節肢生物。我甚至曾經把布袋蓮撈回家種在水缸裡，只是又被阿嬤丟回池塘，她老人家大概很難理解，為什麼我總是喜歡帶草回家種吧！

後來在兒童刊物上知道，布袋蓮是造成排水道淤積，每年要花費無數公帑清理的入侵植物；同時卻也是一種極耐汙染的植物，可以吸收水中重金屬、淨化水質。而它的根系結構複雜，也成為許多水生動物休息、繁殖、躲避天敵的棲所。

我猜想，一九〇一年田代安定引進布袋蓮時[26]，應該也是因為它的花很美，沒想過之後會變成入侵植物而四處氾濫吧！除了觀賞，它的嫩葉跟花也可以食用，甚至全草可做為治療高血壓、腎臟發炎、皮膚病的草藥。根以外的部分還能當做禽畜飼料。

25 關於蝴蝶蘭與台灣養蘭的歷史，請參考《看不見的雨林——福爾摩沙雨林植物誌》。

26 一八九八年也曾引進過。

台灣的河川常長滿了布袋蓮，造成淤積。

布袋蓮雖然是水生，但畢竟還是生長在水面上，只能算半個水草。在我到處找魚、看魚的年紀，還有一種完全長在水中的水草也十分常見，就是大家熟悉的水蘊草。它以另外一種形式，活在我的記憶裡。

鄉下的灌溉渠道，可以看到孔雀魚的地方往往都有水蘊草。而我總是可以一個人在水邊待很長一段時間，靜靜地看魚，一個人度過。

到台中念書以後，離自然環境稍微遠了些，幸好學校跟住家周圍有好幾家水族館，可以滿足我愛看魚的興趣。下課後，我總是喜歡往那兒去，一站就是一小時起跳——幸好老闆也不太趕人。

一九八〇年代末期至一九九〇年代初期，是台灣水族業十分發達的年代，也是魚類和水草雜誌相當暢銷的時期。一九七〇年代龍魚的養殖潮逐漸退燒，取而代之的是七彩神仙與水草的養殖潮。

一九三〇年代，荷蘭首次結合原本的園藝技術，嘗試將水草種在玻璃缸觀賞，開創了流行數十年的荷蘭式水草缸。但是當時的照明及各種設備都不發達，水草往往只是魚缸中的裝飾品。直到一九八〇年代，德國發展二氧化碳壓縮技術後，水草缸才開始大流行。台灣從一九八四年自丹麥引進水草與水草養殖技術後，栽培水草的相關設備越來越齊全，養殖技巧也日趨成熟。而我躬逢其盛，曾遇到多次水族大展，也蒐集了大量的魚類和水草圖鑑。

從書上，我認識了各種水草，也開始栽培水草。想當然，我最早認識也最容易取得的水蘊草，就是我第一株沉水植物。水蘊草非常特別，一九三〇年代就進到台灣，比其他水生植物都要早得多。我推測或許是當時日本與荷蘭交好，受荷蘭開始流行種水草影響，於是引進這種十分容易種植的水生植物，成為台灣養殖水草的濫觴。

不過，跟布袋蓮同樣是外來入侵種，堵塞渠道、排擠其他原生水草的情況，也發生在水蘊草身上。農夫總是必須花時間打撈它們，使灌溉渠道暢通。只是，一體兩面，耐汙染的水蘊草也有淨化水質與提供魚蝦、水生昆蟲棲息的功效。

有一段時間，台灣許多學校的自然課、生物課，常常以水蘊草做為觀察對象，讓水蘊草成為全國小朋友都認識的植物。台灣也因為水草的流行，出現了水草栽培業，引進許多南美洲或非洲的水草，並帶動國內出版相關書籍，讓我們能夠透過圖鑑的介紹，認識這些水草的故鄉，那遙遠的國度。同時也因為台灣的氣候特別適合水草生長，熱帶水草默默替台灣賺了不少外匯。

幼時心中曾縈繞一個疑惑：「到底布袋蓮和水蘊草是好的植物，還是壞的植物呢？」隨著年紀增長，學習從各種角度看待事物，終於慢慢想通。植物的本能就是生存，一切的好壞都是人所定義。

每次在花市看到布袋蓮和水蘊草，總會想起兒時到處撈魚、抓蟹的快樂時光，也會想起那時候室內最美、最潮的擺設，不只是布置觀葉植物，還必須有一缸茂密水草伴隨一對七彩神仙魚。靜靜地看著，透過水族箱與過濾系統穩定的水流聲，彷彿就可以進入亞馬遜河綺麗的水下世界。

布袋蓮是花市常見的水草。

tsuí-luî

布袋蓮

台　語｜水蕾（tsuí-luî）、大水薸（tuā-tsuí-phiô）、大薸（tuā-phiô）
別　名｜鳳眼蓮、水風信子
學　名｜*Pontederia crassipes* Mart.、*Eichornia crassipes*（Mart.）Solms
科　名｜雨久花科（Pontederiaceae）
原產地｜南美洲
生育地｜河面、積水處、池塘
海拔高｜0-2600m

漂浮性草本，具走莖。單葉，叢生於莖頂，全緣。浮水生的植株葉柄膨大，內部有氣囊；生於泥地則葉柄細長。花紫色，總狀花序直接自植株基部長出，頂端花瓣具藍色眼狀斑紋，中間一點黃色。蒴果。

布袋蓮的花十分美麗，當初引進做觀賞植物。

仔細看，布袋蓮的葉柄膨大，裡面有很多空腔，有助於漂浮水面。

tsuí-giâ-kang

水蘊草

台　語 | **水蜈蚣**（tsuí-giâ-kang）、**水蜈蚣草**（tsuí-giâ-kang-tsháu）

別　名 | **蜈蚣草**

學　名 | *Elodea densa* (Planch.) Casp.、*Egeria densa* Planch.

科　名 | **水鱉科**（Hydrocharitaceae）

原產地 | **巴西東南、玻利維亞、阿根廷北部、烏拉圭**

生育地 | **河川、溝渠、沼澤、湖泊等溼地**

海拔高 | 0-2200m

沉水草本，莖直立生長或橫生水中，長度可逾2公尺。單葉，輪生，鋸齒緣。單性花，雌雄異株。花白色，三瓣，開花時會伸出水面

水蘊草是水族館常見的水草。

水蘊草在台灣的灌溉溝渠十分常見。

第二部

虛實中的亞馬遜

厄瓜多的薩滿文化與植物探索之旅

to LATIN AMERICA

from TAIWAN

chapter 6

千里之外

厄瓜多的交通與住宿

◆我在亞馬遜遇見台灣

感謝老天爺一次又一次完成我的心願。在人生將邁入不惑之前，終於抵達了魂牽夢縈的亞馬遜，用眼睛、雙腳、嗅覺……全身心感受一望無際的雨林。

嗨！亞馬遜！我來看你了！你不認識我，卻一直令我魂牽夢縈！我從厄瓜多來——不畏當地抗爭活動如火如荼。我沒有去加拉巴哥，直接來看你了。好在此處的你鬱鬱蒼蒼，不受森林大火波及。嗨！亞馬遜！我來看你了！

二〇一九年底，自厄瓜多返台後，每天異常忙碌，行事曆幾乎排滿了行程，時間都不夠用。可是下班後我仍舊不停地整理照片、辨識植物，雖然頭都昏了，卻無法停止，迫不及待想跟大家分享亞馬遜與安地斯山帶給我內心的震撼。

猶記得出發時，我獨自一人從台灣飛到一萬六千八百公里遠的厄瓜多首都基多跟大家會合。中途在泰國曼谷、荷蘭阿姆斯特丹轉機，將近三十個小時的飛行過程，我一直望著窗外，心情激動得無法入眠。

視野跟著飛機航行越過贊米亞，鳥瞰昭披耶河、午後雷雲密布即將落下傾盆大雨的伊洛瓦底江三角洲，離開青翠色調的中南半島入孟加拉灣。越過灰褐色的印度半島，緊接著中亞、西亞，一望無際的高原與黃土，陽光似乎特別刺眼。直到裏海、黑海、歐陸，城市再度因夜晚的燈光亮了起來。

在機場飯店休息一晚，隔天越過大西洋。小安地列斯在蔚藍的海上，原來是那麼清晰。從哥倫比亞上空進入南美洲大陸，最後飛機沿著安地斯山，從東北向西南方越過赤道，在安地斯山脈落地。童年時總是轉動地球儀，手指滑過一個又一個的國家，如今變成了飛機窗戶外連貫不停的畫面。

旅行結束離開南美洲當天，從基多前往阿姆斯特丹前，飛機先向南飛抵瓜亞基爾，直到約莫當地時間晚上七點才正式離開厄瓜多。幾乎整整兩天的時間，不是在飛機上，就是在機場等待轉機。從台灣的時間來看，自十月十九日星期六凌晨兩點多抵達厄瓜多的機場，一直到隔日星期天晚上十一點才終於回到台中家裡。整理完行李已經二點多了，直接睡到早上六點多，沒有時差。

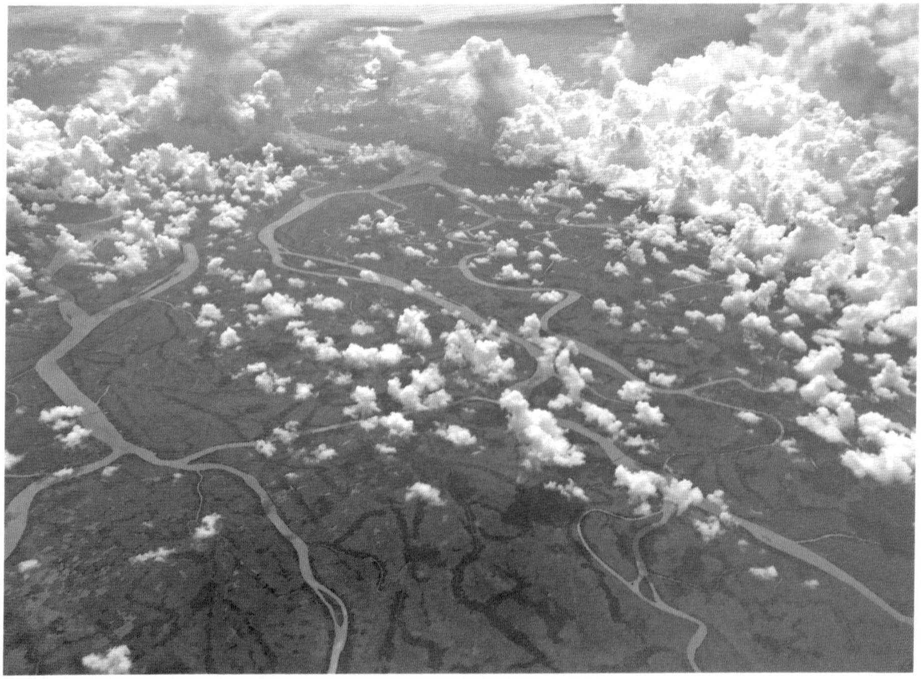

伊洛瓦底江三角洲。

漫長的返家途中，伴隨著照片，我重新回想了每一天發生的種種。明明是真實的旅程，卻像是夢一般。或許是因為亞馬遜經常在我夢裡出現——太綺麗、太浪漫，或許是太多太多的衝擊，讓我覺得不可思議。如果不是照片，不是再見到一起同行的夥伴，一切一切都彷彿是做了一場美夢。

從小我就超愛看地圖，也喜歡看跟動植物相關的節目，像是何篤霖主持的《頑皮家族》。心中對某些國家總是特別嚮往。最想去的國家包括：有無毒水母湖的帛琉、印度洋上的珍珠馬爾地夫，以及同時有加拉巴哥群島、安地斯山脈與亞馬遜雨林的厄瓜多。

感謝老天爺一次又一次完成我的心願。在人生將邁入不惑之前，終於抵達了魂牽夢縈的亞馬遜，用眼睛、雙腳、嗅覺……全身心感受一望無際的雨林；走訪了壯闊的安地斯山，從乾旱的山谷翻越到霧氣濃濃的雲霧林。此次實地踏查，讓我得以認識

———

1 英文：Saint Croix

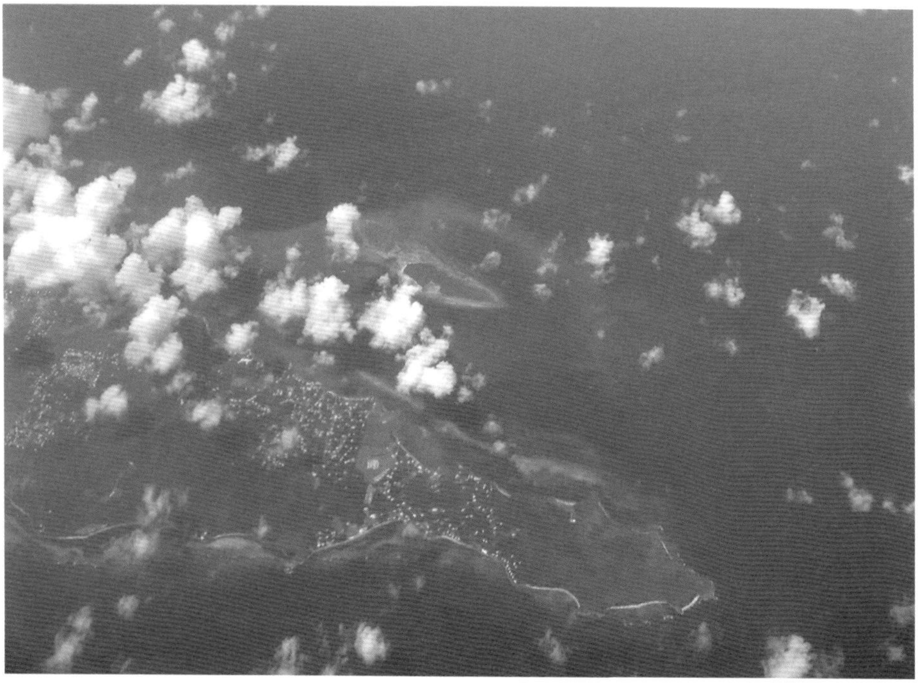

加勒比海上的美屬維京群島聖克羅伊島[1]。

更多熱帶的花草樹木，接觸繽紛的高山植物，也更深入了解植物在原生地的生長情況，獲益良多。

除了看植物，還體驗了死藤水、蛋診、苦丁茶等許多薩滿儀式，嘗試各式各樣特殊的風味料理與蔬果，親身感受跟想像中不太一樣的亞馬遜。更特別的是，意外碰到了厄瓜多當地的抗議活動。

這是一趟很特別的旅程，拍了約五千張照片與短片。在整理照片的同時，我也一邊查詢在當地所拍攝的植物，不斷地回憶、回憶、回憶。原本是想仔細記錄十五天的旅程，最後卻在大量的照片與文獻中，將我幼年至今所有關於拉丁美洲的記憶，全數帶出。

還記得離開亞馬遜前，薩滿對我說：「不要侷限在雨林之中，打開你的心，它會帶你到更寬廣的世界。」這一年多來寫作《被遺忘的拉美》的過程中，我似乎明白了這句話的意義。

在第一部的內容中，我整理了台灣過去大家最熟悉的懷舊植物，以植物為主角，連結我們生活中的拉丁美洲元素與典故，也帶大家看見不一樣的台灣歷史與台灣傳統文化。

第二部的內容，我想要跟大家介紹更多我所知道的拉丁美洲，包含這趟厄瓜多旅行的所見所聞、種種發現，整合過去所蒐集到關於拉丁美洲的探險與調查。從大眾都熟悉的文化，慢慢進入我個人研究植物的歷程之中。希望帶著大家從厄瓜多、從植物，更加認識拉丁美洲。

◆叢林計程車與快艇——厄瓜多的交通工具

原始林也好，疏林也罷，時不時還經過滲著水的石壁，又或是小村子、小農園、看不懂的指標，我都想要記在腦海裡。哪怕飄著雨，我還是坐在車後，大口大口呼吸每一種天候下，亞馬遜的氣息。

厄瓜多的亞馬遜雨林區，沒有大城市，不像祕魯的伊基托斯[2]或巴西的瑪瑙斯[3]可以直接搭飛機抵達，只能倚靠汽車。數小時的車程，從基多到一百八十多公里外的納波省首府特納[4]——這裡是厄瓜多進入亞馬遜的熱門起點，也是亞馬遜肉桂之都。

基多周邊的氣候相對乾燥，山壁上都是龍舌蘭、多肉植物。進入東側山麓雲霧林，空氣變得潮溼，終年氤氳叆叇。導遊開始解釋沿途的氣候變化，告訴我們數小時就可以從寒帶到熱帶。我也不甘示弱，邀請導遊來台灣玩，對他說：「台灣不只可以從寒

2 西班牙文：Iquitos。
3 葡萄牙文：Manaus。
4 西班牙文：Tena。

帶到熱帶，還可以直接看到海。」

城市與城市之間的主要道路是柏油路，但是進入村子或飯店的道路，有一些仍是石子路，而且就在叢林裡。我們搭小巴士從基多往亞馬遜區前進。不過，到亞馬遜叢林的第一家飯店前，我們就遇到了抗議事件封路，所以開始在叢林裡步行。越過倒木路障，走到另一端，叢林計程車把我們接走。

往後幾天，我們幾乎都是倚靠叢林計程車在亞馬遜雨林裡穿梭。畢竟離開了主要道路，村子裡還有許多石子路；叢林計程車才能適應各種路面，快速轉移陣地，方便我們在各處移動。

我特別喜歡坐車後斗，迎著風，在沒有窗戶限制的視野下，恣意且貪婪地欣賞亞馬遜往後快速流淌的風景，一分一秒也不想錯過。原始林也好，疏林也罷，時不時還經過滲著水的石壁，又或是小村子、小農園、看不懂的指標，我都想要記在腦海裡。哪怕飄

安地斯山雲霧林。

著雨，我還是坐在車後，大口大口呼吸每一種天候下，亞馬遜的氣息。

當然，在支流與潟湖密布的亞馬遜雨林裡，船也是很重要的交通工具，而且有多種不同的類型。

在潟湖區觀察生態，我們搭的是人工擺渡，在平靜的湖面上慢慢前進。嚮導熟練地帶我們尋找各種動物，從天亮一直到太陽西沉。

兩岸沒有萬重山，卻有各式各樣我認識或不認識的植物。沒有猿聲啼不住，卻有時不時傳來的鳥鳴、拍擊翅膀的聲音，還有船槳劃開水面的低吟。

當然，順著納波河可以直接抵達祕魯，碼頭就會有稍微大一點點的快艇，有四排座位。不過納波河畢竟河水不深，所以也只能容許這種快艇航行。

我們在大城市之間移動的小巴士。

適應各種路面的叢林計程車。

我們進入 amaZOOnico 野生動物保護區時，也曾搭乘雙排坐的快艇。駕駛熟練地在蜿蜒的河道上前進，水深處加速，水淺處慢行，十分平穩。只是船身小，頂篷面積不大，滂沱大雨中，把大家都淋成了落湯雞。

不過真的進入叢林以後，或是在納波河畔，雙腳是最為管用，也是節奏控制自如的工具。

行前手冊寫的攜帶物品有雨鞋，就我的經驗，在林地裡雨鞋也是最方便的。畢竟在大大小小的泥灘、小澗、溪流，誰也說不準不會弄溼鞋子。

幸運的是，當地飯店十分貼心，幾乎家家都有雨鞋供大家穿著，方便我們在亞馬遜雨林裡穿梭。在上坡與下坡路上，觸摸樹皮、觀察動植物；在滑跤四腳朝天時，貼近亞馬遜的土地。

飛機、巴士、叢林計程車、快艇、擺渡、雨鞋，在不斷轉換交通工具之間，終於深入亞馬遜雨林。在這處嚮往了數十年的陌生土地上，不斷出現莫名的既視感。沿途的植物、景觀，彷彿都曾出現在我的夢裡。可是下一秒，遼闊無邊的森林又令人覺得陌生。

在台灣，我也曾坐在車後斗進出森林，但是兩側林相與厄瓜多完全不同。而搭船進入雨林更是前所未有的經驗，畢竟台灣的地勢陡峭，河川湍急無法航行。可是遠方的竹子、樹蕨、闊葉樹交錯，卻是如此熟悉。

納波河上行駛的快艇。

特別喜歡坐在車後斗欣賞亞馬遜風景。

穿上雨鞋，就更方便在雨林裡移動。

在潟湖區搭乘擺渡緩慢前行。

意料之外的石油危機——厄瓜多的抗議事件

外交單位每天都會打電話關心我們，畢竟我們是當地唯一的台灣旅行團。不過因為導遊跟領隊的行程安排，還有薩滿的協助，讓我們多數人都在輕鬆愉快的氣氛中渡過。

厄瓜多是我從小最想去的三個國家之一，因為那兒有亞馬遜、安地斯山、加拉巴哥、赤道點，是所有熱愛生物者心之所向的夢幻國度。因此，有機會到厄瓜多我非常期待，即便當地爆發抗爭，仍舊無法阻擋我前行。

出發前，我從一位友人臉書上看到厄瓜多發生暴動的新聞。確定活動不會取消後，我依照原定行程登機。不過在阿姆斯特丹轉機時便出現了狀況。

當天早上，我在機場櫃台辦理行李托運。櫃台人員看了看我的機票後要我稍等，然後開始狂打電話。接著，他離開座位好一陣子，留下我跟後面一排人傻傻等待。

當櫃台人員回來時，身邊還跟著警察。我心想：「OMG！我只有帶衣服啊！幹嘛找警察來！」這位警察很打趣地跟我說：「先生，厄瓜多發生暴動喔！你確定要去嗎？」我說：「是啊！我朋友已經到了。」沒想到他還補了一句：「跟香港一樣喔！」

2019年10月厄瓜多抗議事件擴及亞馬遜山區。

我沒有緊張，反而在心裡笑了出來。

平安到了基多，入住第一家飯店。導遊決定因應抗議，將原本的活動順序調換，直接到亞馬遜雨林區。

厄瓜多的抗議活動，在當地時間十月八日上午，從安地斯山區的城市擴及安地斯山脈，進入亞馬遜雨林的主要道路。山區海拔約八百公尺的五個村莊聯合發起抗議活動，主要訴求是反對政府取消汽油補助，抗議者砍倒號角樹及小部分的冰淇淋豆做為路障。

因為取消汽油補助對山區的居民影響更多，他們希望可以得到國際聲援，把訊息傳出去，給政府壓力。不過，路斷了不見得是壞事，因為這樣一些載著盜伐木的大卡車就無法進出。

除了主要道路，山區道路也有大量的路障。我們一行人被迫放棄遊覽車，拖著行李在亞馬遜雨林裡步行，再換乘小車，進入雨林深處。

這是我第一次在亞馬遜雨林散步，相當興奮。因為這個抗議活動，意外看到非常多特殊植物。例如被砍倒的號角樹跟冰淇淋豆——在台灣，一個是只有植物園跟少數人收藏的奇特樹木，一個是新興的果樹，認識的人不多。在這裡就像台灣的血桐一樣普遍，路旁到處都是。

我不停地拍照再拍照，恨不得把所有一切都記錄下來。隨行的團員也跟我一樣興奮，在拍照與嘻鬧聲中緩慢前進。甚至有伙伴在碎石路上邊走邊說：「等等我們到飯店，再比較看看誰的行李箱輪子最完整，以後大家都買那個牌子。」感覺不到一絲一毫的緊張。

一行人被迫下車，拖著行李在亞馬遜叢林裡前進。

往後幾天，外交單位每天都會打電話關心我們，畢竟我們是當地唯一的台灣旅行團。不過因為導遊跟領隊的行程安排，還有薩滿的協助，讓我們多數人都在輕鬆愉快的氣氛中渡過。

猶記得當時還透過臉書，在新聞上看到當地警察騎馬處理抗爭的英姿，我們半開玩笑地說，怎麼路上的警察沒有這麼帥，都是騎摩托車或開車。

後來回想，我們真的非常非常幸運。直接到亞馬遜雨林區的決定，讓我們往後幾天可以在原始林、次生林裡穿梭，參觀猴子公園、當地小市集、巨大的吉貝木棉、潟湖生態、原住民部落，並學習薩滿草藥知識，行程幾乎不受影響。

就在我們決定要不要離開厄瓜多，轉往祕魯的時候，抗爭結束了。我們離開了亞馬遜雨林，轉往安地斯山區繼續原定行程。在半山腰，我們遇到了另外一個法國團，每個人臉色無光、面黃肌瘦。這才知道他們被卡在半路動彈不得，非但哪裡也沒有去，還幾乎斷炊，只能喝水度日。相較之下，我們真的十分順利。

往安地斯山一處有許多薩滿巫師居住的村子路上，當地民眾慶祝抗爭勝利，迎接帶隊到大城市參加抗爭的薩滿隊伍，彷彿我們迎接出國比賽拿金牌凱旋的運動員一般。

石油危機平安落幕，遠在台灣的家人，也因為我而特別留意相關新聞。我想，沒有人會想遇到抗爭，但這次意料之外的事件，卻讓我的南美洲首航成為了特別的經歷。

抗議事件結束後，為了順利通過鄉間小路，導遊、司機、領隊和我合力移開因為抗議事件被伐倒的樹木。（攝影／李毅）

不想結束又想回家翻書的悸動——厄瓜多的住宿經驗

無論是宿於高地或低地，讓我感到十分開心的是，光是飯店裡就有眾多當地的原生植物，從地上到樹上，讓我可以觀察很久、很久。

旅行時我每天在社群上分享照片，常常都穿著外套。那時候便有朋友問我：「你不是去亞馬遜雨林嗎？穿外套不熱啊？」

到厄瓜多旅遊的住宿地點主要有兩種類型：一種是安地斯山城百年歷史的西班牙莊園，晚上還得在壁爐生火以免凍僵；另外一種是直接住在亞馬遜叢林裡，相當適合喜歡野地、大自然的族群。

住在亞馬遜叢林，有兩件事會讓許多人驚訝：一、沒有蚊子耶！二、晚上要蓋棉被喔！

我們進入亞馬遜雨林區，一開始待在厄瓜多納波省阿奇多納[5]縣城北邊的小村柯

5 西班牙文：Archidona。

頓多[6]，住宿在當地的瓦斯奎拉亞馬遜旅館[7]。這裡的海拔大約五百公尺，周圍都是森林，空氣溼度很高。我所住的房間外有一個小陽台，直接面對亞馬遜叢林，真的非常過癮。

離開阿奇多納，過了納波省的首府特納城，我們來到納波河[8]畔港口小村莊米薩瓦利港[9]附近。團員分住在納波河北岸由一位法國太太經營的哈馬德里亞德旅館[10]，還有納波河南岸 villa 式的度假飯店米薩瓦利花園旅館[11]。此地海拔約四百公尺，氣候條件與柯頓多村類似。

坐落在叢林裡的旅館。

6 西班牙文：Cotundo。
7 西班牙文：Huasquila Amazon Lodge。
8 西班牙文：Río Napo。
9 西班牙文：Puerto Misahuallí。
10 西班牙文：Hamadryade Lodge。
11 西班牙文：El Jardín Misahualli Lodge。

我的房間直接面對亞馬遜叢林。

花園旅館的房間直接面對納波河。

哈馬德里亞德旅館有叢林步道、天馬茲卡蒸房。米薩瓦利花園旅館有一座滿布熱帶植物的大花園，房間更直接面對納波河，能遠眺亞馬遜雨林。光是這些地方，就滿足了我觀察植物的需求，每天都不亦樂乎。

熱帶雨林外的區域，白天潮溼悶熱，但雨林內部由於高大的樹海遮蔭，加上森林蒸發散[12]帶走大量的熱能，白天溫度都低於三十度；入夜後溫度快速下降，多半只有二十度上下。而我們所居住的飯店，因為不是平地，而是海拔四、五百公尺的山地，清晨氣溫甚至會掉到二十度以下。

安地斯山上的西班牙莊園，有大量的龍柱柏與葉薊。

就跟其他熱帶國家的飯店一樣，亞馬遜叢林裡的旅館充滿了各式各樣的熱帶元素：泳池、躺椅、涼亭，以及遍植熱帶花木與觀葉植物的大花園。

至於安地斯山上的西班牙莊園有另外一種氛圍：西班牙式的建築、天主教氣息濃厚的擺飾、歐陸風格的庭園——巨大的石雕、地中海龍柱柏[13]、希臘科林斯式石柱上常出現的地中海植物葉薊[14]、溫帶東亞的繡球花……。或許是因為赤道高山上涼爽，無季節變化，這才有機會讓溫帶植物、美洲的高山植物和熱帶植物無違和地共處一園。

我們居住的地點包含基多郊區的吉米尼塔莊園[15]，以及奧塔瓦洛[16]附近的小鎮百年莊園飯店[17]。一家可以遠眺長滿龍舌蘭的山壁，還有飼養羊駝；一家宛如置身歐洲，可是樹上卻長著各式各樣南美洲的蘭花、鳳梨等著生植物。

還有基多東邊，坐落於潮溼山谷裡，無法歸類的帕帕拉塔溫泉飯店[18]。乍看之下跟其他熱帶國家的 villa 式度假村相似，卻有很多我們難以栽培的雲霧林植物與高山植物，也是非常特別的組合。

無論是宿於高地或低地，讓我感到十分開心的是，光是飯店裡就長有眾多當地的原生植物，從地上到樹上，讓我可以觀察很久、很久。

---

12 英文：evapotranspiration。包含蒸發作用（evaporation），加上植物透過氣孔散失水分的蒸散作用（transpiration）。
13 學名：*Cupressus sempervirens*。
14 學名：*Acanthus mollis*。
15 西班牙文：Hacienda La Jimenita。
16 西班牙文：Otavalo。
17 西班牙文：Hacienda Cusín。
18 西班牙文：Termas Papallacta。

安地斯山上的西班牙莊園飯店，有天主教的擺飾與壁爐。

好多好多植物，都是我從小在泛黃甚至黑白的圖鑑上看過或聽過，可是卻不曾親眼見過的。原本都快忘卻的記憶，沒想到在這次厄瓜多之旅中重新想起，讓我有一種不想結束旅行，但是又很想回家翻書的糾結與悸動。

安地斯山谷裡的飯店美得像明信片一樣。

chapter 7

既熟悉又陌生的厄瓜多料理與蔬果

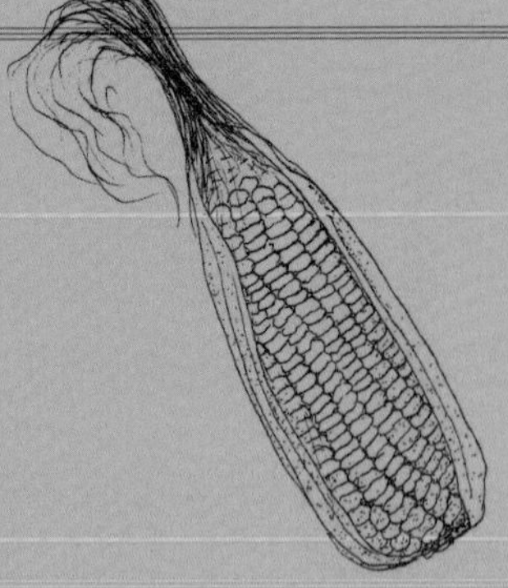

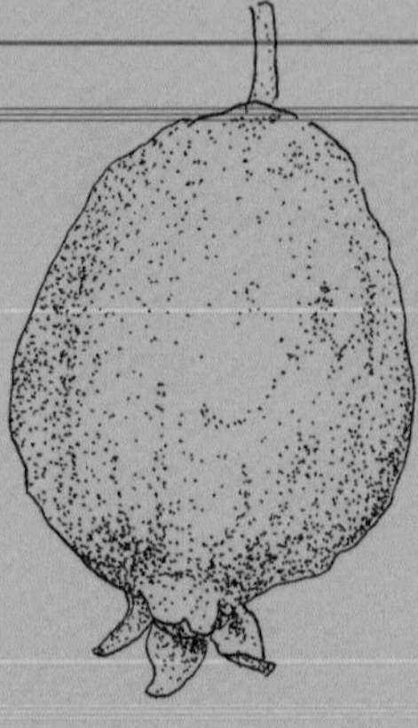

帕查曼卡大地之鍋——安地斯山的傳統料理

到厄瓜多前就聽聞當地嗜吃香菜，這讓害怕香菜味道的我十分困擾，卻也相當熟悉。如果不是語言不通，在吃飯前我真的很想開口說：「老闆，請不要加香菜。」

可能是我愛吃，可能是我喜歡研究料理中的植物，所以總是習慣從美食去認識一個地方。厄瓜多的料理，就像植物自然分布無法跨越安地斯山脈一樣，分為太平洋、安地斯、亞馬遜三個區域，各有不同的特色。海鮮當然得太平洋沿海才有，亞馬遜有各種熱帶水果與蟲蟲大餐，而安地斯山區則有各種高海拔的薯。

厄瓜多的料理原本就受歐美、中國等地區影響，而且拉丁美洲的食材，許多已經遍及世界，成為我們熟悉的蔬果與糧食，加上我們多半都在國際旅客的飯店用餐，所以並沒有太特殊難以下嚥的味道，我幻想的天竺鼠肉、羊駝肉一個也沒有出現。

印象比較深刻的料理，包括亞馬遜原住民村子招待我們的風味餐飲、安地斯山上的帕查曼卡大地烤爐。另外還有許多我們熟悉但原產於拉丁美洲的食材，以及一些不曾看過的蔬果：勾起兒時回憶的玉米，在這裡有一些巧妙的吃法；台灣鮮少食用的樹薯，厄瓜多低地也經常碰到；當然，少不了大家印象中安地斯山脈常食用的馬鈴薯、藜麥，以及受亞洲影響的稻米飯，都是厄瓜多常見的主食。出乎我意料的是，東南亞常見的羅望子果汁，在厄瓜多也十分受歡迎。

另外，到厄瓜多前就聽聞當地嗜吃香菜，這讓害怕香菜味道的我十分困擾，卻也相當熟悉。如果不是語言不通，在吃飯前我真的很想開口說：「老闆，請不要加香菜。」香菜的波斯文 گشنیز，轉寫 gešniz，唸起來很像芫荽的台語。香菜原產於西亞，絲路開通後傳進東亞，在中東、南亞、東亞、東南亞、地中海飲食中都普遍使用。

而拉丁美洲原本就會使用的香料刺芫荽[1]，味道與香菜十分接近，所以地理大發現後拉丁美洲很快就接受這種耐寒性佳的香草，讓芫荽的飲食版圖繼續擴大。而

原本喜歡香菜的地區，倒是只有南亞和東南亞普遍栽培刺芫荽。畢竟它是怕冷又好水的植物，不像香菜可以廣傳。

奧塔瓦洛的市中心有一處安地斯山區最大的戶外市集。各種大小的羊駝玩偶、巴拿馬草帽、圍巾、毛衣、手繪明信片、書籤、捕夢網、銀飾品、木雕、陶藝品……充滿各式商品，是買紀念品、伴手禮的好地方。

不過，我料想自己馬上就會採買完畢，因此當大家一下車去逛市集，我便詢問司機菜市場在何處。果然，菜市場總是不會讓我失望，除了百香果、土芭樂等新鮮蔬果，我還發現台灣根本就沒有人要吃的黃酸棗、刺多又難處理的麒麟果，還有乾燥的香料包，甚至死藤、貓爪藤、祕魯聖木等藥材，都可以在市場找到。

1 關於刺芫荽，請參考《看不見的雨林——福爾摩沙雨林植物誌》或《舌尖上的東協——東南亞美食與蔬果植物誌》。

奧塔瓦洛的戶外市集，是買紀念品的好地方。

讓我印象深刻的特殊食材，還有鮮少人提過的落葵薯，它跟我們常食用的皇宮菜同科，沒想到主要卻是食用塊根。在奧塔瓦洛的菜市場發現之前，其實在我們入住基多的第一家飯店，它就曾經出現在餐盤上。有的小巧可愛像個迷你馬鈴薯，有的細長如手指，品種很多，顏色也各有不同。起初我一度以為它是馬鈴薯，最後才發現竟然是落葵科植物。基多茄也是我在這間飯店就吃到（或者說喝到）的當地特有水果。它的味道太特別了，有鳳梨、檸檬、番茄混合的香氣。從一開始我們就一直在猜，飯店到底在果汁裡加了什麼。後來好奇地跑到廚房，看了水果才知道不是綜合果汁，而是一種類似番茄的水果，本身具有多種味道。

基多茄是厄瓜多特有的植物，西班牙語稱為 Naranjilla，學名的種小名 *quitoense* 就是基多的意思。果實形態有一點類似番茄或樹番茄，因為味道偏酸，主要是打果汁或做果醬。在厄瓜多十分常見，無論是飯店早餐果汁、果醬，或是安地斯山區的菜市場與亞馬遜雨林的小市集，都可以看到基多茄的身影。台灣也曾有果樹種苗商引進，翻譯做奎東茄，或以其克丘亞語 Lulo 直接譯為露露果。

奧塔瓦洛的菜市場可以買到各種當地蔬果與香料。

但是它喜歡生長在涼爽、潮溼的斜坡上，我猜想應該不適應台灣的氣候。

更讓我覺得幸運的是，除了在市集看到、在飯店吃到，在安地斯山的加油站休息時，我觀察到一旁山坡的野生植株，覺得它毛茸茸的很可愛，隨手拍照，回台灣查資料，沒想到就是基多茄。

樹番茄看起來就是一臉番茄樣，我在台灣曾經嚐過。它在奧塔瓦洛的餐廳被做成了餐後甜點，菜市場也成堆販售。不過我想，台灣將番茄改良得太好吃了，讓這種偏酸味、果皮厚的水果黯然失色。

還有台灣俗稱紅毛榴槤的刺番荔枝，明明是純熱帶果樹，安地斯山上的菜市場卻也十分普遍，應該是從低地雨林區運上來的吧！它跟釋迦都是《憂鬱的熱帶》書中李維史陀曾特別提及的水果，在熱帶地區十分受歡迎。以前在東南亞都是喝到果汁，沒

奧塔瓦洛餐廳的樹番茄甜點與刺番荔枝蛋糕。

沒想到東南亞常見的羅望子果汁在南美洲也十分受歡迎。

飯店的落葵薯前菜。

想到厄瓜多將它做成起司蛋糕，令我懷念不已，期望台灣有人可以重現這個味道。

我們在安地斯山拜訪的最後一個人，是研究薩滿文化的教授，他帶領我們體驗安地斯山區的傳統料理帕查曼卡（Pachacmanca）。這種料理方式起源於祕魯中部地區，已經有七、八千年的歷史，被視為重要文化資產。字面意思是「大地之鍋」，結合克丘亞語中 pacha（地球）與 manka（鍋子）兩個字。另外，在安地斯山南部的祕魯、玻利維亞和智利一帶，艾馬拉人使用的語言中，Manca 或 Mankha 有食物的意思，因此帕查曼卡也被解釋做「來自大地的食物」。

將燒熱的石頭放入事先在地上挖好的坑洞中，然後放入玉米、馬鈴薯、地瓜、豆子、蔬菜、雞肉等食材，藉由熱氣把食物燜熟，有點像是台灣原住民料理與炕窯結合。不同的是，台灣原住民使用的是小石頭，放入水中將食物煮熟，而台灣的炕窯則是將土塊燒紅，並且會在地面上做出一個小土丘。

蓋上層層的玉米殼、草蓆、泥土之後，薩滿教授伉儷邀請大家在大地之鍋外圍成一個圈，然後一起轉圈，彷彿跳舞一般。

這時候，不需要任何翻譯，甚至也不用語言，我都能猜到這是一種祈禱、感恩的儀式。感謝大地，賜予我們珍貴的食物。

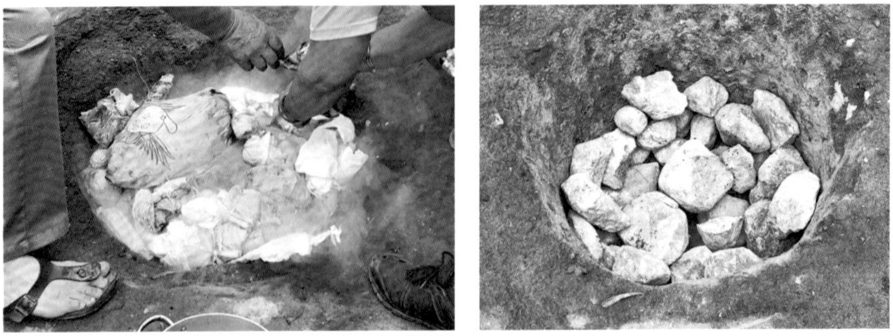

安地斯山區的傳統料理帕查曼卡利用燒熱的石頭來將食物燜熟。

基多茄

別　名｜**奎東茄、露露果**
學　名｜*Solanum quitoense* Lam.
科　名｜**茄科**（Solanaceae）
原產地｜**厄瓜多**
生育地｜**山地森林內開闊處或林緣**
海拔高｜0-2500m

基多茄的花。

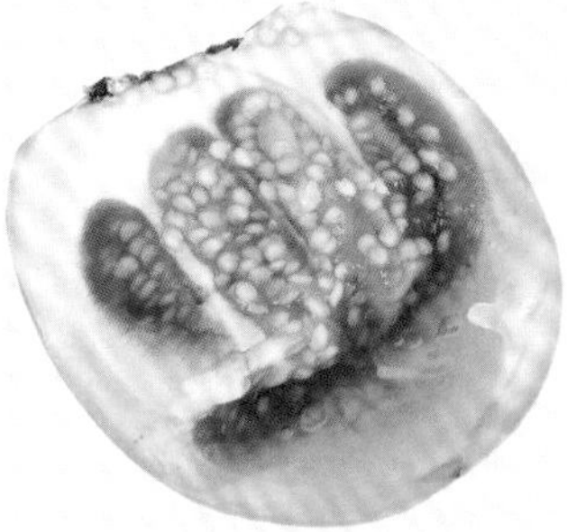

基多茄的果實縱切面。

安地斯山雲霧林山坡上的野生基多茄。

厄瓜多各地市場常見到基多茄。

灌木或亞灌木，高可達 3 公尺，全株被毛且有刺。單葉，互生，波浪狀緣，葉背泛紫，兩面被毛，葉脈可能有刺或無刺。花白色，數朵簇生於葉腋。漿果，被棕色毛，但是毛容易去除，成熟時橘黃色，果皮極厚。

樹番茄是安地斯山常見的水果。

樹番茄

別　名｜木本番茄、洋酸茄、雞蛋果
學　名｜*Solanum betaceum* Cav.
科　名｜茄科（Solanaceae）
原產地｜祕魯、玻利維亞、阿根廷
生育地｜森林邊緣
海拔高｜500-3000m

樹番茄果實與橫切面。

樹番茄的果樹。

灌木，高可達 7 公尺。單葉，互生，全緣或略呈波浪狀。花白色或淡粉紅色，蠍尾狀聚繖花序，腋生。漿果，果梗長，果實下垂，成熟時橘色或橘紅色，果皮極厚。

樹番茄的果實。

落葵薯

別　名｜塊莖藜
學　名｜*Ullucus tuberosus* Caldas
科　名｜落葵科（Basellaceae）
原產地｜祕魯、玻利維亞、阿根廷
生育地｜受干擾處
海拔高｜2500-4500m

落葵薯的塊根像極了小型的馬鈴薯。

粉紅色品種的落葵薯塊根。

藤本，具地下塊根。單葉，互生，全緣。花細小，星形，總狀花序，腋生。果實形態不詳。

紅毛榴槤

別　名｜刺番荔枝
學　名｜*Annona muricata* L.
科　名｜番荔枝科（Annonaceae）
原產地｜墨西哥至中美洲、西印度、哥倫比亞、厄瓜多、祕魯
生育地｜潮溼低地灌叢、海岸石灰岩森林
海拔高｜0-500m

刺番荔枝是南美洲常見的番荔枝科水果。

小喬木，高可達 15 公尺。單葉，互生，全緣。幹生花，花被片黃色，表面凹凸不平。果實為聚合果，可食用，表皮有棘狀突起。

刺番荔枝的葉片。

◆相約在米薩瓦利——亞馬遜風味餐

這頓亞馬遜風味餐不僅使用當地食材，連用餐方式也是比照當地原住民：直接以手取食，沒有任何餐具。

每次到國外，我總是喜歡去傳統市場看看蔬果、香料。除了奧塔瓦洛的菜市場，我們週日在米薩瓦利港旁的小公園也遇到了當地的小市集，展售多種本地農產品。不過這一次除了植物，米薩瓦利港還喚醒了我另一種深刻記憶。

米薩瓦利港位在納波河北岸，據說原意是蠟燭與能量，也有一說瓦利指的是樹幹。港口有許多商店，環繞著一座有猴子雕像的小公園。因為緊貼著亞馬遜雨林，生態豐富，白天公園裡總有許多野生的白額捲尾猴[2]聚集。

這個週末市集其實只有兩個攤子，販售的東西大同小異。包含大家可能比較容易辨認的花生、可可果實、漿果辣椒，還有基多茄、阿瓜椰這兩種可以鮮食的水果，此

2 學名：*Cebus albifrons*。

米薩瓦利港是納波河北岸的小港口。

外還有苦丁茶葉、巴拿馬草葉、巨大棕櫚象鼻蟲的幼蟲、做護髮油的果實與成品、藥用的貓爪藤與其他不知名藥草、看起來像是包材的竹芋科葉片，都十分特殊。當然也有來自舊世界的蔬果香料，如香蕉、薑黃、甘蔗、檸檬、洛神、肉桂。

以米薩瓦利港為中心向外輻射，周邊有許多生態旅遊的景點：巨大的吉貝木棉神木、潟湖生態區、amaZOOnico 野生動物保護區，以及保護區內當天中午招待我們用餐的原住民部落。

我們在村子裡購買各種手工藝品作紀念，也跟他們一起將發酵過的可可豆磨成粉末，加糖和香草做成巧克力醬沾水果吃。體驗原住民現切菸草現捲的手作土菸。當然，最重要的莫過於亞馬遜雨林風味餐。

這一餐的主食是樹薯，除此之外大概只有香蕉、甘蔗、鳳梨是大家比較熟悉的食材。其他各式各樣的風味料理，諸如巴拿馬草髓心、冰淇淋豆、疑似俗稱豹貓的平口油鯰[3]、俗稱達摩異形魚的毛口甲鯰[4]、疑似俗稱美國九間的安芬兔脂鯉[5]、巨大的南美棕櫚象鼻蟲[6]等，我們都是初嚐。

---

3 學名：*Pimelodus pictus*。
4 學名：*Chaetostoma* sp.。
5 學名：*Leporinus affinis*。
6 學名：*Rhynchophorus palmarum*。

疑似俗稱豹貓的平口油鯰。

疑似俗稱美國九間的安芬兔脂鯉。

俗稱達摩異形魚的毛口甲鯰。

米薩瓦利港小村子的週末市集。

各種特殊食材的亞馬遜風味餐。

家家戶戶皆有栽培的旋莢冰淇淋豆，豆莢十分巨大，假種皮如棉花糖一般。

嚮導利用巴拿馬草葉替大家編織頭帶。

潟湖畔也長滿了巴拿馬草。

這趟亞馬遜之行大概是我最頻繁食用樹薯的日子。旅行初到阿奇多納時，原住民便邀請我們一起搗樹薯，並招待每人喝樹薯釀的飲料。而在納波河畔這頓亞馬遜風味餐，除了蒸樹薯，還有不同於馬鈴薯餅的樹薯餅。每咬一口都令我不禁想起樹薯對台灣經濟的貢獻，卻總是被誤解為不宜食用的有毒植物。

巴拿馬草在台灣很少見，公共空間主要是台北植物園和下坪熱帶植物園有栽培。它是製作巴拿馬草帽的重要纖維作物，在厄瓜多經常碰到。為避開當地抗爭而拖著行李在叢林裡步行那天，路旁四處自生巴拿馬草；在潟湖觀察生態，水邊也有巴拿馬草開出泡麵一般的花；當嚮導自路旁採集巴拿馬草為大家編織頭帶時，也採了嫩芽給大家試吃。沒想到亞馬遜風味餐中，煮熟的巴拿馬草髓心如此美味。可惜我自己種的巴拿馬草一直長不大，也捨不得採來做菜。

另一種食材冰淇淋豆，我在當地至少見到三種。旋莢冰淇淋豆最常見，路邊滿滿都是，彷彿猴子尾巴掛滿樹上。這種植物我在台灣栽培了多年，品嚐過多次，知道它很好吃，所以在亞馬遜雨林的日子每天都會注意看哪裡有得採。台灣認識它的人還不多，沒想到在原產地的原始林、次生林、路旁，滿滿都是小苗，甚至家家戶戶都會種上一株。

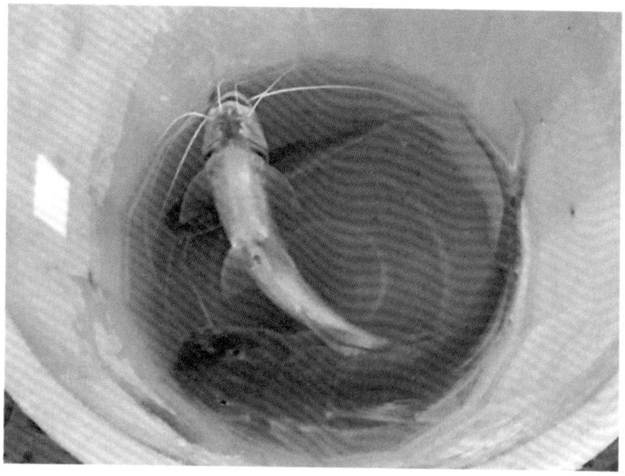

在納波河橋上巧遇被釣起的油鯰鴨嘴魚。

記得梅里安名作《蘇利南昆蟲之變態》中就曾描繪旋莢冰淇淋豆及該屬的另一物種。可惜當時梅里安沒有嚐過它的滋味，中文譯本也沒有替它加註正確學名、中文名與食用方式。

《蘇利南昆蟲之變態》的書名很容易讓人以為只是昆蟲方面的書籍，但我認為這也是一本貨真價實的植物圖鑑。除了冰淇淋豆，還介紹了本書前面章節提過的番薯、樹薯、辣椒、鳳梨、芭樂、木瓜、百香果、山刺番荔枝、薊罌粟、雞蛋花、孤挺花、紅蝴蝶、布袋蓮、香草蘭、可可樹、胭脂樹、黃酸棗，以及大家也十分熟悉的亞馬遜原產植物腰果。

作者梅里安既是探險家、博物學家，同時也是一位畫家，甚至很可能是女性到拉丁美洲探險的第一人。書中每一幅精美的繪畫，都搭配有梅里安的觀察紀錄。而畫中通常包含了植物、取食該植物或棲息於周邊的昆蟲、節肢動物或兩棲爬蟲動物，藉由生動的圖文介紹當地相關生態。在一七一九年就能完成這樣的著作，實在是相當了不起的成就。

這頓亞馬遜風味餐不僅使用當地食材，連用餐方式也

當地居民在納波河撒網捕魚。

是比照當地原住民：直接以手取食，沒有任何餐具。沒想到愛吃東南亞、印度料理的我，手抓用餐的初體驗是獻給了亞馬遜。

風味餐的水產是三種亞馬遜河裡的魚，都是我從小在水族館裡才能見到的觀賞動物。雖然知道許多來自亞馬遜河的大型觀賞魚是當地重要的蛋白質來源，但是幾十年沒養魚的我，萬萬沒有想到有一天跟牠們會在餐桌上相遇。

稍早，我在部落觀察植物時正巧碰見幾位當地居民在納波河撒網捕魚。我想，這頓大餐的魚應該就是從眼前這條河裡打撈上岸的吧！想起了前一天黃昏，在納波河的橋上也遇到有人在釣魚。靠近一看，發現桶子裡有三尾油鯰鴨嘴魚。

我在納波河畔，手撥河水。一瞬間，童年翻閱魚類圖鑑的點點滴滴浮上心頭。再一次，好想潛入水面下，看看是否還有更多我熟悉的魚。原來，我不曾遺忘從小跟自己的約定。原來，我跟亞馬遜河魚的再相遇，命定相約在米薩瓦利。

納波河的黃昏。

巴拿馬草

別　名｜巴拿馬帽棕櫚

學　名｜*Carludovica palmata* Ruiz & Pav.

科　名｜巴拿馬草科 / 環花草科
(Cyclanthaceae)

原產地｜中美洲、哥倫比亞、委內瑞拉、巴西、厄瓜多、祕魯、玻利維亞

生育地｜低地雨林至山地潮溼森林

海拔高｜0-1500m

亞馬遜路旁到處可見巴拿馬草。

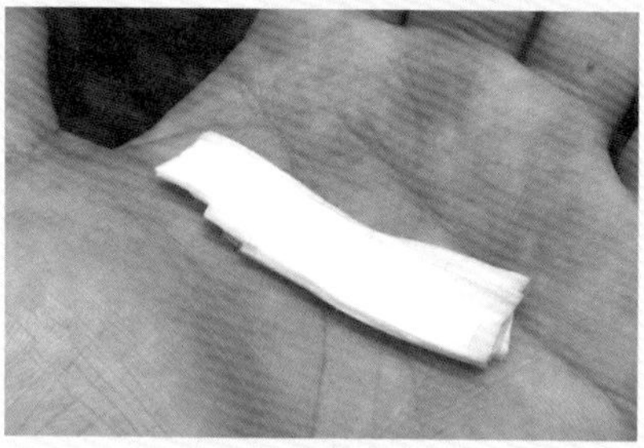

巴拿馬草嫩葉可以食用。

厄瓜多當地市集販售的巴拿馬草葉。

巴拿馬草如泡麵一般的花序。

草本，高可達 4 公尺，莖極短。單葉，扇形，掌狀裂，葉柄細長。單性花，雌雄同株，肉穗花序。聚合果成熟時紅色。

旋莢冰淇淋豆

別　名｜猴尾巴冰淇淋豆

學　名｜*Inga edulis* Mart.

科　名｜豆科（Fabaceae or Leguminosae）

原產地｜哥倫比亞、委內瑞拉、蓋亞那、蘇利南、法屬圭亞那、巴西、厄瓜多、祕魯、玻利維亞

生育地｜熱帶雨林或季節性氾濫的河岸林

海拔高｜0-1500m

旋莢冰淇淋豆的花。

當地隨處可見旋莢冰淇淋豆的小苗。

在米薩瓦利港見到的另一種冰淇淋豆。

安地斯山的飯店栽培另一種短莢冰淇淋豆。

大喬木，高可達 30 公尺。一回羽狀複葉，幼株葉面銀色，新葉泛紅，葉柄有翼。頂生或腋生頭狀花序，花絲細長，白色。莢果粗大且扭曲，長可達 1 公尺。假種皮白色，狀如棉絮，可食用。

很多人難以克服對吃蟲的恐懼，特別是肥滋滋的鞘翅目幼蟲，跟我之前吃過的蟋蟀、螞蟻都不同。但特別的是，鼓起勇氣吃下後才發現，牠的滋味跟口感就像軟殼蟹一般。不會爆漿，也沒有怪味道，倒是顛覆我的想像。

◆洪堡德的生命之樹——阿瓜耶與棕櫚象鼻蟲

旅遊的時候會遇見很多事物，彼此之間有密切關聯。可是旅遊當下，或許因為行程緊湊，或許因為置身在陌生的環境，腦袋運作方式與平常不同，往往不曉得它們的連結。反而在旅行結束後，整理相片時，總令人驚訝連連。

在飛往厄瓜多的途中，我在阿姆斯特丹轉機。抵達時特別約了兩位荷蘭朋友碰面，好友知道我即將前往亞馬遜雨林，除了跟我一樣興奮，還數度聊到十九世紀初曾前往亞馬遜雨林探險的博物學家洪堡德。不過，事先我並沒有想到這趟旅行會跟洪堡德產生關聯，畢竟洪堡德到厄瓜多只停留在安地斯山脈，我跟他的路線僅在基多有交集。沒想到在返家後，這趟旅行所遇到的一切，就在我不斷查資料與回憶的過程裡，重新排列組合，如同一片片零散的拼圖終於構成一幅畫面。

到厄瓜多的亞馬遜雨林裡探險，一定不能錯過米薩瓦利港。港口不大，民風純樸，加上此地氣候宜人，附近叢林的生物多樣性高，是很棒的生態旅遊景點，周邊當然也少不了舒適的飯店可以落腳。

白天到港口旁的中央公園，可以見到白額捲尾猴在樹上活動；旁邊則有不少小店、市集。不過，無論尾巴是否會捲，全世界的猴子似乎都一樣調皮，會跟人搶食物。

小店與市集裡有不少亞馬遜風味美食。推薦大家別錯過兩種特殊的食物：長得像蛇皮果的熱帶水果阿瓜耶，以及亞馬遜的珍饈南美棕櫚象鼻蟲。

巨大的棕櫚象鼻蟲幼蟲，肥滋滋的，怕蟲的人應該會覺得很恐怖。我們在亞馬遜部落品嚐的風味餐就包含棕櫚象鼻蟲，當時是跟巴拿馬草的髓心一起料理，而米薩瓦利港這邊則是串起來烤。烤的方式挺殘忍的，象鼻蟲幼蟲被活生生插在竹籤上，放到烤肉架上烤，而且在烤的過程中店家還會在每隻幼蟲上劃一刀。

吃蟲是很多熱帶雨林居民的文化，美洲跟亞洲都有。不過，很多人難以克服對吃蟲的恐懼，特別是肥滋滋的鞘翅目幼蟲，跟我之前吃過的蟋蟀、螞蟻都不同。但特別的是，鼓起勇

米薩瓦利港中央公園是一座猴子公園。

氣吃下後才發現，牠的滋味跟口感就像軟殼蟹一般。不會爆漿，也沒有怪味道，倒是顛覆我的想像。

市集上還有許多蔬果，最吸引我目光的是阿瓜耶，果皮如同蛇皮一般，一大包才五十美分。果肉不多，但是味道很特別，新鮮果實嚐起來類似烏梅。不過在當下我並不喜歡它的滋味，於是分給導遊和其他團員，可是大家都興趣缺缺。倒是當地店家十分喜歡，用冰淇淋豆跟我交換了幾個。我還用來吸引猴子，效果也不錯。

這兩種看似不相關的食材，其實跟亞馬遜的生命之樹——曲葉矛櫚——密切相關。阿瓜耶就是曲葉矛櫚的果實，而巨大的南美棕櫚象鼻蟲以其樹幹木屑為食。

曲葉矛櫚於一七八一年由林奈的兒子小林奈[7]正式命名，屬名 *Mauritia* 是為了紀念荷蘭東印度公司所任命的荷屬巴西統治者，拿騷－錫根的約翰．毛里茨[8]，種小名 *flexuosa* 的拉丁文意思是彎曲的。因為被用來製作一種名為 moriche carato 的飲料，英文稱為 moriche palm，直接音譯為莫里奇棕櫚。哥倫比亞與委內瑞拉也稱之為 moriche，巴西稱之為 buriti，厄瓜多稱之為 morete。祕魯稱之為 aguaje，音譯做阿瓜椰或阿瓜耶。

一八〇〇年，洪堡德在委內瑞拉觀察曲葉矛櫚時，發現這種植物跟非常多物種的生態有關。亞馬遜地區許多鳥類、哺乳動物、昆蟲都賴以維生。鳥類、猴子喜歡吃曲葉矛櫚的果實，而巨大的葉片和樹幹，更為許多昆蟲提供庇護。只要有曲葉矛櫚便充

7 拉丁文：Linnaeus filius。

8 荷蘭文：Johan Maurits van Nassau-Siegen。

米薩瓦利港市集販售的棕櫚象鼻蟲幼蟲。

棕櫚象鼻蟲串燒與芭蕉葉包雞是當地特色小吃。

用阿瓜耶來吸引白額捲尾猴。

亞馬遜雨林市集可見到特殊的水果阿瓜耶。

滿生機，於是洪堡德稱它為生命之樹。這段二百多年前洪堡德對生命之樹的描述，正是一九六九年美國生態學家所提出基石物種[9]的概念。

除了生態上的重要意義，曲葉矛櫚也是亞馬遜雨林居民重要的果樹與多用途植物。果實能夠鮮食、做果汁、果醬、釀酒、榨油；花序跟嫩芽可以做菜，幼嫩花序中的新鮮汁液可以釀酒。巨大的葉片可以做屋頂，或是取其纖維做各式各樣的編織。樹幹據說含有澱粉，能夠食用；木材可製作柱子或浮橋。我們在當地拜訪的第一個原住民小村苦丁茶村，做為房屋柱子的植物很可能就是它。

洪堡德是博物學家、探險家、植物地理學開創者，也是研究美洲植物必定會認識的科學家。他花光了所有積蓄，帶了數十件科學儀器到拉丁美洲，深入雨林，也探索高山。在美洲五年的時光一共蒐集了約六萬件植物標本，其中新發現的物種高達兩千種。他的著作啟發了達爾文等無數的科學家；他的洞見影響今日的生態學與環保概念。我由衷敬佩他的研究精神，著迷於他所發現的拉丁美洲植物，也嚮往他的旅程。更巧的是，我的生日跟他同一天。

當發現這趟亞馬遜之旅竟然跟洪堡德有如此關聯，除了驚訝，更不禁想起這位博物學家說過的話：「在這條偉大的因果之鏈上，沒有任何事實能被單獨考量。」就像是日籍植物學者早田文藏所稱的「因陀羅網」。每一次學習，每一次接觸，都彷彿整張知識巨網中的一個點或區塊，在漫長的學習過程中，終究可以找到這些知識彼此相通的路徑。而旅行彷彿催化劑一般，加速了我們發現這些連結。

---

9 英文：keystone species。

曲葉矛櫚在亞馬遜雨林十分常見。

曲葉矛櫚的果序高掛樹上。

曲葉矛櫚

別　名｜**莫里奇棕櫚、阿瓜椰、阿瓜耶**
學　名｜*Mauritia flexuosa* L. f.
科　名｜**棕櫚科（Palmae）**
原產地｜**哥倫比亞、委內瑞拉、蓋亞那、蘇利南、法屬圭亞那、巴西、厄瓜多、祕魯、玻利維亞、千里達**
生育地｜**沼澤林、河岸林或季節氾濫森林**
海拔高｜0-900m

曲葉矛櫚的植株十分巨大，人在樹下顯得十分渺小。

曲葉矛櫚的果實表皮如蛇皮。

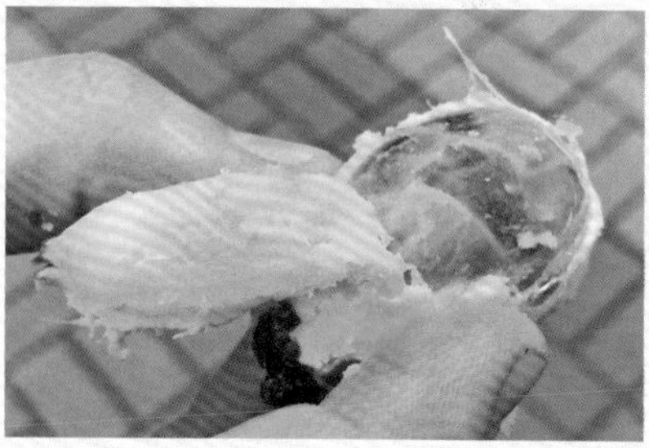

曲葉矛櫚的果肉很薄，有烏梅的滋味。

大喬木，單幹，高可達 35 公尺。掌狀葉，叢生於莖頂。單性花、雌雄異株，花序腋生。果實為核果，橢圓球形，成熟時紅褐色，外皮鱗片狀，有點類似蛇皮，種子可以漂浮於水面。

chapter 8

台灣夜市構築的亞馬遜夢

厄瓜多植物朝聖之旅

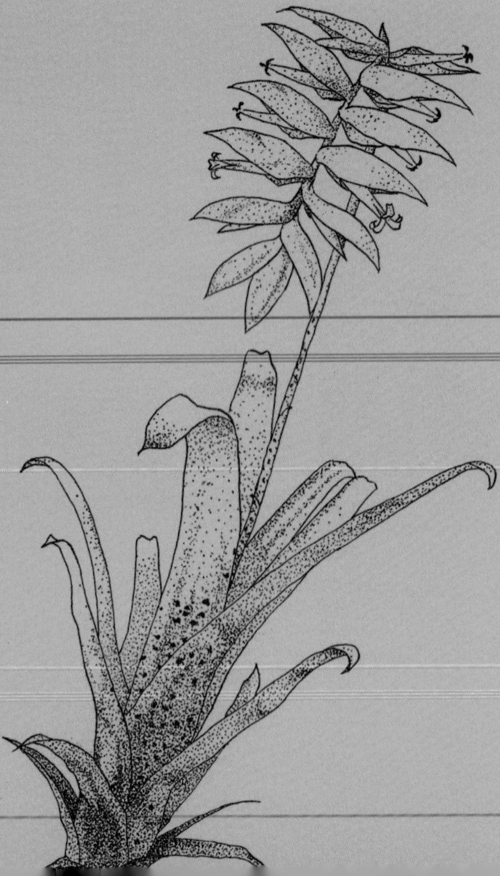

◆夜市構築的亞馬遜夢

出發前一週，我整理了一份想看、可能看到的植物名錄。到了當地，果然如我想像，植物的多樣性遠超過我所知所學。亞馬遜的壯闊，也不是照片或影片就能呈現。

遙遠的拉丁美洲，承載太多太多的歷史、文化與生態。如果真的要在我心裡面找一個此生必去、必看的地方，那就是亞馬遜吧！

沒有網路購物之前，什麼都有、什麼都賣的場所叫做夜市。從台味小吃到各國料理，從古早味到最新、最潮的美食，都可以在夜市找到。甚至留在我記憶中第一張亞馬遜雨林內部的真實照片，也是在充滿濃濃台灣味的夜市中購得。

大型固定地點的夜市，匯聚了南北二路的口味，可以嚐到各地特色小吃，是離鄉背井的遊子找尋家鄉味的地方。在農村時代，流動的夜市提供鄉下孩子接觸最新、最流行商品的機會。

這兩種夜市原本在台語裡是有所區別的。固定位置，天天都有的才叫夜市，就像早市、黃昏市場一樣，以時間來定義；而一週只出現幾次，甚至更久才舉辦一次的流動攤販叫做商展[1]。久而久之，兩種形式通通都被稱為夜市，不再特別區分，只剩下少數人還記得商展這個詞。

小時候沒有智慧型手機，也沒有電腦跟網路，我總是期盼著商展。除了有吃、有玩，還有書攤。我在攤位上，第一次看到來自亞馬遜的真實影像。

那本書是我剛上小學，一九八九年出版。那年，國內外都發生很多大事；那年，誠品書店剛成立；那年，圖鑑還非常稀少。當時我在北港牛墟的商展上如獲至寶。照片正中央是一株長在水邊的號角樹，相較於《小牛頓》雜誌或《漢聲小百科》裡精美的手繪圖，這張書中全頁彩色照片帶給我的衝擊，至今我仍然記得。

從那之後，我不斷蒐集魚類與植物圖鑑，還有跟熱帶雨林相關的所有資料。對亞馬遜的了解，隨著一本又一本的著作不斷堆疊加高；對亞馬遜的嚮往，也在一張又一張彩色照片中日益加深。

可是，首次接到溫佑君老師邀請同遊亞馬遜時，我卻感到不安，好幾次想要婉拒。彷彿是近鄉情怯，在心中找了各式各樣的理由——沒有人幫我照顧植物、身體不舒服不能走長路、外語能力不好、流年不適合出遠門……諸如此類的鬼話。反而是我的家人與摯友不斷鼓勵我前往，而且大家都主動提出要幫我澆花。

整個過程彷彿老天爺刻意安排，一切準備就緒。所有工作都自動錯開，原本一度復發的椎間盤突出也突然好轉了。

暌違多年，終於背上行囊，一個人靜靜的出發，飛抵基多。

出發前一週，我整理了一份想看、可能看到的植物名錄。到了當地，果然如我想像，植物的多樣性遠超過我所知所學。亞馬遜的壯闊，也不是照片或影片就能呈現。

當時台灣植物圈的盛大展覽正如火如荼展開。我錯過了盛會，可是老天爺卻賜予我一個更加綺麗、壯觀的雨林展。

從基多蘇克雷元帥國際機場出來，我開啟搜索雷達，注意沿途所見的一切。剛到飯店，我迫不及待開始觀察、拍攝種種美洲原生植物。從這裡，開始了我的植物朝聖之旅。

1 最初商展是指流動市集，不分日夜。

亞馬遜雨林的植物種類豐富，連黃昏都捨不得離去。

尋寶手冊第一項——空氣鳳梨與積水鳳梨

厄瓜多首都基多市位於安地斯山區，海拔兩千八百多公尺，接近赤道，四季氣溫變化小，年降雨一千毫米，雨季為六至九月。

就如我預期，基多零星可以見到一些空氣鳳梨。雖然種類不多，但樹上與電線上隨處可見俗稱球青苔[2]的種類。我在心裡竊喜，彷彿翻開尋寶手冊打了一個勾：「野生的鳳梨科植物，找到！」

從安地斯山脈進入亞馬遜雨林區當天，我總是一隻眼睛盯著窗外，一隻眼睛隨時注意海拔高度的變化。景色轉換間，樹上的鳳梨科植物，也從銀葉系的空氣鳳梨，慢慢被積水鳳梨與綠葉系空氣鳳梨所取代。

往後幾天，鳳梨科植物排山倒海而來，或大或小，種類多到不知誰是誰，甚至連屬別都不容易判斷。有的非常巨大，葉片下垂超過一公尺；有的非常迷你，大概只有銅板大小。

印象比較深的，有厄瓜多阿奇多納次生林裡，著生在棕櫚葉上的植株，可能是蜻蜓鳳梨屬[3]吧！還有法國太太飯店裡的鳳梨，竟然著生在光滑的竹子上。

奧塔瓦洛市集的電線上，長有成排的空鳳，襯著蔚藍的天空、街景，就像明信片一般。百年莊園的大樹上，積水鳳梨與空氣鳳梨同時出現，彷彿替大樹裝扮。還有庫科查[4]火山口湖畔生態步道兩側石礫地上的皇后鳳梨[5]、巨大地生型的拉傑斯空氣鳳梨[6]，也令人驚豔。而溫泉飯店附近，到處都是花序下垂的仙女散花空氣鳳梨[7]，台灣也曾引進過。

首都隨處可見的球青苔空氣鳳梨。

厄瓜多安地斯山脈雲霧林的鳳梨樹。不是鳳梨長成樹，是樹上長滿鳳梨啦！

2 學名：*Tillandsia recurvata*。

3 學名：*Aechmea*。

4 西班牙文：Cuicocha。

5 學名：*Puya sp.*。

6 學名：*Tillandsia lajensis*。

7 學名：*Tillandsia complanata*。

▲

長在棕櫚葉上的積水鳳梨。

長在竹子上的積水鳳梨。

奧塔瓦洛連電線上也長了許多鳳梨，推測種類應該是球青苔空氣鳳梨。

庫科查火山口湖。

巨大地生型的拉傑斯空氣鳳梨與皇后鳳梨。

花序下垂的仙女散花空氣鳳梨。

還記得我是因為箭毒蛙而認識了積水鳳梨。章錦瑜一九九〇年出版的著作《室內觀賞植物》是我第一本記載較多鳳梨科植物的圖鑑。那時候市面上的觀賞鳳梨種類不多，玩家也少。二〇〇〇年代到台北念書，從網路論壇塔內植物園與日文圖鑑《空氣鳳梨手冊》[8]見到了大量鳳梨的原生地照片，對於這些奇特的植物有了更多的認識[9]。

一眨眼二十多年過去了，厄瓜多的鳳梨科植物原鄉，將這一切又拉回了眼前。一幕幕新的經歷融入了回憶，在我的雨林遊歷護照中，又增添新的一頁。

安地斯山的大雨傘——蟻塔

進入安地斯山的雲霧林，植被景觀開始改變，積水鳳梨、火鶴、樹蕨類相繼出現。此時我開始坐立難安，恨不得能下車觀察。但是因為相信後面還會碰到，所以一直忍耐，一直忍耐。

沒多久，在蜿蜒的山路中我一眼就注意到兩種葉片巨大的植物，終於按捺不住，興奮地大叫停車，直接衝到植物旁。這是我心裡早有預期的邂逅，沒想到來得那麼快、那麼突然。就在一個轉彎，兩種蟻塔屬[10]植物映入眼簾。

蟻塔又稱大葉草，是非常特殊的分類群。新的分類屬於大葉草目、大葉草科、大葉草屬，有六十多種，分布在拉丁美洲、東非、馬來群島及大洋洲，喜歡溫暖潮溼的環境。由於葉片巨大，頗具觀賞價值，國外許多植物園都有栽培。除了路旁野生的植株，後來下榻的飯店也栽培不少，既幸運又開心。

進入雲霧林，積水鳳梨、火鶴、樹蕨類相繼出現。

8 英文：*New Tillandsia Handbook*。

9 更多觀賞鳳梨的引進與栽培史，請參考《看不見的雨林——福爾摩沙雨林植物誌》。

10 學名：*Gunnera*。

吸引我下車拍照的蟻塔。

飯店栽培的另一種蟻塔。

快俠樹懶的最愛——號角樹

海拔繼續降低，到了一千公尺左右，我特別喜歡的大葉植物號角樹開始出現。我已經從座位上跳起，急著跟團員們呼喊：「快看快看，那個那個就是號角樹。」事後想想，大家應該不知道我為什麼如此興奮吧！

繼續前進，在阿奇多納的主要公路，路旁開始出現一棵一棵橫倒的大樹。司機停在半路，導遊不斷透過電話企圖了解前方路況。我趁機溜下車察看。此時海拔已剩下七百多公尺。號角樹、冰淇淋豆、巴拿馬草、芒萁、米氏野牡丹、樹胡椒、含羞草、蔓綠絨、竹芋相繼出現。

我終於可以一親原生地的號角樹芳澤，也終於能夠近距離觀察其螞蟻共生的現象。只是很遺憾，因為抗爭事件，它們一一倒臥在路旁。

在導遊跟當地連繫後，確定沒有辦法到達特納，只能臨時在阿奇多納找飯店落腳。事後回想，這個突如其來的決定，反倒像是包裝成意外的禮物，豐富了觀察植物的地點與機會。

司機避開大路，轉進石子路。此時此刻，我與亞馬遜的距離，只隔著一片玻璃車窗。再前進沒多久，我們被迫下車步行。可是我的心卻無比雀躍。

號角樹、棕櫚、樹蕨與各種爬藤交錯，叢林感十足。下一步，巨大的二叉巴拿馬草兀立面前。這才知道我在家栽培多年的草，竟然有機會長得比我還高。

往後每一天，仔細觀察當地的號角樹，發現長成這樣的植物一共有三種，兩種是號角樹，一種是亞馬遜樹葡萄[11]。兩種號角樹都跟我栽培的有所差異，是完全不同的物種。

---

11 學名：*Pourouma cecropiifolia*。

初入亞馬遜叢林便遇到高大的二叉巴拿馬草。

號角樹、巴拿馬草、米氏野牡丹等植物相繼出現。

號角樹上的白腹蜘蛛猴。

因為抗爭事件被伐倒的號角樹。

背著大相機走在叢林裡，三不五時抬頭仰望，想看看是否可以找到樹懶。因為拍一張樹懶抱著號角樹的相片，一直在我的夢想清單名列前茅。儘管此行在號角樹上見到的不是樹懶，而是尾巴可以捲在樹上的白腹蜘蛛猴[12]，還有活化石麝雉[13]，依舊無比開心[14]。

走進雨林裡，除了看植物，也會留意各種動物的蹤影。畢竟我從小就跟所有小朋友一樣，喜歡各式各樣的動物。只是當認識的動物多了，發現許多種類都以雨林為家，才刺激我深入去認識雨林。

多年來，我在自己的小雨林裡栽培號角樹、巴拿馬草、二叉巴拿馬草等許多植物，企圖模擬亞馬遜的風光。只是過去，我都是從照片或影片中窺見亞馬遜，而這一刻卻身在其中。原來，我的想像是對的；原來，不能出國的時候，也可以在自己營造的小雨林裡懷念亞馬遜的美好。

---

12 學名：*Ateles belzebuth*。

13 學名：*Opisthocomus hoazin*。

14 更多關於號角樹的生態與文化，請參考《看不見的雨林——福爾摩沙雨林植物誌》。

▲仰望樹冠層有許多號角樹與亞馬遜樹葡萄。

遠離洪水——著生植物

拉車抵達阿奇多納的鄉間飯店，我已經要瘋了。飯店的樹上長滿各式各樣的著生植物，鳳梨科、蘭科、天南星科、巴拿馬草科、苦苣苔科、桑科、胡椒科、蕁麻科、水龍骨科……熱鬧非凡。

其中甚至有十分罕見的蘭科植物，連網路發達的今日，照片依舊少見。我拍照跟植物圈朋友炫耀，惹得大家既羨慕又嫉妒。

這些會長在樹上的植物，是潮溼森林裡特殊的風景。或許本身體型嬌小，卻因為發芽的位置，而有了比陰暗林地更多接觸陽光的機會。

不過，在樹上生活也不是那麼簡單。畢竟樹幹表面相較於地表，養分、水分都不易保存，如果不是在像雨林或雲霧林這樣高溼度的環境，還真的不容易在樹上生存。

此外，亞馬遜雨林跟其他生態環境十分不同。除了內部十分陰暗，林地裡枯枝落葉多，太過矮小的植物很容易就被掩沒了。再加上雨季時下不停的滂沱大雨，可是足以讓乾溼季河水高低落差輕易超過一、兩層樓。連人都要住高腳屋躲大水了，更何況是植物。於是這些矮小的植物慢慢朝兩個方向演化，一是讓自己變成水陸兩棲的水草，一是往樹上爬。這才讓亞馬遜雨林擁有種類豐富的水草和著生植物。

巴拿馬草科的著生植物。

下垂型腋唇蘭（*Maxillaria witsenioides*），十分罕見。

亞馬遜當地有許多高腳屋，可以躲避洪水跟猛獸。

字都不識幾個就開始栽培的當紅炸子雞——天南星

從樹上到地上，從陸地到溼地，還有一個火紅的大家族，適應了雨林裡各種環境，是此行的觀察重點——天南星科。

無論是次生林也好，原始林也罷，隨處可見到天南星科植物。有大家熟悉的火鶴屬、彩葉芋屬、蔓綠絨屬、黛粉葉屬、千年芋屬、白鶴芋屬，一應俱全，而且都是野生植株，令人目不暇給。

到了亞馬遜，才知道自己對美洲的天南星科認識太少，幾乎都只能辨識到屬。甚至還有一些台灣沒有引進，以前沒聽過的屬，都在此行中遇見。

童稚時，字沒認識幾個，沒有看過植物圖鑑，尚不知身旁的植物名稱，但是對於土半夏、彩葉芋這類長得一臉芋頭樣的植物便特別感興趣。後來有了圖鑑，漸漸知道個大概，才認識阿公家門口種的植物叫做黛粉葉、彩葉芋，而二伯插在水族箱過濾器裡的植物叫做合果芋，還有大姑姑家陽台種的是蔓綠絨、白鶴芋……。

這些來自拉丁美洲的老派天南星科觀賞植物，從三十多年前我有記憶開始就存在生活之中，它們的長相也在我腦海裡產生了刻板印象。

直到跟著薩滿的兒子克勞迪奧進入次生林，這才發現，我的媽呀！原來黛粉葉屬植物在亞馬遜雨林的樣貌竟然如此豐富，具有各種台灣市面上沒有見過的花紋，甚至有的葉片全綠，超過我對黛粉葉的認知太多、太多。

飯店裡的彩葉芋，就像台灣的土半夏一樣葉片較狹長，在各角落隨地自生。原本以為是飯店栽培溢出到其他地方，後來才知道它竟然是彩葉芋的原生種。

不知名的野生合果芋，葉片略帶金屬光澤。

樹上長滿花葉龜背芋。

葉片狹長的原生種彩葉芋。

台灣俗稱義大利麵的帕斯塔薩蔓綠絨，葉片巨大油亮，是這幾年身價暴漲的高價位觀葉植物，而在亞馬遜雨林就跟台灣常見的姑婆芋一樣滿坑滿谷。另一種流行的花葉龜背芋，在納波河畔的樹幹上爬得到處都是，印證了植物圈裡常說的話：「在原生地是草，過鹹水就變成了寶！」

我也在原始林裡看到了漂亮的原生種白鶴芋、千年芋、合果芋、南美春雪芋，長相都跟我既定的印象不同。還有鞭炮花燭、雪花花燭、大麻葉花燭……很開心可以在亞馬遜雨林裡遇到它們，而且我還叫得出名字。

光是這些台灣常見的屬，就已令人眼花撩亂。還有我過去不熟習的紅苞芋屬[15]、尾苞芋屬[16]，也都在此行中相繼出現[17]。

---

15 學名：*Rhodospatha*。
16 學名：*Urospatha*。
17 更多關於天南星科植物的文化、栽培史，以及生態，請參考《看不見的雨林——福爾摩沙雨林植物誌》。

原始林裡的雪花花燭。

亞馬遜的蔓綠絨多樣性相當高，很多無法辨識的種類。

葉片具有迷彩斑紋的黛粉葉，十分漂亮。

亞馬遜叢林裡到處都是帕斯塔薩蔓綠絨。

台灣也十分常見栽培的鵝掌花燭，在原生地的模樣。

十分特殊的小型種千年芋，學名是 *Xanthosoma viviparum*。

花藝與宮廟的拉美——赫蕉、竹芋與閉鞘薑

花藝界常用來插花的材料，諸如赫蕉豔麗的花序，或是竹芋五彩繽紛的葉片，幾乎都是來自拉丁美洲。而我也總是開玩笑說，常跑宮廟拜拜的人，一定也常遇到。

一進亞馬遜雨林，我就開始搜索它們的身影。果不其然，巴拿馬草現身後，相對開闊的環境，我從很遠很遠就看見了它——金鳥赫蕉。讓我心情激動萬分。

猶記得初次在圖鑑上看到金鳥赫蕉，真的是「驚為天人」！心裡吶喊著這世界上怎麼會有如此奇特的花？那時候書上的紀錄，它跟天堂鳥蕉還同屬於旅人蕉科，卻比天堂鳥蕉給我的震撼還大。

不過，小時候這種植物栽培似乎還不普遍，緣慳一面。直到大學在台北念書才終於見到實體。這種全世界栽培最普遍的赫蕉科植物，最早是一九七〇年代由謝立吾自馬來西亞引進，

金鳥赫蕉是亞馬遜雨林原生植物，當地也常使用它的花做各種裝飾。

栽培於溫州街。半個世紀過去，它已成為插花常見的花材。

赫蕉類花序巨大，在亞馬遜雨林幾乎終年開花，十分吸睛。金鳥赫蕉之外，在亞馬遜叢林與飯店裡，一共見到了十種赫蕉。讓我印象深刻的還有植株最巨大的毛苞赫蕉，這是學生時期最後階段，參加植物論壇塔內植物園才認識的植物。當時孤陋寡聞，從前輩們分享的照片才知道，原來中南美洲還有如此巨大的赫蕉。

亞馬遜雨林的竹芋與閉鞘薑，跟赫蕉一樣，都是具有地下塊莖的薑目草本植物，動不動就是一層樓高。

竹芋在亞馬遜雨林裡，葉片花紋沒有像巴西東南沿海的種類那麼豐富，卻也有看到響尾蛇竹芋、彩葉肖竹芋等國內有引進栽培的種類。

閉鞘薑在這裡被稱為酸甘蔗。它不是市場會賣的水果，而是叢林路邊的野味——生津止渴。它不只口感像甘蔗，連外型也有幾分神似。不過味道只有微微的酸，帶一點點鹹。

亞馬遜雨林高大的毛苞赫蕉，學名是 *Heliconia vellerigera*。

嚮導起初只採了一枝，削皮後砍成很多小段，分給大家嚐嚐看。我個人滿喜歡這個味道，所以後來又請嚮導替我砍一整枝，像小時候啃甘蔗一樣直接拿起來吃。我看到嚮導太太在偷笑，或許是覺得很有趣吧！難得有一個外國人對他們的野味這麼感興趣。

不過閉鞘薑跟甘蔗可是完全不同科屬，一點血緣關係也沒有。它跟我們中南部野外可以看到，俗稱土地公枴仔的絹毛鳶尾近似，就長在叢林邊一大叢，只是它比較粗，比較高大。

酸甘蔗上手那瞬間，我的幼稚魂立刻上身，以為自己拿了一把劍，只可惜現場沒有人可以跟我對打。但是在一邊咬一邊亂吐渣的過程中，我的童年記憶也跟著一塊一塊又多拼回了一點。

導遊分給大家的酸甘蔗，邊吃邊吐渣，就像我們常食用的甘蔗。

亞馬遜叢林邊緣是赫蕉跟竹芋的天下。

性感紅脣、亞馬遜肌樂與殺手——嘴唇花、大葉寶冠木、亞馬遜咬人貓、綺麗蔓澤蘭

見樹也見林。有時在森林裡抬頭仰望，有時在制高點俯視，又或者從河的對岸遠眺，無論從什麼角度看亞馬遜雨林都看不膩。而且每一天我都捨不得睡太久，不論白天、黑夜都在觀察植物。這才發現，從清晨到黃昏，甚至是夜晚，亞馬遜雨林都是那麼美。

所以能坐車後斗，我一定不坐車內；能不坐車，我就走路。每到新的定點，一定飛奔下車，總有驚豔的發現。

就在法國太太的飯店入口，我見到夢寐以求的奇特嘴唇花，還有繡球一般的大葉寶冠木。

我一直知道美洲雨林裡有性感的嘴唇花，卻未曾親眼目睹，終於在這趟厄瓜多之旅看到了它奇特的模樣。紅色苞片像極了嘴唇，而中間黃色的部分才是它的小花。嘴唇花主要分布在中美洲到南美洲的熱帶雨林。

大葉寶冠木是熱帶地區常栽培的幹生花植物，原產於中南美洲，台灣還十分罕見。

性感的嘴唇花，學名是 *Palicourea tomentosa*。

開花中的大葉寶冠木，花開在樹幹上是雨林植物的特色。

我在原住民部落碰到一種類似咬人貓的蕁麻科植物，學名是*Urera laciniata*，姑且就稱它為亞馬遜咬人貓吧！它廣泛分布在南美洲，喜歡生長在海拔八百公尺以下的潮溼森林邊緣或溪畔潮溼處，葉子上的針刺是它自我保護的構造，被咬到會很痛，不是開玩笑的。不過據說當地會把它的針刺直接抹在肌肉上消除痠痛，這聽起來像是一種天然的肌樂？還是以痛止痛？我被咬人貓咬怕了，實在沒有勇氣讓它咬看看。

還有一種藤蔓植物，在飯店、雨林或原住民部落都常看到。葉子花紋十分美麗，不過隨著慢慢長大，顏色就會漸漸變淡，也是屬於「小時了了」一類。後來仔細觀察更加驚訝，沒想到它跟台灣的生態殺手小花蔓澤蘭是同屬植物。

亞馬遜咬人貓是天然的肌肉痠痛藥。

葉片十分美麗的蔓澤蘭在亞馬遜隨處可見。

值得滑一跤——網紋草與梅恩秋海棠

出乎我意料的是，亞馬遜的秋海棠屬植物不多，觀察到的種類還不到十種，多數都是綠色葉片，沒有東南亞的種類那麼華麗。印象比較深刻的應該是梅恩秋海棠吧！它的葉片相當醒目，除了白色斑塊，還有紅色的新葉、葉脈和葉柄。花雖然小，卻下垂於葉片之下。我幾乎是趴在地上才能拍到，雨林底層相當陰暗，拍了好多張，才有幾張稍微清楚一點。

在梅恩秋海棠附近，我失足滑了一跤，四腳朝天躺在林地上。但是這一跤滑得相當值得，我幾乎大笑了出來。同行團員以為我是因摔跤而笑，其實我是因為看到植物開心得不得了。就在我跌坐的地上，有一小片生長於枯葉和其他地被植物下方，矮小的白網紋草。

白網紋草是市面上十分常見的觀葉植物，但是我從來不曾見過它的生態照，以至於我甚至曾懷疑它是不是人為培育出來的種類。還有幾株更加矮小的佛肚岩桐，也藏在這片枯葉之中。不仔細看還真難發現這些可愛小草的存在。

除了這幾種迷你的小草，還有過去就認識的沙盒樹、風鈴木、雙色可可、猴子可可、樹胡椒、黃花藺、亞馬遜百合、鳩尾花等，都在此見到了野生的植株。我還碰到了神仙花[18]、海膽果[19]等奇特物種。一方面讓我知道它們生長的環境，了解它們的生態棲位；一方面印證了胖胖樹的熱帶雨林裡——亞馬遜區的每一種植物都是真真實實存在於自然環境中。真是一趟令人心滿意足的朝聖之旅。

葉片美麗的梅恩秋海棠。

藏在落葉堆裡的白網紋草。

藏在竹芋下的佛肚岩桐。

18 學名：*Grias neuberthii*，新加坡和中國稱為黃玉杧果。
19 學名：*Apeiba membranacea*。

奇特的海膽果，是當地原住民天然的梳子。

花開滿樹的神仙花是玉蕊科植物，當地薩滿相信它可以與大地之母產生能量聯結。

讀萬卷書，行萬里路。能在雨林探險的途中，印證我過去學習植物地理學的知識，是一種感動。而在過程中見到的諸多陌生植物，拜現在科技之賜，我可以快速記錄它的影像與位置，回家後查詢它的分類。

只是，安地斯山麓的亞馬遜雨林有太多瑰麗的植物。從地被層、灌木層一直到樹冠層，還有各種著生植物、棕櫚科植物，令人眼花撩亂。整理了一年多，很多都只能辨識到科、屬，仍舊有上百種植物查不到學名。

我無法用任何語言來完整陳述，這個生物多樣性豐富的國度帶給我的觸動。只能挑出一些特殊的照片跟特別有共鳴的種類跟大家分享。

疫情期間，每次看到厄瓜多的新聞總是十分痛心。希望當初在厄瓜多偶然相逢的一切都能平安，也希望有機會再次踏上這塊生物天堂。

▲

亞馬遜原始林裡的沙盒樹，樹幹上滿滿的刺。

亞馬遜叢林邊緣溼地的黃花藺。

野地裡的鳩尾花。

亞馬遜雨林深處全株黑色的奇特植物。

亞馬遜隨處可見雙色可可樹。

亞馬遜地被奇特的蕁麻科植物。

◆輕輕地落在水面，卻讓心中起了大大漣漪——輕木

原本以為它只是歷史文獻的一筆紀錄，沒有機會見到廬山真面目，不料卻在它的故鄉不期而遇。

遊覽瀉湖那天，輕木的種子伴隨棉花正巧落在水面，我伸手可及處。好奇心驅使我將它撈起，放在手上觀察。抬頭，數棵輕木矗立在我面前。

我壓抑心中的吶喊，跟嚮導證實了自己的判斷，是輕木沒有錯。從書本上認識它近二十年，透過網路搜尋不知多少次的植物，此刻竟如此接近。

輕木英文稱為 balsa tree，早期台灣翻譯做白塞木，後來則翻譯為巴爾沙木。它是速生樹種，壽命也較短。因為木材密度非常低，所以用來製造模型飛機、浮標等，也是二戰時期飛機中的部分材料。廣泛分布於中南美洲雨林，但目前百分之九十商業栽培的輕木來自厄瓜多。

根據早期的文獻記載，台灣最早於一九〇一至一九一〇年間引進瓜比萊斯輕木[20]；而後佐佐木舜一建立美濃雙溪熱帶樹木園期間，又分別於一九三五年四月自中美洲

引進西印度白塞木[21]，一九三六年六月自哥斯大黎加與巴拿馬引進林蒙白塞木[22]，一九三七年五月自熱帶美洲再次引進瓜比萊斯輕木。後來植物學家重新整理分類，確定輕木屬為單種屬，而這三種白塞木的學名皆為輕木的同種異名。

栽種於美濃雙溪熱帶樹木園的輕木植株已死亡多時，剩下的只是歷史文獻中不太引人注意的一筆資料。料想當時，日本多次引進，應該是想掌握這項軍事材料吧！我將相關紀錄整理到個人的資料庫中，也放進了心裡。

原本以為它只是歷史文獻的一筆紀錄，沒有機會見到廬山真面目，不料卻在它的故鄉不期而遇。微風中輕輕飄下，落在水面，沒有激起水花，卻在我心中起了大大漣漪。

20 學名：*Ochroma bicolor*。
21 學名：*Ochroma lagopus*。
22 學名：*Ochroma limonensis*。

輕木

別　名｜白塞木、巴爾沙木

學　名｜*Ochroma pyramidale* (Cav. ex Lam.) Urb.、*Ochroma lagopus* Sw.、*Ochroma bicolor* Rowlee、*Ochroma limonensis* Rowlee

科　名｜錦葵科／木棉亞科（Malvaceae/Bombacoideae）

原產地｜墨西哥、貝里斯、瓜地馬拉、宏都拉斯、薩爾瓦多、尼加拉瓜、哥斯大黎加、巴拿馬、西印度群島、哥倫比亞、委內瑞拉、法屬圭亞那、巴西、厄瓜多、祕魯、玻利維亞

生育地｜低地潮溼至乾燥原始林林緣、次生林、河岸林

海拔高｜0-1000m

輕木的棉花。

喜歡生長在叢林邊緣的輕木。

筆直高大的輕木。

▲

大喬木，樹勢高大，高可達 50 公尺，一般也多在 30 公尺左右，胸徑可逾 150 公分，基部具板根。單葉，互生，全緣，葉片十分巨大，心形或三裂、五裂，葉柄細長。嫩芽有星狀毛。花白色，單生於葉腋，花萼鐘形，五裂。果實為蒴果，細長，開裂成五瓣，內密生絨毛。

◆以台灣為名——台灣胡椒

在大樹下，我與台灣胡椒不期而遇。我呼喚同行的台灣夥伴一起來看這株以台灣為名的植物，平靜地向大家解說，可是內心卻無比澎湃。

在遙遠的亞馬遜雨林，竟然有一種以台灣為名的植物——台灣胡椒！

在台灣我只見過它的栽培植株，不曾在野外見過其蹤影，也沒有想過會在地球彼端的亞馬遜雨林與之相遇。

台灣胡椒依形態又被稱為大圓葉胡椒，是台灣原生胡椒科植物中唯一的灌木。在第二版《台灣植物誌》[23]裡，它就稱為台灣胡椒。不過，非常奇特的是，它並非台灣特有植物，也不是因為台灣全島可見而得名。相反，台灣胡椒廣泛分布於全球熱帶地區，在台灣野外卻相當罕見。

或許是因為喜歡看地球儀，從小我就對植物圖鑑上「原產地」這個欄位特別感興趣。總是想像著每一種外來植物在它的故鄉究竟是何模樣？是誰帶它們來到台灣？台灣的原生植物，真的也會出現在海洋遙遠彼端的其他國家嗎？

即便所有可以查到資料的圖鑑、植物誌及文獻都言之鑿鑿，大學時也修過生態學、植物地理學，知道植物能夠依靠風力、海水與動物，跨海傳播到遙遠的地方。可是在離開台灣前，我對於這些知識仍舊半信半疑。植物真的可以飄洋過海？在全世界熱帶廣泛分布嗎？

後來，我在亞洲其他國家陸續見到生長於台灣野外的植物，我從小熟悉的黃槿、茄冬、榕樹、棋盤腳、腎蕨……總算可以釋懷，知道書上描述都是真的，終於不再懷疑自己查到的植物分布資料。然而，對於那些在野外自然狀態下，可以橫跨亞、非、美洲的植物，我仍舊充滿了好奇。

就在我們去看巨大的吉貝木棉當天，在大樹下，我與台灣胡椒不期而遇。我呼喚同行的台灣夥伴一起來看這株以台灣為名的植物，平靜地向大家解說，可是內心卻無比澎湃。植物地理學再一次在我心裡激盪，植物再一次讓我感覺到自己無比的渺小。

這一天，沒有預期地，人生的夢想清單又完成了好多項。我終於一親吉貝巨木芳澤，我終於見到舉世聞名的輕木，我終於在號角樹上看到野生的蜘蛛猴，看到了翅膀上仍殘留有爪子的活化石麝雉，看到了很多認識與不認識的動、植物。也是在這一天，第二次蛋診儀式結束後，薩滿說我是亞馬遜之子，歡迎我回家。

一株以台灣為名的胡椒，提醒我此地離家數萬里。在巨大的吉貝板根下，亞馬遜的生命力，令我讚嘆不已！

---

23 英文：*Flora of Taiwan, 2nd Edition*。

亞馬遜雨林裡跟大圓葉胡椒混生的盾狀葉胡椒（*Piper peltatum*），形態十分類似。

大圓葉胡椒

別　名｜台灣胡椒

學　名｜*Piper umbellatum* L.

科　名｜胡椒科（Piperaceae）

原產地｜墨西哥、貝里斯、薩爾瓦多、瓜地馬拉、宏都拉斯、尼加拉瓜、哥斯大黎加、巴拿馬、哥倫比亞、委內瑞拉、巴西東南、厄瓜多、祕魯、玻利維亞、西印度、中西非、馬達加斯加、印度、斯里蘭卡、泰國、柬埔寨、 越南、馬來西亞、印尼、新幾內亞、澳洲東北、台灣

生育地｜潮溼森林、次生林、河岸林

海拔高｜0-2000m

大圓葉胡椒葉片心形，葉脈十分明顯。

亞馬遜雨林裡遇見台灣胡椒。

▲ 灌木或小喬木，高可達 5 公尺。單葉，心形，互生，全緣，葉兩面有毛。肉穗狀花序，腋生。

◆你在找我嗎？——塔木

叢林裡舉目望去，幾乎都是不認識的植物。但是我仍舊不停尋覓熟悉的身影。

還記得小時候常逛中興大學，那時中興森林系館前方有一株巨大的塔木。當時我並不認識這株植物，只是覺得它好高大，跟鳳凰木不同，而且從來都不開花。但我還是喜歡它挺拔的樹勢、光滑的樹皮，還有說不上來哪裡不一樣的二回羽狀複葉。

一直到了二〇〇一年的暑假，胡維新與洪夙慶的著作《台灣低海拔植物新視界》出版之後，我才知道原來它叫做塔木，又名桫欏豆。除了中興大學跟科博館大溫室裡有栽培，也曾在台中國光花市外一家園藝店見到。不知從哪一年起，中興大學的桫欏豆掛起了牌子，讓更多人有機會認識它。只是說也奇怪，這麼大的樹，卻一直查不到引進紀錄，網路上的資料也很少。

就這樣，我四處尋尋覓覓塔木的蹤影，一眨眼又過了十年。那時候我在台北上班，幾乎每週四放假都會來一趟各大花市巡禮：文林路花市、承德路台北聯合花市、社子島台北花卉村、內湖花市。記得是二〇一一年五月十八日，我在台北聯合花市看到了一整盤的豆科植物盆栽。我沒有見過，很好奇問老闆那是什麼，老闆說：「就捕蟲樹啊！」我好開心，因為捕蟲樹就是我尋尋覓覓的塔木啊！我毫不猶豫買了三棵。同年七月十七日，在建國花市天下園藝攤位上又遇到了塔木小盆栽，我再加買了一株。

二〇一三年，回到台中後，我常利用休假期間到附近縣市鄉鎮觀察植物。同年八月十六日，我在八卦山大佛前的公園，再度遇見了塔木。可惜，中興大學的塔木卻不知何故被砍掉了。我在被伐除的樹頭前佇立良久，沒想到竟連道別的機會都沒有，它就消失了。

二〇一九年我到了塔木的故鄉——亞馬遜。叢林裡舉目望去，幾乎都是不認識的植物。但是我仍舊不停尋覓熟悉的身影，找啊！找啊！每一次有機會進到叢林裡，或抬頭仰望，或低頭掃描，不斷地搜尋。不管是草、是樹，尋找每一種栽培在胖胖樹熱帶雨林亞馬遜區的植物，或是我認識但不曾栽培的亞馬遜元素，我想看看它們在故鄉的樣子。

到亞馬遜的第三天，我就見到了塔木，聳立在我下榻的飯店花園。我想，或許還有機會在野外的環境看到它吧！

就這樣懷抱著信念，進出亞馬遜雨林。第六天，我的願力再度發威，一行人下車，浩浩蕩蕩地在亞馬遜雨林裡步行。夥伴們是無奈，我卻興奮不已，又開始打探植物們的消息。

沒走幾步，抬頭，赫然見到塔木在我面前，跟號角樹，還有好多我不熟悉的大樹在一起。我一眼就認出了它，樹影搖曳，像是在跟我說：「嗨！你在找我嗎？我在這裡。」

塔木

別　名｜杪欏豆、捕蟲樹

學　名｜*Schizolobium parahyba* (Vell.) S.F. Blake

科　名｜豆科（Fabaceae or Leguminosae）

原產地｜墨西哥、貝里斯、瓜地馬拉、薩爾瓦多、尼加拉瓜、哥斯大黎加、巴拿馬、哥倫比亞、委內瑞拉、巴西、厄瓜多、祕魯、玻利維亞

生育地｜熱帶潮溼森林、次生林、疏林

海拔高｜0-1000m

一到飯店就看到熟悉的塔木。

▲

大喬木，高可達 30 公尺，樹幹通直，基部具板根。二回羽狀複葉，互生，小葉全緣，葉軸有黏液。肉穗狀花序，腋生。

亞馬遜叢林裡的塔木。

◆會走路的椰子——高蹺椰與鐵棕櫚

熱帶美洲的嚮導帶領遊客進入原始叢林裡，都會述說這樣的當地神話：會走路的椰子在沒有人時，會偷偷在叢林裡走動。

兒時從《小牛頓雜誌》知道，無奇不有的中南美洲雨林裡有一種會走路的椰子。雜誌上說它一年可以移動三十公分。長大以後真的去了亞馬遜，親眼見到這種植物，心裡滿是震撼跟感動。不過，這植物真的會走路嗎？為什麼它要走路？

一直以來，熱帶美洲的嚮導帶領遊客進入原始叢林裡，都會述說這樣的當地神話：會走路的椰子在沒有人時，會偷偷在叢林裡走動。說到這裡，嚮導會鄭重警告大家不要脫隊，千萬不可以在雨林裡迷路，因為人在廣大的叢林裡喊救命，聲音是傳不出去的。這聽起來就像恐怖小說的劇情，或是《航海王》圓蛋糕島中誘惑森林——樹木一直悄悄移動位置，讓人分不清楚方向而永遠迷失在叢林裡。

在中南美洲熱帶雨林裡，確實存在「會走路的椰子」——會長出大量支柱根，其英文稱做 walking palm，主要有高蹺椰和鐵棕櫚兩種植物，它們都是中南美洲雨林裡常見的植物，分布重疊，也是多用途的民族植物。

高蹺椰全株都可以做藥用，果實嫩芽可食，樹幹可做支柱。鐵棕櫚更加高大，是雨林的突出樹，它跟高蹺椰形態類似，都有支柱根，但是鐵棕櫚的支柱根密實，幾乎沒有空隙，可以此區分。鐵棕櫚的果實是巨嘴鳥和狐蝠的重要食物，並藉此傳播。人們會食用其嫩芽，花燒成灰可做鹽的替代品。樹幹十分堅硬，可以做支柱。敲打樹幹會發出金屬聲響，是當地原住民在雨林裡求救或示警的方式。沒想到害人迷路的頑皮植物，還可以幫人求救。

事實上，科學家發現，會走路的椰子並不是真的會走路，也無法靠支柱根快速移動，頂多就是靠支柱根的生長，稍微偏向一邊。而且會產生支柱根的植物非常多，我們熟悉的榕屬植物、號角樹、書帶木、林投、火筒樹等，甚至水筆仔，非常多的雨林植物或紅樹林植物都會產生支柱根。這樣的構造，確實有助於樹木在潮溼泥濘的雨林裡生長，特別是斜坡，可以站得更穩。

除了支柱根外，雨林裡還有大量樹木會產生板根，其作用與支柱根類似。這些都是雨林引人入勝之處，也是我特別愛拍攝的生態現象。

喀嚓喀嚓，再次打開年幼便開始規畫的夢想清單，「會走路的椰子」，打勾。

鐵棕櫚

別　名｜會走路的椰子

學　名｜*Iriartea deltoidea* Ruiz & Pav.

科　名｜棕櫚科（Palmae）

原產地｜尼加拉瓜、哥斯大黎加、巴拿馬、哥倫比亞、委內瑞拉、蓋亞那、蘇利南、法屬圭亞那、巴西、厄瓜多、祕魯、玻利維亞

生育地｜熱帶潮溼森林

海拔高｜0-1350m

鐵棕櫚的幼苗葉片沒有裂片。

▲

喬木，單幹，高可達35公尺，是冠層或突出層的樹種。基部有許多支柱根，支柱根形成的圓錐體直徑可達1公尺。一回羽狀複葉叢生莖頂。單性花，雌雄同株。果實圓球狀。

鐵棕櫚的支柱根如圍裙一般。

高蹺椰

別　名｜會走路的椰子
學　名｜*Socratea exorrhiza* (Mart.) H.Wendl.
科　名｜棕櫚科（Palmae）
原產地｜尼加拉瓜、哥斯大黎加、巴拿馬、哥倫比亞、委內瑞拉、蓋亞那、蘇利南、法屬圭亞那、巴西、厄瓜多、祕魯、玻利維亞
生育地｜熱帶潮溼森林
海拔高｜0-1150m

高蹺椰的幼苗。

▲

喬木，單幹，高可達 25 公尺，基部有許多支柱根。一回羽狀複葉叢生莖頂。單性花，雌雄同株。果實橢圓球狀。

高蹺椰的支柱根之間仍有許多空隙，是與鐵棕櫚區分的特徵。

◆水草原鄉——寬葉太陽草

天啊！這不就是水草圈的人都知道的寬葉太陽草嗎？沒想我很幸運地遇到它了。

穿上雨鞋，我體內的野性與森林魂一瞬間就回來了！

那日午後，克勞迪奧還有飯店的嚮導帶著我們一群人浩浩蕩蕩往叢林前進[24]。出發前大家到飯店大廳後方挑選合腳的雨鞋——後來發現提供雨鞋是亞馬遜每家飯店必備的服務，目的就是讓所有遊客都可以不受裝備拘束，好好來一趟叢林探險啊！

一進到雨林我就熱血沸騰。過了入口的小徑，有一塊小小的溼地，上頭長滿了一種特別的挺水植物，吸引我蹲下來觀察，乍看之下覺得面熟，卻又叫不出名字。同行的夥伴有人問我蹲在地上看什麼，押隊的嚮導催促著我前進，只好先拍了幾張照片便繼續向前。

返家後整理照片時赫然發現，天啊！這不就是水草圈的人都知道的寬葉太陽草嗎？沒想到我很幸運地遇到它了，沒想到它在原生地長這樣，而且還開花了。

這種廣泛分布在中南美洲的挺水植物，在河畔、沼澤溼地，甚至熱帶雨林內較開闊的積水處都會生長。大概一九九〇年代就引進台灣做為水草栽培的植物。

我一整夜沒有睡，把小時候天天翻的水草圖鑑一一打開。那瞬間，曾經嚮往亞馬遜雨林的回憶——想像著自己有一天也可以像那些國外探險家去看水草原鄉，全都湧上了心頭。我激動地在心中吶喊：「這就是水草的故鄉啊！我來了我來了！」圖鑑上面那一排小字寫的原產地「南美洲」，走啊！走啊！從孩提時就存在的夢想，走到了年近不惑，終於實現了！

我的夢想說大不大，說小不小，就是想去看看這些植物的故鄉，看看它們在故鄉是否依然安好。這應該是每個孩子都有過的夢想吧！雖然傻，但是我一直懷抱著，也堅信有一天會實現。

——

24 時間就在下一章死藤水儀式的當天下午。

寬葉太陽草葉腋處長滿了果實。

寬葉太陽草

學　名｜*Tonina fluviatilis* Aubl.

科　名｜穀精草科（Eriocaulaceae）

原產地｜墨西哥南部、貝里斯、瓜地馬拉、宏都拉斯、尼加拉瓜、哥斯大黎加、巴拿馬、哥倫比亞、委內瑞拉、蓋亞那、巴西、厄瓜多、祕魯、玻利維亞、西印度群島

生育地｜森林邊緣溼地、河岸積水處、溝渠、沼澤等溼地

海拔高｜0-2000m

長在亞馬遜潮溼泥土上的寬葉太陽草。

▲ 單種屬的草本植物，莖直立，高通常不到 30 公分。單葉，覆瓦狀螺旋排列於莖上，邊緣有細毛。頭狀花序如毬果狀，腋生，總花柄極短。果實為蒴果。

亞馬遜雨林的壯闊，非相機能夠捕捉；亞馬遜帶給我的感動，也不是筆墨能夠形容。

chapter 9

薩滿與台灣傳統信仰

薩滿儀式與厄瓜多民族植物

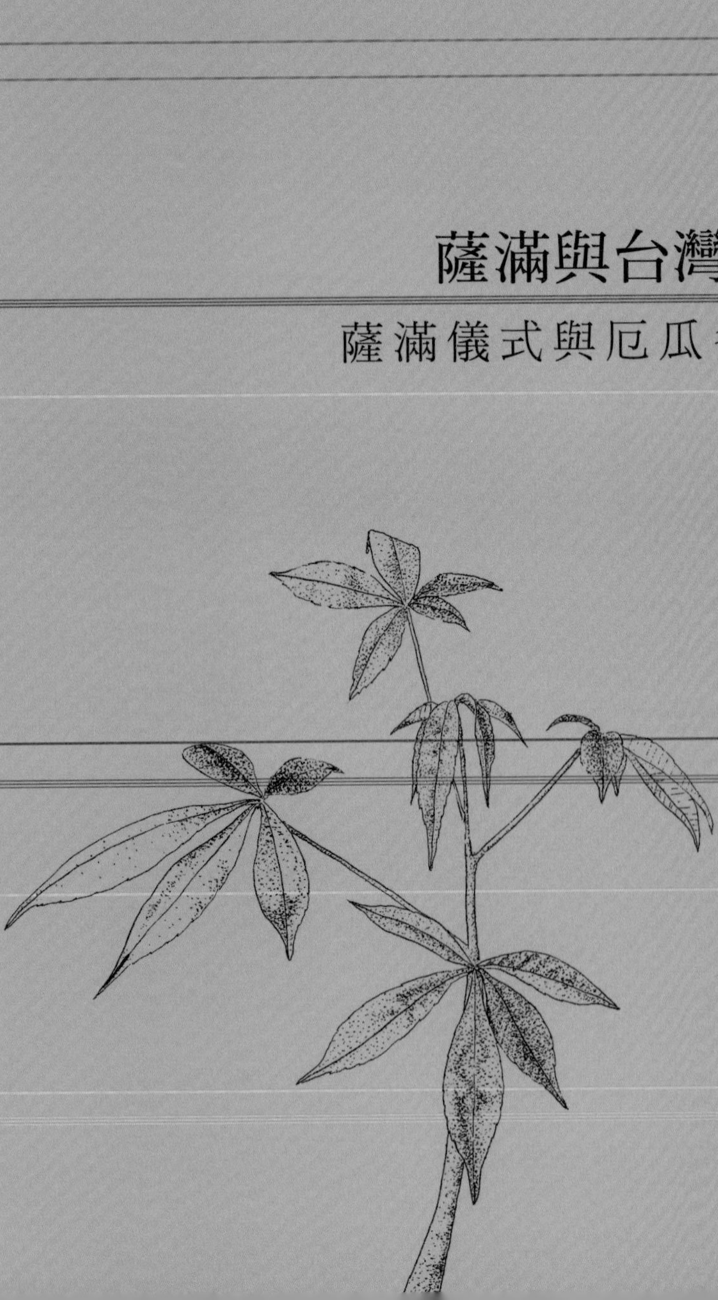

我跟另外兩位夥伴，則抽到了亞馬遜龍血。巧合的是，全團只有我們三個人剛好是同一天生日。

人類不完美——植物盟友

亞馬遜當地原住民認為，人類不完美，所以在一生中需要尋找各式各樣的植物盟友，陪伴、幫助我們經歷種種困難與考驗。這是對大自然何等謙卑的態度？多麼令人嚮往！

我們在厄瓜多當地的第一個薩滿活動，就是尋找自己的「植物盟友」[1]。在當地學習薩滿的導遊吉翁帶領下，每個人先以祕魯聖木焚香淨身，然後進入儀式場域裡圍成一個圓。

在昏黃的燈光下，每個人矇著眼，接受吉翁給予的植物酊劑，去感受、體會每種植物帶給自己的感覺。有人出現酸甜苦之類的味覺，有人感覺到喜悅或悲傷的情緒，有人覺得放鬆或淚流滿面，也有人沒什麼特殊感受。

1 英文：Plant Ally Meditation。

接下來，每個人盲選自己的植物盟友。在選之前，大家或多或少有期望抽到（或是不想抽到）的植物。但是抽完之後，神奇的事情發生了。

有一位姊姊想戒菸，所以特別不想抽到神聖菸草，但是，神聖菸草卻選擇了她。我跟另外兩位夥伴，則抽到了亞馬遜龍血。巧合的是，全團只有我們三個人剛好是同一天生日。

我本來以為我會抽到柯巴脂，因為它算是我這趟亞馬遜旅程的遠因。不過我並不排斥抽到任何植物。

亞馬遜龍血跟大家所熟悉可做為中藥「血竭」的天門冬科索科拉龍血樹不同，它是大戟科巴豆屬的植物，學名 *Croton lechleri*。我本以為巴豆屬都是矮小的灌木，直到在亞馬遜雨林遇到龍血，才發現它可以長得如此筆直高聳。

雖然不同科屬，它的樹脂跟索科拉龍血一樣有止血的效果，是當地原住民很重要的藥用植物。只要在樹幹上劃出傷口，就會立刻滲出像血一樣的樹脂。

後來，亞馬遜龍血開始在旅行中不斷出現在我面前。在我們到達雨林區第一家飯店時，它被裝成罐放在商品展售櫃上；在我們進入叢林探險時，它佇立在我們面前；在我們聽精油達人上課時，它被壓在厚厚一疊的上課筆記本中，卻被我一翻就找到；在最後一天晚上，我室友的龍血撒濺了整個浴室……。

儀式前要以祕魯聖木焚香淨身。

飯店販售的亞馬遜龍血。

七種植物盟友，依序是 1. 貓爪藤、2. 苦丁茶、3. 死藤、4. 龍血、5. 古巴香脂、6. 神聖菸草、7. 大花曼陀羅。

沒有事先安排，也沒有人告知這個被打亂的行程中，何時可以看到亞馬遜龍血，但是它總是不經意地出現，彷彿想讓我知道它的存在。

在試用過後，幾乎所有團員都買了龍血。但是很多人都因為瓶子老舊，龍血滲得到處都是，我的室友更是搞得像命案現場一般。可是說也奇怪，我們三個被「選中」的人所購買的龍血，卻安然無恙。難道，龍血真的會選人？我不知道，有太多不可思議的巧合。

亞馬遜的薩滿草藥，彷彿有股神祕的魔力。在旅程中，在回來後，在在令我驚奇。原本我以為那只是個讓大家認識當地藥用植物的小活動，沒想到後續一連串不可思議甚至令人起雞皮疙瘩的巧合，漸漸開啟了我在亞馬遜雨林中，既神祕又神奇的薩滿探險旅程。

「植物盟友」的奇妙巧合，除了我跟亞馬遜龍血的緣分，也發生在一位抽到苦丁茶的夥伴身上，故事更是驚人，留待下篇分享苦丁茶解夢儀式分曉。

亞馬遜雨林裡的龍血樹，畫傷樹皮就會流出暗紅色汁液。

亞馬遜龍血巨大的葉片。

◆預知危險的苦丁茶會

他將苦丁茶葉放在枕頭下入睡，每晚總是會夢到許多事情。有一晚，這位夥伴夢見了我們在厄瓜多當地搭乘的遊覽車，只剩下司機和空無一人的車子。他十分疑惑，所有人都到哪去了呢？

你有做過夢嗎？你是否曾經有過特殊的夢境，想進一步了解夢境對於現實生活是否有特殊的意義？

我想每個人或多或少都有想知道夢境意義的經驗。從古代有周公解夢，近代心理學有佛洛伊德《夢的解析》來看，人類對夢總有許多想像跟猜測。因此不論時代怎麼演進，世界上各民族都想了解夢境，亞馬遜雨林的原住民當然也不例外。

在我參加的許多亞馬遜薩滿儀式中，苦丁茶解夢十分神奇且令人印象深刻。它是安地斯山麓亞馬遜雨林西部地區重要的儀式，而亞馬遜苦丁茶也是當地居民生活中不可或缺的飲料。

參加苦丁茶解夢儀式是我們在亞馬遜當地最早起的一天。凌晨五點天微微亮，所有人就集合等待薩滿替大家解夢。當然啦，因為我們是遊客，所以導遊跟領隊向薩滿爭取晚一個小時才開始。

正式的苦丁茶儀式是每天早上四點開始，由部落裡面的新嫁娘起來備製苦丁茶。儀式其實很簡單，開始後，薩滿會一一遞給大家一杯苦丁茶。遞出前，薩滿先朝著苦丁茶吹氣，這是薩滿之息，然後薩滿會講幾句祝福的話。

等人手一杯苦丁茶後，開始一個一個講述自己前晚的夢，由薩滿替大家解釋。但我不是一個容易做夢的人，為了參加這個活動，還特別準備了一個自己很難忘的夢。導遊很仔細地幫我把夢境翻譯給薩滿聽，薩滿也很仔細地為我解釋夢境的意思。

不過大家是否有這樣的疑惑：解夢為何一定要喝亞馬遜苦丁茶呢？因為當地部落相信，夢境是對人的一種提醒，有預知危險的作用，而苦丁茶在亞馬遜當地是一種能夠預知危險的植物。

上篇提到我們初抵厄瓜多時，有先進行一個尋找「植物盟友」的儀式，當中有一位夥伴抽到的盟友就是亞馬遜苦丁茶。他將苦丁茶葉放在枕頭下入睡，每晚總是會夢到許多事情。有一晚，這位夥伴夢見了我們在厄瓜多當地搭乘的遊覽

薩滿朝著苦丁茶吹氣，做為一種祝福。

車，只剩下司機和空無一人的車子。他十分疑惑，所有人都到哪去了呢？

就在他做夢後的那天，我們一行人浩浩蕩蕩從安地斯山往亞馬遜雨林區前進。因為厄瓜多當地發生示威暴動，主要是在首都等安地斯山上的大城市，於是我們打算避開安地斯山的一切活動，先進入亞馬遜叢林。

路上原本一切順利，事先也確認過道路暢通。沒想到在我們進入納波省阿奇多納縣後，五個村莊無預警地聯合發起抗議活動。大量的號角樹被伐倒橫在路中央，阻礙前行。最後，我們所有人被迫離開遊覽車，托著行李在亞馬遜叢林裡走了一大段路，然後搭叢林計程車，在附近臨時找一家飯店落腳。

這種植物預知危險的能力，在我們進入亞馬遜時便展現了神奇的力量。

亞馬遜苦丁茶在當地克丘亞語稱為 Guayusa，它是冬青科冬青屬植物。大家其實不陌生，聖誕節裝飾常見有紅色果實、葉子邊緣鋸齒狀的植物就是冬青。好萊塢的英文 Hollywood，意思正是冬青。該屬廣泛分布在世界各地，其中，中國華南一帶生長的大葉冬青[2]也可以做茶飲，稱為苦丁茶。為了跟中國的苦丁茶區別，所以我稱 Guayusa 為亞馬遜苦丁茶。

Guayusa 這種茶飲作物在當地使用已數千年，有時甚至會被加到有名的死藤水之中。它的咖啡因與抗氧化物含量極高，是一種可以提振精神的飲料，就如同茶葉與咖啡。

2 學名：*Ilex latifolia*。

亞馬遜苦丁茶在當地通常成串掛在梁上。

在亞馬遜原始部落裡面，每天一早喝一杯苦丁茶，具有提神的作用，這對於生活在叢林裡的部落有很重要的意義。因為古代部落社會，人類跟大自然接觸的密度非常高，大量暴露在危險之中，所以更需要隨時隨地提高警覺並保持專注。

Guayusa 原本只是亞馬遜地區的民族植物、風味飲料，近十年來被開發成茶包，還添加到糖果、巧克力等食品中，行銷全世界，被視為可以改善當地經濟，同時保護亞馬遜雨林的重要作物。

當然，身為一個民族植物的狂熱份子，我是不會只喝茶、拍拍照就善罷甘休的。苦丁茶儀式後，我開始不斷尋找苦丁茶的蹤影。每一次進入叢林，進入當地村落時，我都在尋尋覓覓。

我們在當地參訪的第一個小村莊就叫做苦丁茶村。進到村子裡，招待我們的飲料便是苦丁茶。我觀察到房子梁上懸掛著許許多多的苦丁茶葉，可見苦丁茶對當地居民的重要性。後來在另一個村子，看到苦丁茶葉是新鮮時即串起，自然風乾，我猜想，這是一種「殺菁」的過程吧！

我在亞馬遜河上游納波河的港口小村莊——米薩瓦利港的小市集有見到販賣成串的苦丁茶葉，在奧塔瓦洛的市集還買到了苦丁茶糖果跟巧克力。

那天我們跋山涉水，先是搭船，然後徒步走過一片原始林後，來到了另外一個小村莊，在當地品嚐亞馬遜風味餐。飯前我照例在村子裡逛，不斷拍攝植物，不論是當地居民栽培的作物或野生植物。

眾裡尋茶千百度，驀然回首，Guayusa 就在陽光斑斕處。我像瘋子一樣大聲呼叫導遊，請他幫我問當地村民，這是 Guayusa 嗎？這是 Guayusa 嗎？

導遊與當地嚮導十分驚訝，問我怎麼會知道它是 Guayusa？我只是笑笑說：「因為它就一臉冬青樣啊！」

到亞馬遜之前我已透過網路查了很多資料，了解大概會看到什麼樣的植物。苦丁茶就跟其他冬青屬的植物一樣，葉子邊緣有鋸齒；又跟其他熱帶雨林植物一樣，葉子比較大，而且新葉會是紅色。所以一看到它，我就知道這個一定是苦丁茶。

除了苦丁茶，我在這個村子拍到比較特殊的植物還有亞馬遜肉桂[3]。我想要跟大家說，到亞馬遜旅行前一定要先做好功課，到現場才會知道你有機會看到什麼，而不會錯過重要的植物。

3 學名：*Ocotea quixos*。

Guayusa 風味的巧克力是厄瓜多的特色商品。

亞馬遜苦丁茶樹苗。

亞馬遜苦丁茶

別　名｜Guayusa
學　名｜*Ilex guayusa* Loes.
科　名｜冬青科（Aquifoliaceae）
原產地｜哥倫比亞、厄瓜多、祕魯、玻利維亞
生育地｜亞馬遜雨林
海拔高｜200-2000m

大喬木，高可達 30 公尺。單葉，互生，鋸齒緣，新葉泛紅。單性花，花細小，白色，數個繖形花序叢生於葉腋。果實為核果。

亞馬遜苦丁茶的新葉泛紅。

乾燥的亞馬遜苦丁茶葉。

宮廟問事般的死藤水

> 當薩滿開始唱歌，我眼前為之光明。雖然我身處黑暗的環境，可是看到的卻是白天的景象。不管我如何閉眼，都無法消除眼前所見。

這幾年到南美洲旅遊的人越來越多，喝過死藤水的人也不少，網路上可以查到不少相關文章跟影片。不過，大部分都是分享自己喝死藤水後的經驗，較少完整介紹熬煮死藤水時所添加的植物。我個人除了好奇薩滿儀式，更有興趣的是過程中使用的民族植物，特別是死藤。

說真的，死藤水儀式是我參加的眾多薩滿儀式中，最期待卻也唯一讓我感到害怕的。喝下去後看到的一切，說是幻覺也好，通靈也罷，真的非常驚悚刺激。而且，每年都有不少歐洲遊客因為喝了過量的死藤水而喪命，說不緊張是騙人的。

會知道死藤水，是從《眾神的植物：神聖、具療效和致幻力量的植物》這本書而認識。死藤或死藤水，南美洲克丘亞語稱之為 Ayawaska，其中 aya 意思是靈魂或精神，waska 則是指藤蔓或繩索。因為拼音系統不同，英文、西班牙文、德語、法語、荷蘭語、葡萄牙語則寫做 Ayahuasca。這個字可以單指死藤這種植物，也可以指死藤水儀式或煮出來的死藤水。

死藤水儀式是神聖的，它的作用包含預見未來，還有淨化身心靈。我個人認為像是台灣傳統宗教中跟乩童問事、收驚，甚至祭解。薩滿的母親在懷他之前，就曾透過死藤水儀式求問：自己是否會生一個薩滿。我自己在儀式當下則是驚嚇大於解惑，直到返台後，持續不斷回想那個過程，才終於有恍然大悟的感覺。

歐洲有些人未經過薩滿巫師，直接在當地一些所謂死藤水中心自行服用死藤水，把死藤水當成產生幻覺的迷幻藥，這是相當不尊重當地原住民文化的行為。薩滿強調，死藤水是為淨化人，甚至幫有毒癮的人解毒，絕對不同於嗑藥吸毒。

會使用死藤水舉行的儀式廣泛流傳於亞馬遜盆地，包括哥倫比亞、祕魯、厄瓜多、玻利維亞、巴西等國。不過，當地稱為 Ayawaska 的儀式主要流傳在祕魯、厄瓜多或玻利維亞，是多數國人認知的死藤水儀式。而台灣目前參加過死藤水儀式的人，主要都是在祕魯的亞馬遜地區第一大城伊基托斯，少數人則是在厄瓜多的阿奇多納或特納。當然也有去過哥倫比亞或巴西體驗的人。

在哥倫比亞稱為 yagé 或巴西稱為 Daime 的儀式中，藥草水的主要成分都是死藤與其相關的植物混合而成。但是儀式型態不同，藥草水製作方法也有差異。特別是巴西的 Daime 儀式，結合了天主教與薩滿知識，已經不是傳統的死藤水儀式。

熬煮死藤水的植物很多，最主要的包括死藤、綠九節[4]、雙翅藤[5]。有些地方還會加入砲彈樹、沙盒樹、大花番茉莉、亞馬遜苦丁茶、刺桐、樹曼陀羅（大花曼陀羅）、

主持死藤水儀式的薩滿。

熬煮死藤水的所有植物。

黃花夾竹桃、吉貝木棉、黃花菸草（神聖菸草）、絨毛鉤藤（貓爪藤）等植物。

死藤是黃褥花科的藤本植物，學名為 *Banisteriopsis caapi*，所以也有人稱之為卡皮木，各地區有不同的變種或品種。它的樹幹橫切面有美麗的花紋，常被做成項鍊墜子販售給觀光客。死藤是死藤水中的主要原料，其主要作用是產生單胺氧化酶抑制劑[6]，但死藤水所謂會導致幻覺的二甲基色胺[7]並非來自死藤，而是來自其他幾種植物。因為口服二甲基色胺需要單胺氧化酶抑制劑，所以每種植物缺一不可。

一般來說，死藤水中提供二甲基色胺的植物主要是雙翅藤，跟死藤一樣屬於黃褥花科，在厄瓜多地區克丘亞語稱之為 chacruna，薩滿說意思是「漩渦」或「混合」，亞馬遜其他地區好像稱為 Chaliponga。另外知名的成分還有茜草科九節木屬的綠九節，厄瓜多當地俗稱的意思是「過來」，有些地區也稱它為 chacruna。這兩種植物主要採用葉子，跟死藤的樹藤一起熬煮死藤水。

其他有名的二甲基色胺添加物還有被稱為 amyruca 的卡塔赫納九節木[8]，主要也是採用葉子。另外一種是細花含羞草[9]，主要採用它的根部。台灣常見的相思樹，分類上與細花含羞草同樣屬於豆科含羞草亞科，樹皮也含有二甲基色胺，因此有台灣死藤水之稱。

---

4 學名：*Psychotria viridis*。
5 學名：*Diplopterys cabrerana*。
6 Monoamine oxidase inhibitor，縮寫為MAOIs。
7 N,N-Dimethyltryptamine，縮寫為DMT或N,N-DMT。
8 學名：*Psychotria carthagenensis*。
9 學名：*Mimosa tenuiflora*。

這些年不少到亞馬遜旅行的人，目的都是死藤水。如果野採死藤，一定會對其族群有影響。不過，當地的薩滿幾乎人人有一座草藥園，栽種自己需要的藥用植物，因此目前死藤水儀式使用的多半是人工栽培的植株，在當地傳統文化與生態之間取得了平衡。

我在厄瓜多阿奇多納體驗簡化版的死藤水儀式，只有一天。據導遊說，完整的死藤水儀式要十天：前七天齋戒沐浴，然後進行三天三夜完整的儀式。每個地方的儀式會有些微差異，使用的植物也不太一樣。

在厄瓜多為我們主持儀式的薩滿，第一天採用三種植物一起下去煮死藤水，包含了兩種死藤，一粗一細——可能是同種不同品種，或是同屬不同種，沒有花果無法判斷。另一種植物是雙翅藤，它具有大葉子，而且形態跟死藤有點類似，一度讓我誤以為是死藤的葉子。在第二天要增加的第四種植物是綠九節。第三天則再加入一種俗稱蛇之眼的植物，紅色果托上有四顆藍到發黑的核果，彷彿蛇眼一般，應該是光亮賽金蓮木。

死藤水儀式有淨化作用，很多人飲用後會上吐下瀉。所以在進行儀式前的晚餐，導遊愛麗莎交代我們不

粗細兩種不同的死藤，橫切面有漂亮的花紋。

要吃太多，因為怕大家會吐。而且，死藤水非常非常苦，是我這輩子喝過最苦的東西。據說它的樹皮特別苦，所以煮之前要先削皮。待薩滿介紹完植物和整個儀式，我們大家就開始削皮——自己喝的死藤自己去皮的概念。削完後薩滿把死藤剖開，切成四條或六條細絲。

所有參加儀式的人，依身高排列，男前女後，每個人捧一把死藤水的材料，往空地走，排成一個圓圈，在薩滿的引導下，進行接天接地的儀式。眾人先是一起將手上的死藤水材料往上舉，往下放；然後轉圈，順時針轉一圈，逆時針一圈；最後一個接著一個將手上的死藤水材料放入鍋中，加水，彷彿讓死藤受洗一般。最後由參加者中最高的男女，象徵部落裡家族的家族長和妻子，將整鍋死藤水抬起後，放在地上，然後再舉高。

死藤削皮後再切成絲。

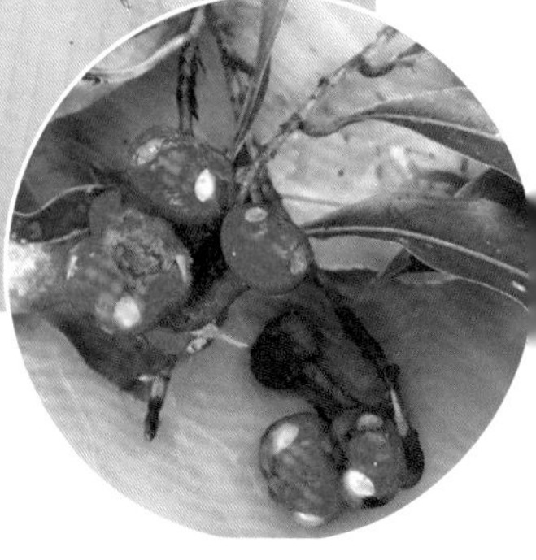

由左而右依序是兩種死藤、雙翅藤、綠九節，還有當地稱為蛇之眼的植物，是金蓮木科的光亮賽金蓮木（*Ouratea lucens*）。

完成接天接地的儀式後，便將死藤抬去煮。所有人必須圍著爐火，守著死藤水，把自己心裡所想傳遞給死藤水，直到死藤水煮完為止。不過我們是體驗團，所以沒有待到最後就去叢林探險了。探險完回飯店吃晚餐，再繼續死藤水儀式。

晚飯後，死藤水儀式開始前，大家一一簽下切結書。一份出了任何事，自己對自己負責的切結書。我看完切結書後大概猶豫了十秒鐘，但是看團員全都簽了，我的膽子也跟著大了。

神聖的死藤水儀式，在陰暗中進行。因為死藤是屬於陰性的力量，所以儀式開始前，薩滿會先舀一口神聖菸草葉煮的菸草水在每個人手中。菸草在亞馬遜雨林的原住民部落中，是非常神聖的植物，在死藤水儀式中扮演保護的角色。第一次震撼是，我們要以鼻腔直接吸入菸草水，很多人在這時候已經非常不舒服了，吸入後整個嗆的味道直衝腦門，眼淚狂噴，有些人甚至吐了出來。

接下來，團員一一上前接受死藤水。一般來說，完整的死藤水劑量大概是一個shot杯，約三十毫升。喝下後約半小時後會開始作用，每個人的情況不同。通常是薩滿先喝，然後參加儀式的人喝。但是我們人數較多，所以我們先於薩滿飲用。

起初我完全沒有感覺，連噁心想吐都沒有，一度有些小小失望。後來儀式正式開始，當薩滿大聲吟唱時，我全身開始起雞皮疙瘩。

我們輪流到薩滿面前，薩滿先吐三口菸在每個人的頭頂，這是薩滿之息，是一種祝福。然後，薩滿一手拿扇子，一手拿搖鈴，一邊唱歌，一邊用扇子拍打參加者的背部跟肩膀。我很仔細地聽，發現每個人的旋律都不一樣，搖鈴的頻率也不同，時間長

煮死藤水時大家要圍繞著爐火。

死藤水儀式所使用的神聖菸草水。

短約十二到十六分鐘。後來請教薩滿，他表示當時所唱的，是每個人靈魂發出來的聲音，所以人人不同。

輪到我上前，當薩滿開始唱歌，我眼前為之光明。雖然我身處黑暗的環境，可是看到的卻是白天的景象。不管我如何閉眼，都無法消除眼前所見。起先，我像是透過美洲豹的眼睛觀看世界，在森林裡巡視，一度還近距離地目睹大蜘蛛。後來又變成鹿一般的草食動物，視野呈三百六十度，不斷在叢林裡快速奔跑。然後一躍而起，像隻老鷹一樣凌空高飛，鳥瞰整座森林。誇張的是，從高空中竟可以看清楚林下的一切！眼睛不是自己的眼睛，這感覺非常恐怖。我彷彿經歷了很長一段時間，在亞馬遜雨林裡不斷穿梭。我想我這輩子都不會忘記那種感覺！嚇得我腿都軟了。結束後仍餘悸猶存。

導遊說死藤水儀式進行時一定會下雨。果不其然，當薩滿開始唱歌，天空隨即下起了滂沱大雨。一直到凌晨儀式結束，雨勢才緩和下來。我跟幾個夥伴撐傘要離開時，受到了二度驚嚇！這雨竟然只下在儀式進行的棚子區域。我們從棚子走回各自居住的小木屋，一路上地板都是乾的！驚訝指數破表！

參加死藤水儀式的目的，是為了解當地文化，一定要透過經驗豐富且合格的薩滿來舉行。萬一中毒了，薩滿才知道如何利用牛奶跟蜂蜜來解毒。過程中一定要抱持著敬畏的態度，切莫兒戲。

我從民族植物學的角度來理解死藤水，卻也從死藤水與眾多的薩滿儀式中，看到和民族植物學研究不同的面相。希望透過植物的角度，讓大家認識這個神祕的儀式與薩滿文化。

◆你的一切蛋知道——蛋診

薩滿說我的蛋看起來像一座叢林，說我是亞馬遜之子，歡迎我回家。

蛋診，說穿了就類似算命。相信所有愛算命的朋友聽我說明後，一定都會很感興趣，躍躍欲試。

在沒有進行蛋診前，就先聽到蛋診的神奇魔力。我們的導遊曾在蛋診中得知自己的子宮內長了東西，沒想到回到大城市的醫院檢查，真的發現了子宮肌瘤。還聽說過一位有毒癮的人，蛋吸收了他身上的壞氣，整粒蛋都黑掉，甚至熟了。

蛋診是亞馬遜地區的薩滿儀式，藉由雞蛋來了解一個人的身體甚至是心靈狀況，是亞馬遜雨林裡一種另類的健檢，也是我參加的眾多儀式中唯一沒有直接使用植物的項目。

西班牙文稱蛋診為 La cura del huevo，意思是透過雞蛋治療。不過，西方國家也把蛋診視為一種淨化儀式，所以英文稱之為 Shamanic Egg Cleansing。雖然沒有中文資料，卻有很多英文或西班牙文的紀錄甚至專書。

蛋診過程很簡單，每個人在薩滿的指導下盲選一個雞蛋，然後獨自到角落，拿著蛋滾遍自己的全身上下各部位。接著回到薩滿身邊，單手持蛋，對著蛋的兩端各吹一口氣，然後把蛋交給薩滿。薩滿會把蛋打到透明的玻璃杯中，觀察雞蛋浮現的各種資訊後進行解釋。

由於蛋診是最簡單，也最不受時間跟空間限制的薩滿儀式，所以適合安排在初抵亞馬遜的當天下午。一方面讓大家對亞馬遜的薩滿儀式有初步認識，一方面也因為這個空檔排其他儀式似乎都不合適。

在安地斯山區也有類似的儀式，克丘亞語稱為Shoqma，原意是擦拭，也代表清潔。不過這比較殘忍。因為使用的不是蛋而是天竺鼠，並且還分男女，男生要選用雄性天竺鼠，女生則選用雌性天竺鼠。

儀式開始前會先點白蠟燭，焚燒祕魯聖木，然後由薩滿抓著天竺鼠，滾遍求診者全身。最後解剖天竺鼠，從天竺鼠各器官的狀態，了解接受天竺鼠診的人身體狀況。台灣的電視節目《世界第一等》曾經報導過，拍得相當清楚。

剛到亞馬遜雨林當天下午，透過蛋診儀式，薩滿跟我們彼此認識。離開亞馬遜雨林前，最後一個薩滿儀式也是蛋診。刻意在死藤水前後各進行一次，藉此讓我們比較死藤水儀式在我們身上產生的作用。

薩滿儀式通常都會焚燒祕魯聖木。

祕魯聖木是橄欖科植物。

記得第一次蛋診，薩滿告訴我，我曾經有兩份完全不同的工作，但是後來全心全意投入我最愛的那項，還說從我的蛋裡，看到滿滿的植物。這讓我十分驚訝，畢竟他不認識我，我們才初次見面。其他還說到關於身體健康的部分，也是完全命中，令人嘖嘖稱奇。

離開亞馬遜前，我們又再進行一次蛋診。這次，薩滿說我的蛋看起來像一座叢林，說我是亞馬遜之子，歡迎我回家。當下我挺開心的，有一種不枉我研究亞馬遜多年的感覺。

那時候薩滿對我說：「不要侷限在雨林之中，打開你的心，它會帶你到更寬廣的世界。」當下我不太明白他的意思。後來，我又到了許多地方。從泰國曼谷完成《悉達多的花園》，再到擬定《被遺忘的拉美》大綱，持續寫作的過程，我似乎看到了薩滿所說的「更寬廣的世界」。

第一次蛋診，我跟薩滿初相遇。

離開亞馬遜前的第二次蛋診。

◆亞馬遜三溫暖——戰士草藥浴與接生儀式

大家在蒸房裡唱歌，一起度過相當漫長的半小時。走出來後，直接跳到冰涼的河水裡。媽呀！這根本就跟台灣流行的三溫暖一樣嘛！

天馬茲卡蒸房的戰士草藥浴，是最多民族植物可以研究的儀式。據說現在歐洲也十分風行。不過讓我印象深刻的是一種功效為「防小人」的草藥，還有與三溫暖一模一樣的刺激感。我心想，原來全世界每個角落都有極為類似的需求。

天馬茲卡蒸房的名稱 Temazcal，來自納瓦特語流汗的房子 temazcalli——結合了 temaz（流汗）與 calli（房子）兩個字。在拉丁美洲地區已經有數千年的歷史，許多考古遺址中都曾發現。它通常是半球體，約一人高，中央有個坑洞。主要作用包括替戰士消除疲勞、訓練戰士耐力，還有接生。

薩滿會準備各種不同作用的香草，用來消除疲勞、放鬆筋骨、排毒、去寒、消炎，甚至還有與大地之母連結、去厄運、防小人等。就像死藤水儀式，不同薩滿準備的植物也不太一樣，常見的有古巴香脂、神聖菸草、番茉莉、苦丁茶，甚至舊世界的香草

天馬茲卡蒸房是半球體。

植物，如香茅、洋甘菊、迷迭香等。

儀式前的準備是先燒石頭，然後將燒熱的石頭放置在蒸房中央的坑洞。藉由石頭的熱度，還有加入各種草藥的水，讓整個天馬茲卡蒸房中產生大量蒸氣。

因為是薩滿儀式，所以蒸房外也會擺上白蠟燭並焚燒祕魯聖木。所有人先以祕魯聖木焚香淨身，接著背對蒸房依序進入，圍坐一圈。大家在蒸房裡唱歌，一起度過相當漫長的半小時。走出來後，直接跳到冰涼的河水裡。媽呀！這根本就跟台灣流行的三溫暖一樣嘛！實在太有趣了。

這種時間長達半小時的版本，是訓練戰士耐力的戰士草藥浴。另外還有十至十五分鐘的版本，是療癒型的草藥浴。除了時間長短不同，搭配的香草也有所差異。不過，草藥浴給我的整體感覺，就是個適合晚餐前後的休閒社交活動，如同泡湯一般，消除大家搭車一整天的疲勞；也經常會接在蛋診之後，分析完身體狀況，緊接著以草藥浴治療一下，十分合理。

蛋診當天晚上，因為臨時更動下榻的飯店沒有天馬茲卡蒸房，所以臨時搭建了一個。一次一個人進

薩滿介紹各種草藥浴要使用的植物與功能。

入。我在裡面熱到快昏倒，拚命喊：救命啊！救命啊！都沒有人聽見。幸好在我昏倒前下一個人就來交換，不然我的亞馬遜之旅可能就提前結束了。後來在法國太太的飯店的蒸房，五分鐘我就放棄出來了，實在不太適合我。第三次，在安地斯山上薩滿教授家裡療癒型的草藥浴，我連進去都沒有，直接跳過。

除了草藥浴，天馬茲卡蒸房還有另外一個用途——替產婦接生。當地認為，寶寶在媽媽肚子裡是很溫暖的，所以剛生出來也要在溫暖的環境，而不是冰冷的醫院。所以天馬茲卡蒸房的造型，就像是媽媽的肚子一般。

在享用帕查曼卡大地烤爐當天下午，兩位助產女士來替我們示範接生儀式。

同樣，所有薩滿儀式開始前，都要點白蠟燭，並且擺上各種草藥與花。種類非常多，有車前草、芸香、梵天花之類的植物。

那位扮演懷孕的女士，一直發出哎呀呀的慘叫聲，十分逗趣。再加上還準備了一個假的娃娃，所以臨場感十足，最妙的是，她是蹲著生，不是躺著生。經過同團的醫師解釋，這才知道原來我們古代接生也是蹲著，因為比較好用力。

每個人的專業不同，好奇的點也不同。做為一個專注於民族植物的人，我在意的是那些植物在接生儀式中的作用；而醫生好奇的則是：「萬一臍帶繞頸怎麼辦？」諸如此類的醫學問題。

讓人印象較深的植物是美人蕉葉，被綁在孕婦的肚子上，在寶寶出生前用來固定胎位。雖然跟台灣用在結婚典禮的蓮蕉花作用與目的不同，卻是相同的植物，也都跟「生寶寶」扯上邊。另外，在寶寶出生後則會用蓖麻葉替換美人蕉葉，協助胎位恢復。

接生儀式也使用大量的植物。

當下我心裡想的是，拉丁美洲的傳統儀式都不傳統了，竟然使用那麼多舊世界的植物，如香茅、蓖麻葉等。拉美都不拉美了。

從厄瓜多返台後，我又去了一趟泰國，在那裡看見四面佛周邊掛滿萬壽菊——阿茲提克的宗教植物與民族植物。那瞬間我突然想通了！哥倫布大交換，交換了糧食、蔬果，當然也可以交換宗教植物與藥用植物啊！我們百年歷史的青草街，還不是有好多好多拉丁美洲的植物，變成了民間的青草藥。

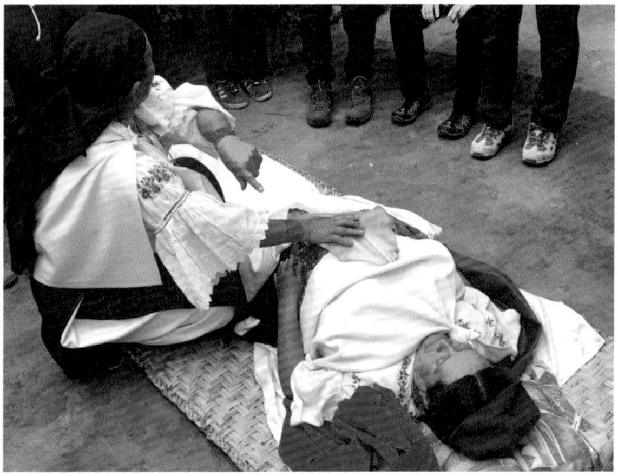

寶寶出生前使用美人蕉葉安胎。

寶寶出生後使用蓖麻葉助胎位恢復。

導遊特別帶我們去參觀當地一株非常非常巨大的吉貝木棉。在亞馬遜的傳說中，叢林女神以宏偉的吉貝木棉為家。

◆薩滿、民族植物與台灣傳統信仰——吉貝木棉

到亞馬遜前，我對薩滿的認識不足，除了死藤水，其他方面所知不多，甚至參雜許多自己腦補的想像，覺得薩滿有點神祕，甚至恐怖。但是透過實際接觸、體驗過各種薩滿儀式後，我才漸漸理解薩滿溫暖的一面。

死藤水儀式隔天，薩滿跟我們分享了許多自己如何成為薩滿的故事。再加上幾天的相處，發現他是一個和藹且有智慧的老爺爺，一點也不可怕。

在南美洲，薩滿是神選之人，即使父親是薩滿，也無法直接世襲。他的能力必須經過眾多薩滿的認可跟考試，才能成為合格的薩滿。在厄瓜多還會由政府中類似衛生福利部的單位頒發證書，才可以主持薩滿儀式。

替我們主持死藤水等儀式的薩滿，名字叫做荷西，已經將近八十歲了。他的父親是一位法力強大的薩滿，曾經與世隔絕三十年，學習各種草藥與生態知識。他的大哥

也是薩滿，據說可以徒手替人治療，卻因為遭人嫉妒而被陷害致死，讓他的母親悲痛欲絕。

後來他母親又懷胎生了二哥，不過二哥並沒有成為薩滿的資質。此時，他的母親十分擔心，怕這個薩滿世家斷在她手上。於是，某次一位薩滿親戚來訪時，她透過死藤水儀式，了解自己是否還有機會再生下一個薩滿。

他的母親從儀式中得到了肯定的答覆——就是荷西，與生俱來將成為強大的薩滿。出生後，家人開始餵他服用大花曼陀羅製作的藥草茶，並且每天讓他進行草藥蒸氣浴。到了荷西五歲那年，叢林女神在一座瀑布前現身了。祂帶著荷西走入一個洞穴，在那裡他見到了精靈家族，還喝下了一種飲料，並且昏迷多日。在那之後，叢林女神就不斷出現。

六歲那年，荷西被叢林女神帶走，失蹤了整整六年，他跟著叢林女神學習各種草藥知識，直到十二歲才回到部落，展示他的能力，獲得附近薩滿的認可。而後，荷西又到各地跟多位不同能力的薩滿學習，不斷增強自己的能力。直到後來厄瓜多政府成立了薩滿組織，荷西成為了該組織的首席。

透過薩滿的兒子、導遊與領隊層層翻譯，從克丘亞語、西班牙語到英語，我們圍坐在涼亭下，在亞馬遜叢林裡，靜靜聽著薩滿講述自己的故事。一方面覺得神奇，一方面我馬上聯想到神農氏與印度的醫療之神雙馬童。心想，原來不同社會對於草藥知識的來源，都會形塑出一個統一的源頭。

從蛋診開始，荷西帶領我們經歷了戰士草藥浴、苦丁茶解夢、死藤水儀式。告別之後，導遊特別帶我們去參觀當地一株非常非常巨大的吉貝木棉。在亞馬遜的傳說中，叢林女神以宏偉的吉貝木棉為家，所以當時荷西應該是在樹下學習草藥知識，而部落裡走失的小孩，常常都會在吉貝木棉樹下被發現。

吉貝木棉是拉丁美洲熱帶雨林裡最巨大的植物。它在中美洲的馬雅文化中，也是連接世界與天地的神聖植物。

熱愛雨林的我，當然也十分喜歡這種參天巨木。在台灣的時候，我總是在各地尋覓吉貝木棉的身影，每個人生的重大決定，也都跟吉貝木棉有關。甚至在第一本書中〈阿凡達與西拉雅〉一文，大篇幅介紹了我所認識的吉貝木棉。

我在亞馬遜雨林一直有看到吉貝木棉，可是植株都沒有期待中那麼巨大。感謝老天爺，在離開亞馬遜雨林前，終於讓我看到氣勢萬鈞的吉貝神木。在雄偉的樹下，我感知到叢林的偉大，以及自己的渺小。

吉貝木棉是中南美洲熱帶雨林最巨大的植物。

亞馬遜雨林裡巨大的吉貝木棉板根。

薩滿敘述完自己的故事後，也跟我們解釋他身上的各種裝飾。頭冠是由兩種視力最好的鳥羽所打造，項鍊中的人影據說是叢林女神的形象。衣服上的裝飾包含三種蟒蛇骨，分別來自雨林、河流與潟湖，代表三種力量。其他還有能夠形成結界、避邪，被稱為 Hairuro 的太極紅豆[11]與各種種子。這些是薩滿法力強大的象徵，不是每個薩滿都能配戴。

另外，薩滿也有很多形式，從姓氏約略可以知道他的能力。例如姓鸚鵡的薩滿，是特別懂音律的音樂薩滿。其他還有擅長讀寫的知識型薩滿。我們離開亞馬遜後，陸續也接觸了幾位不同專長的薩滿。

在庫科查火山口湖畔，音樂薩滿透過鼓、笛、法螺等樂器替我們祈福。在一處智者村莊，另外一位薩滿則透過各種礦石、法器、火焰、鮮花替我們祈福。

薩滿就是一般所謂的巫師，是部落裡很重要的角色，既是人神溝通的橋梁，也是治病的醫生。電視古裝劇《芈月傳》中義渠的老巫就是一個例子。

提到「巫」，難免會帶有神祕色彩，甚至把巫跟恐怖、邪惡聯想在一起，例如巫婆、巫術等，因為人類總是對未知感到恐懼。但巫的產生，其實是為了解答未知，減少恐懼。從東漢許慎編著的《說文解字》卷六〈巫部〉來看[12]，巫能事神明或其他無形之人。在所有民族裡，都有類似的角色。

---

11 學名：*Ormosia coccinea*，與台灣引進的單子紅豆不同種。

12 原文：「巫：祝也。女能事無形，以舞降神者也。象人兩褎舞形。與工同意。古者巫咸初作巫。凡巫之屬皆从巫。覡：能齋肅事神明也。在男曰覡，在女曰巫。从巫从見。」

薩滿的頭冠、衣服上裝飾的蟒蛇骨與太極紅豆，各有不同意義。

薩滿項鍊中浮現叢林女神的形象。

人類在最初的部落時期，因為跟大自然接觸頻繁，暴露在許多危險之中。為了不被其他動物吃掉、避免遭受天災或疾病，又或者為了找食物果腹——為了生存，於是有了最初的宗教形式。所以原始部落社會裡，從出生到死亡，從早上起床到晚上睡覺，從無知到學習生存技能，所有一切都是宗教儀式。人類從宗教儀式中發展出各式各樣的知識，而知識再脫離了宗教，各自發展成獨立的系統。

音樂薩滿吹響號角替大家祈福。

使用各種礦石與法器的薩滿。

再看巫的角色。在部落社會裡，巫既是宗教上的祭司、替人治病的醫者，也是最有智慧的哲學家。此外，還可能是懂得狩獵、採集與耕種的農業達人，甚至是負責調解家庭糾紛的法官，或是部落與部落間交涉的外交官。

巫最主要的任務應該是醫，醫病也醫心。根據《山海經．大荒西經》記載，藥與巫密切相關[13]。醫字古做毉，《說文解字》也記載：「古者巫彭初作醫[14]。」回想我們前面提到的所有薩滿儀式，死藤水、苦丁茶、蛋診、草藥浴、接生，不都是廣義的醫療行為嗎？

薩滿是原始的宗教形式，歷史悠久。它並不是有組織的宗教，嚴格來說也不是一種教派，而是一種泛靈信仰。女真族跳大神、西藏苯教都算是薩滿信仰。因為太多不同的樣貌，人類學家並沒有比較統一的定義。甚至也有一種說法，我國依附於佛教、道教下的乩童信仰，也算是薩滿的演化。

回國後，我與一位人類學家好友分享此行種種。透過他提供給我的觀點和參考資料，重新回想在厄瓜多經歷過的每一個薩滿儀式，試著去理解所謂的宗教，與人類文明和植物之間的關係。

重讀十八世紀初那本寫了釋迦也寫鳳梨的《諸羅縣志》中，其他跟植物無關的章節：「好巫、信鬼、觀劇，全台之敝俗也。」還有嘉慶十二年台灣縣知縣薛志亮主修《續修台灣縣志》：「居台灣者，皆內地人，故風俗與內地無異……俗信巫鬼，病者乞藥於神。」我總算可以理解，為什麼遠在厄瓜多亞馬遜雨林的諸多薩滿儀式，給我這麼多熟悉感與親切感。原來它跟台灣傳統的宮廟文化、草藥文化有很多相似之處。

我從小熱愛植物，為了探索植物的來源，接觸到許許多多的歷史與文化，從植物的應用看到了社會的變遷。最後，透過對民族植物學的愛好，觸角又延伸至宗教與人類學。終於能夠將畢生所學及經驗，在心中建構成一個完整的體系。

或許如薩滿的解釋，我在死藤水中感知到的美洲豹、鹿、老鷹，其實是我自己的心境變化。彷彿是學習階段的轉變，從小心翼翼、亦步亦趨前進，漸漸進步到可以奔跑，最後翱翔天際。

---

13 原文：「有靈山，巫咸、巫即、巫肦、巫彭、巫姑、巫真、巫禮、巫抵、巫謝、巫羅十巫，從此升降，百藥爰在。」

14 卷十五〈酉部〉：「醫：治病工也。殹，惡姿也；醫之性然。得酒而使，从酉。王育說。一曰殹，病聲。酒所以治病也。《周禮》有醫酒。古者巫彭初作醫。」

chapter 10

從航海王到失落的世界

拉丁美洲的探險與植物大發現

◆今天的天氣很亞馬遜，名稱很奧雷亞納

我不知道一七五三年林奈替胭脂樹命名時，是否曾想像臉上抹著胭脂樹紅的亞馬遜女戰士，攻擊奧雷亞納的情景？

在亞馬遜的每一天幾乎都下雨，或大或小，空氣總是溼漉漉的，是名符其實的「雨林」。但令我不解的是，每日天氣預報都是晴天。後來詢問了才知道，當地只有雨季來臨，滂沱大雨才會報雨天，平常這種小小雨，居民習以為常。如果連這樣都要報雨天，那亞馬遜恐怕沒有晴天了。

在厄瓜多的第七天，我們從納波省納波河上游支流搭船到amaZOOnico野生動物保護區，在保護區裡徒步走了幾個小時，觀察到無數美麗且特殊的植物。後來嚮導引領我們到達河畔一處原住民的小村落休息，享用原住民風味餐。藍得不像話的天空，雲彷彿在森林上流動，跟亞馬遜雨林相映成畫。

用餐過後，對岸的雲開始向我們奔流。轉瞬間風起了，天暗了，沒多久如我所期待下起了傾盆大雨。這應該是亞馬遜雨林的日常吧！卻是我這趟旅行盼呀盼，盼到的一場大雨。改寫一下余光中的詩，或許可以說，今天的天氣很亞馬遜。

這條河道雖然不寬，卻是我在亞馬遜雨林的首航。往返途中我都興奮不已，坐在船首不停地拍照、錄影。回程時即使大雨滂沱，也無法澆熄沸騰的心情。我仍舊拿起相機，喀嚓喀嚓，留下許多珍貴又難忘的畫面。即使回到飯店全身上下都溼透了，心情卻特別澄澈。納波河是亞馬遜上游重要的支流，總長度逾一千公里。有好幾天，我住在納波河畔港口小村莊米薩瓦利港附近的飯店。納波河流經奧雷亞納省[1]，在佛朗西斯科港[2]跟北方的古柯河[3]匯流，然後往東南出厄瓜多國境，至祕魯亞馬遜地區第一大城伊基托斯下游約八十公里處的小村子佛朗西斯科[4]與亞馬遜河主流匯合。

這裡可以發現，佛朗西斯科・德・奧雷亞納[5]這名字不斷出現。無論是厄瓜多的奧雷亞納省或佛朗西

原本晴朗的天氣，一瞬間烏雲密布。

斯科港，還是納波河與亞馬遜河匯流處的小村子佛朗西斯科，都是紀念這首位全程航行亞馬遜河的西班牙探險家。

日本知名動漫《航海王》裡有一座女人島，島名叫做亞馬遜百合，當中許多角色的名字都是植物，例如桔梗、雛菊、香豌豆、嘉蘭百合等。該篇章的背景原型就是古希臘傳說中，全由女戰士構成的民族亞馬遜人[6]，她們崇拜狩獵女神阿爾忒彌斯，建立了不允許男人進入的女人國，曾經幫助特洛伊，還攻打過另一個傳說國家亞特蘭提斯。一五四二年，奧雷亞納在亞馬遜河探險時曾被印地安女戰士攻擊，後來便以此典故命名這條原本無名的大河。

說起奧雷亞納，大家或許比較陌生。但是他的形象與事蹟其實是許多影視文學的原型。我想大家比較熟悉的例子，就是第一章提及《航海王》空島篇中的角色大騙子蒙布朗．諾蘭德。作者除了創造這個角色，在整個空島篇還有很多源自拉丁美洲探險的情節與畫面，像是擁有馬雅風格建築的黃金之鄉香朵拉、以印地安人形象改造的原始居民香狄亞，以及如馬雅遺址被掩沒在雨林中的整座城市。只不過，諾蘭德尋找黃金城失敗被送上斷頭台的情節，則是另外拷貝了一五九五年和一六一七年兩度探索黃金城未果的英國華特．雷利爵士的悲劇。

1 西班牙文：Provincia de Orellana。
2 西班牙文：Puerto Francisco de Orellana。
3 西班牙文：Río Coca。
4 西班牙文：Francisco。
5 西班牙文：Francisco de Orellana。
6 希臘文：Αμαζόνες，轉寫 Amazones，單數 Αμαζών，轉寫 Amazon。

大雨滂沱的亞馬遜。

奧雷亞納與亞馬遜叢林的故事，實在太過精采，不只在當時引起轟動，往後數百年仍舊吸引著大家。像是在印第安納瓊斯系列電影第四部《水晶骷髏王國》中，就有尋找黃金城及奧雷亞納的橋段，只是電影畢竟是虛構，不但張冠李戴把馬雅、亞馬遜、納斯卡線通通混在一起，連外星人和蘇聯特務都湊上一腳。

另外，以電視動畫《愛探險的朵拉》為藍本改編的真人電影《朵拉與失落的黃金城》，也以亞馬遜叢林探險與尋找黃金城做為題材。只是非常可惜，植物都沒有考據，竟然在亞馬遜叢林出現東南亞的泰坦魔芋。

我們離開這個小村子，在大雨中乘著快艇逆流而上。遙想數百年前奧雷亞納順著納波河一路前行，也曾經過米薩瓦利港，最後順利抵達基多。而我卻是反其道而行，從安地斯山下來。

村子裡最後一個跟奧雷亞納相關的畫面，是當地孩子的臉上那幾抹橘紅顏色——胭脂樹[7]，學名種小名 *orellana* 正是為了紀念奧雷亞納，將其名字 Orellano 拉丁化。我不知道一七五三年林奈替胭脂樹命名時，是否曾想像臉上抹著胭脂樹紅的亞馬遜女戰士，攻擊奧雷亞納的情景？但是亞馬遜原住民以胭脂樹紅塗抹臉頰的畫面，卻總在我多年的想像中，不預期地浮現腦海。

我並不想只是照本宣科似地交代「亞馬遜」的由來與奧雷亞納的故事，而老天爺彷彿聽到了我心中的呼喊，在亞馬遜的大雨中，給了我一個充滿奧雷亞納的一天。

7 關於胭脂樹，以及熱帶雨林的生態與文化，請參考《看不見的雨林——福爾摩沙雨林植物誌》；胭脂樹如何傳播到東南亞，並影響了菲律賓與越南飲食，請參考《舌尖上的東協——東南亞美食與蔬果植物誌》。

亞馬遜原住民的孩子臉上都抹著胭脂樹紅。

亞馬遜常見的胭脂樹，是重要的橘紅色染料。

有趣的是，哥倫布一直死鴨子嘴硬，堅稱自己找到了印度。而我總是在想，哥倫布之所以認為多香果是印度的胡椒，一方面是因為當時他根本沒有見過這種天價的香料，另一方面這樣他才可以交差吧！

既陌生又熟悉，那些新世界植物大發現史

雖然已經知道我們生活中有那麼多拉丁美洲元素，但相信很多喜歡生物的人跟我一樣，總是希望這輩子可以去一趟拉丁美洲，親身感受亞馬遜雨林。而且這樣的夢想不分古今，也無論東方或歐美，畢竟拉丁美洲是一處令人嚮往的夢幻國度，對平常人是如此，對科學家來說也是如此。

除了生物學，拉丁美洲也是地質學、人類學、考古學等領域的寶庫，吸引著世界各地的人們前仆後繼地前往探索。地理大發現後，探險家、科學家紛沓而來。時至今日，拉丁美洲仍持續不斷發現新的物種，不少改變人類歷史的植物，尤其被津津樂道。

時間拉回到一四九二年，哥倫布替拉美探險與生物大發現揭開了序幕。在西班牙女王的資助下，他開始探索新航道的旅程，並順利來到新大陸，這是大家耳熟能詳的

歷史。

首次航程中，哥倫布就將番薯帶回了歐洲。在那之後，哥倫布一共又航行至美洲三次。一四九三年第二次遠航，那年底他在瓜德羅普看見鳳梨，在海地接觸到天然橡膠——前者影響全世界的餐桌，後者改變人類的生活方式。次年，哥倫布在牙買加發現了多香果，並將它當做胡椒，堅信自己真的抵達了印度。一五〇二年哥倫布第四次來到美洲，終於在一艘馬雅人的船上觀察到將在未來風靡全球的可可豆……有趣的是，哥倫布一直死鴨子嘴硬，堅稱自己找到了印度。而我總是在想，哥倫布之所以認為多香果是印度的胡椒，一方面是因為當時他根本沒有見過這種天價的香料，另一方面這樣他才可以交差吧！畢竟當時西歐諸國之所以願意冒險跨過海洋藩籬，心心念念的就是取得東方的香料，而這也正是西班牙女王願意資助哥倫布的原因。

哥倫布帶來西班牙船隊後，一五一四年西班牙於今日多明尼加首都聖多明哥建立教堂。文獻記載當時西班牙就地取材，使用桃花心木打造十字架，開啟了往後歐美列強爭奪並大量伐採桃花心木的歷史。

又過了五年，西班牙殖民者埃爾南·科爾特斯來到墨西哥，品嚐了添加香草的可可。當時阿茲提克人穿著由墨水樹所染製的紫色或黑色衣服。一五二五年埃爾南·科爾特斯吊死阿茲提克帝國的皇帝，並刻意選在對中美洲古文明具有重要意義的吉貝木棉樹上。

一五四一年，義大利商人吉羅拉莫·本佐尼[8]來到新世界探險，本佐尼初抵拉丁美洲時年僅二十二歲，他在中南美洲和西印度群島各地待了十五年，並在一五六五年將見聞寫成《新世界史》[9]一書，滿足大家的獵奇心理。書中描寫了製作沙士的墨西哥菝葜、玉米、木薯、馬鈴薯、可可等植物。或許是不懂得欣賞，他在書中主觀地將這些現代普遍栽培的作物批評得一文不值。

對新世界客觀的描述，還得等待西班牙耶穌會宣教士暨博物學家何塞·阿科斯塔[10]來完成。一五七〇年，三十而立的阿科斯塔離開歐洲，動身前往祕魯利馬，而後又在一五八六年抵達墨西哥城。他盡己所能觀察、記錄中南美洲的文明、宗教、人民及物產。一五九〇年在其知天命之際終於出版大作《西印度自然和精神的歷史》[11]。這是第一本客觀且詳細描述新世界的書，也是關於美洲動植物的重要著作，記載了馬鈴薯、古巴香脂和可可等植物。

不過，這個年代還有一個更瘋狂的人，就是一生都在研究阿茲提克的西班牙方濟會宣教士德·薩哈貢[12]。他早在一五二九年便遠渡重洋到了墨西哥，畢生的心血《新西班牙事物的普遍歷史》[13]從一五四五年開始編撰，直到一五九〇年過世為止。這套書保存狀況最佳的手稿存放在義大利佛羅倫斯的圖書館中，因此後人將書名改為《佛羅倫斯法典》[14]。

這套書一共有十二巨冊，最早於一五六九年出版，兩千多幅插圖，生動地描述阿茲提克王國的文化、宗教儀式、世界觀、社會、經濟、自然史及語言納瓦特語。當中第十冊與第十一冊是介紹阿茲提克的醫藥與動植物、礦物等相關知識，記錄了玉米、番茄、辣椒、南瓜、酪梨、香草[15]等植物。這套著作被認為是史上最了不起的非西方文化紀錄，至今仍是研究阿茲提克的重要文獻，而德．薩哈貢則被譽為史上第一位人類學家。

當時真正專注於研究新世界藥用植物的人，應該是西班牙的醫生暨植物學家尼可拉斯．蒙納德斯[16]。他的著作《西印度群島帶給我們的藥物歷史》[17]於一五七四年全部完成，對後世影響極大。雖然他不曾到過新世界，卻是首位介紹菸草、祕魯香脂、藥用癒創木[18]等新世界重要植物的科學家。書中還有鳳梨、花生、玉米、地瓜、古柯及墨西哥菝葜等許多歐洲人陌生的植物。儘管在藥用植物的藥效描述上不是每種都正確，然而他嘗試栽培並研究這些植物的精神令人敬佩。

---

8 義大利文：Girolamo Benzoni

9 義大利文：*La Historia del Mondo Nuovo*。

10 西班牙文：José de Acosta。

11 西班牙文：*Historia natural y moral de las Indias*。

12 西班牙文：Bernardino de Sahagún。

13 西班牙文：*Historia general de las cosas de Nueva España*。

14 英文：*Florentine Codex*。

15 關於香草，請參考《看不見的雨林——福爾摩沙雨林植物誌》。

16 西班牙文：Nicolás Bautista Monardes Alfaro。

17 西班牙文：*Historia medicinal de las cosas que se traen de nuestras Indias Occidentales*。

18 學名：*Guaiacum officinale*。

受蒙納德斯啟發，第一支西印度藥物調查隊在一五七〇年前往新世界。西班牙博物學家暨宮廷醫生弗朗西斯科．埃爾南德斯[19]受命於西班牙國王，到墨西哥等地調查，七年內他蒐集了三千種動植物標本，包含首次被描述的香草，還有之前其他人也記錄過的菸草、辣椒、番茄、可可、仙人掌等植物，具有跨時代的意義。可惜埃爾南德斯還來不及出書就過世了，許多手稿也在大火中遺失，只剩下斷簡殘篇存留於世。

至於一開始就在西班牙和葡萄牙兩國協議中被一刀切割的巴西，在整個美洲生物的發現史中，又拉出了另一條獨立的脈絡。第一本介紹巴西的書《聖克魯斯省歷史，俗稱為巴西》[20]完成於一五七六年。作者是葡萄牙歷史學家佩羅．德．麥哲倫．岡達沃[21]。這本書也描述了一些歐洲人不熟悉的巴西動植物，包含後來成為世界重要澱粉來源的木薯，還有令人上癮的菸草，以及化妝品工業中重要的古巴香脂。

另一本介紹巴西植物的書，是一六四八年以拉丁文寫成的《巴西自然史》[22]，由德國自然學家喬治．馬格格雷夫[23]和荷蘭的熱帶醫學暨生物學家威廉．皮索[24]合著。書名雖然叫做巴西自然史，不過這兩位科學家調查的範圍主要是巴西沿海，而不是整個巴西。該書介紹了柯柏膠與我特別喜歡的號角樹，應該是歐洲最早的文獻紀錄。

除了上述重要人物，治療瘧疾的聖藥金雞納也是拉丁美洲給世界的禮物，幾乎可以說改變全球人類命運。歐洲使用金雞納樹皮的濫觴，則可追溯到一六〇五年。當時耶穌會宣教士暨藥劑師阿戈斯蒂諾[25]來到祕魯，便已發現克丘亞人使用金雞納樹皮治療發燒。一六三二年另一位耶穌會的弟兄，植物獵人伯納貝[26]將這種樹皮帶回歐洲，並命名為耶穌會藥粉，用來治療瘧疾。

我們熟悉的雞蛋花也是拉丁美洲的植物，屬名 *Plumeria* 是一七五三年林奈所命名，紀念另外一位到拉丁美洲調查的植物學家查爾斯・普米勒[27]。一六九三年法王路易十四欽點普米勒前往中南美洲調查與採集。這是他個人第二次到西印度旅行，詳細記錄並描繪了龜背芋屬植物。一六九五年查爾斯・普米勒第三次到美洲旅行，足跡抵達了加勒比海島嶼及巴西。一七〇三年普米勒回國後出版了《美洲的新植物》[28]，書中首次以 *Vanilla* 做為香草蘭的拉丁文屬名。

無奈的是，拉丁美洲豐富的植物資源，不但改變了人類的歷史，也帶來了戰爭與生態浩劫。例如對墨水樹和桃花心木兩種植物的需求，成為歐洲各國在中美洲衝突的導火線。一六五〇年代起，英國與法國相繼而來，並與西班牙帝國發生諸多衝突，最終導致貝里斯與海地分別成為英法的殖民地，也使得中美洲與西印度群島的桃花心木被砍伐殆盡。

---

19 西班牙文：Francisco Hernández de Toled

20 葡萄牙文：*História da Província de Santa Cruz, que vulgarmente chamamos de Brasil*。

21 葡萄牙文：Pero de Magalhães Gândavo。

22 拉丁文：*Historia Naturalis Brasiliae*。

23 德文：Georg Marggraf。

24 荷蘭文：Willem Piso。

25 英文：Agostino Salumbrino。

26 西班牙文：Bernabé Cobo。

27 法文：Charles Plumier。

28 拉丁文：*Nova plantarum americanarum genera*。

至於南美洲的衝突，或許跟金雞納和橡膠脫離不了關係。雖然一七三六年前後，法國科學家康達明[29]便將亞馬遜雨林的天然橡膠樣本帶回歐洲，還在厄瓜多首都基多觀察當地原住民利用金雞納樹皮製作奎納奎納，但是後來錯綜複雜的歷史，反倒讓荷蘭成為全世界最大的奎寧生產國，而橡膠大國拱手讓給了殖民馬來半島的大英帝國。

回顧整個拉丁美洲的植物發現史，從一四九二年哥倫布出發遠航，至一七五三年林奈出版大作《植物種志》，兩百多年之間，科學家便發現了許許多多拉丁美洲所孕育，而且影響全世界的植物寶藏。本書中超過半數的植物及《看不見的雨林》介紹的雨林植物：金雞納、祕魯香脂樹、墨水樹、胭脂樹、吉貝木棉、可可、香草蘭、刺芫荽、多孔龜背芋……就是最好的例證。

不過拉丁美洲的探險與植物發現並沒有就此結束，西方經歷工業革命，科技突飛猛進。十九世紀，更深入的植物地理研究，將由博物學家亞歷山大・馮・洪堡德帶著更多測量儀器展開。

在此之前的拉丁美洲植物發現史，看似夾雜多位一般人不曾聽聞的科學家，陌生且遙不可及，其實卻藏在我們身邊那些最熟悉的鄉土與懷舊植物的故事裡，等待我們去發掘。

---

29 法文：Charles Marie de La Condamine。

失落的世界

殖民者到來也帶來了疾病，讓這些叢林中的城市毀滅，然後又逐漸被新生雨林掩沒。如今這些地區豐富的生物多樣性，反而是城市曾存在過的證據。

家喻戶曉的英國偵探小說《福爾摩斯》系列，作者亞瑟．柯南．道爾有一個好朋友，是知名的探險家珀西．佛斯特[30]。

一九二五年，佛斯特跟兒子、好友三人組成探險隊，深入亞馬遜尋找他稱為Z的古城鎮，最後卻消失在雨林中，成為世紀之謎。在消失前，佛斯特曾多次進入亞馬遜叢林測繪地圖、蒐集資訊，被稱為最後的探險家。而吸引他踏上最後旅途的原因，就跟十六、十七世紀的探險家一樣，相信亞馬遜曾經有過輝煌的文明與城鎮。

他的故事曾被改編多次，還影響了印第安納瓊斯系列的冒險電影，二〇〇九年又被一位記者寫成《失落之城Z：亞馬遜的世紀探險之謎》一書，並在二〇一六年拍成電影《失落之城》。

30 英文：Percival Harrison Fawcett。

不過，早在一九一二年，柯南・道爾就受到佛斯特的南美探險故事啟發，創作了知名的小說《失落的世界》——不是《侏儸紀公園》續集，但是名稱一模一樣，故事也有諸多雷同。台灣的東方出版社翻譯成《恐龍探險隊》，雖不浪漫優美，但是馬上可以理解跟恐龍有關。

小說主角是查林傑教授，英文 Challenger 就是挑戰者的意思。故事發生在南美洲蓋亞那高原（至今仍是雲霧繚繞像仙境一般的地方），劇情很簡單，跟大家想的差不多：探險隊意外發現恐龍，而且妄想抓一隻回英國展覽，結果遭受恐龍攻擊，摔落懸崖。後來雖然生還，但是證據都消失得無影無蹤，比五分鐘看電影還簡單。

佛斯特幾乎就是維多利亞時代最後的探險家了。在他之後，地球上已經少有人跡未至的神祕境地。

不過，如果說這就是亞馬遜最後的探險，恐怕還言之過早。亞馬遜叢林深處仍舊有很多未知的祕境，近年來陸續被發現。《失落之城》上映前，地質學家安德魯[31]在 TED Talk 上發表了他從二〇一一年以來的研究——沸騰的河流。這是一段位在祕魯亞馬遜河上游的河道，水溫超過八十度，任何生物掉入都會被煮熟。

安德魯原本以為這只是小時候聽爺爺講述過的傳說罷了，因為祕魯亞馬遜地區沒有火山、地熱，他的同學、政府、天然氣公司、煤礦公司都告訴他沒有沸騰的河流。沒想到這條河卻真實存在，顛覆了過去所有科學家的認知。在當地的薩滿巫師協助下，安德魯開始研究這個神祕的地質現象，並留下了探險小說一般的紀錄。

此外，二〇二〇年考古學家也正式發表，在哥倫比亞的亞馬遜森林邊緣岩石上，發現了一萬兩千多年前的壁畫。當時正值冰河時期，壁畫中出現了數種冰河時期結束後滅絕的生物。從跟壁畫一起出土的遺骸判斷，這裡曾是草原跟森林的交界，有豐富的自然資源。

近年來科學家的研究發現，亞馬遜雨林興谷河地區曾經有千人的城市，有發達的農業，甚至看似原始的亞馬遜雨林，其實早已深受人類的影響，但是跟過去探險家所想的不一樣，這裡沒有複雜的建築結構，只有農村。

殖民者到來也帶來了疾病，讓這些叢林中的城市毀滅，然後又逐漸被新生雨林掩沒。如今這些地區豐富的生物多樣性，反而是城市曾存在過的證據。

巧合的是，這裡就是珀西·佛斯特消失的地點。如今的研究似乎在回應，當初他的推測並非只是傳說。

31 西班牙文：Andrés Ruzo。

◆大明王朝古書《職方外紀》裡的美洲動植物

「有一獸名懶，面甚猛，爪如人指，有鬃如馬，腹垂著地不能行，盡一月不踰百步……」

這很明顯就是描述動作緩慢的樹懶。雖然描述得比較誇張，趴在地上一個月才走不到百步，但是真的很生動。

從十七世紀荷蘭來台之後，拉丁美洲植物便不斷引進這塊土地。那麼，當時的民眾知道拉丁美洲嗎？是否有什麼書籍向古代民眾介紹這個神奇的地方呢？

在我查資料的過程中，發現了一本大明王朝時代的古書《職方外紀》，記述世界地理與人文，包括拉丁美洲的生物與牠們的產地，像是羊駝、樹懶、美洲鴕鳥鷞鶊，以及各種神奇的熱帶雨林植物。描寫方式十分獵奇，難怪當時這本書賣得非常好。

先來介紹這本書的背景，一五八三年（明神宗萬曆十一年）義大利宣教士利瑪竇抵達澳門跟廣東，經過數年終於見到萬曆皇帝。後來他跟當時有名的徐光啟等人翻譯出歐幾里得的《幾何原本》，還完成了號稱中國古代第一幅世界地圖的《坤輿萬國全圖》。萬曆皇帝非常喜歡，於一六〇八年又繪製十二份副本，據說還帶一份陪葬。

有了這份世界地圖，萬曆皇帝自然想要認識這些奇特的地方。可是徐光啟沒有出過國，利瑪竇於一六一〇年逝世，所以這件事就落到了利瑪竇的同事——龐迪我和熊三拔兩位宣教士身上。不過後來這兩個人被參涉及白蓮教動亂，而在一六一六年被驅逐至澳門，史稱南京教案。這個時候，另外一位精通華文的博物學家暨義大利耶穌會宣教士艾儒略，躲在楊廷筠家逃過一劫。

風頭過後，一六二三年艾儒略和楊廷筠依據龐迪我和熊三拔留下來的資料，一起編著並出版了世界地圖圖集《萬國全圖》，以及介紹世界各國風土民情的《職方外紀》。據說這本書直到十九世紀都是中國學習外國地理的教科書。一六三一年還被翻譯成韓文；江戶時代傳入日本，一七三一年後在日本廣泛流傳。

《職方外紀》一共五冊，分別為亞細亞（亞洲）總說、歐羅巴（歐洲）總說、利未亞（非洲）總說、亞墨利加（美洲）總說，以及四海總說。關於美洲地區的部分，書中介紹了不少神獸與奇花異卉。

首先，亞墨利加有南北之分，是一個名叫閣龍的人——就是哥倫布，以堅定的意志勇往直前，於是發現了美洲。這段原文敘述繪聲繪影：「閣龍遂率眾出海，展轉數月，茫茫無得，路既危險，復生疾病，從人咸怨欲還。閣龍志意堅決，只促令前行。忽一日，舶上望樓中人大聲言：『有地。』」

書中記錄在南亞墨利加有一個地方叫做孛露（祕魯），「有樹，生脂膏極香烈，名拔爾撒摩傳，諸傷損一晝一夜肌肉復合，如故塗瘡不瘢，以塗屍千萬年不朽壞。」文中提到的樹脂拔爾撒摩傳，推測應該是音譯自義大利文 Balsamo del Perù 或西班牙文

Bálsamo del Perú，也就是祕魯香脂[32]！除了名稱，樹酯「香烈」、可以癒合傷口，還有產地等相關描述都符合。而且一五七四年成書的《西印度群島帶給我們的藥物歷史》就已經描述過祕魯香脂，所以這種植物出現在《職方外紀》十分合理。

關於南亞墨利加還提到了幾種動物：「有一種異羊，可當騾馬，性甚倔強，有時倒臥，雖鞭策至死不起，以好言慰之即起而走，惟所使矣。食物最少可絕食三四日。」這應該比較好猜，就是在講個性乖張的羊駝，也就是我們俗稱的草泥馬！「有一鳥名厄馬，最大生曠野中，長頸，高足，翼翎極美麗，通身無毛，不能飛，足若牛蹄，善奔走，馬不能及，卵可作杯器，今番舶所市龍卵，即此物也。」厄馬是翻譯自葡萄牙文ema，指的是美洲鴕鳥鶆鶓。這種鳥脖子細長，腳也長，不能飛但跑得快，腳像牛蹄，蛋殼還可以當做杯器，描述相當清楚。

書中提及另一個國家伯西爾，想當然耳就是巴西（Brasil）了。「江河為天下最大最有名，有大山介孛露者，高甚飛鳥莫能過。」文中的江河指的就是巴西境內世界最大的河流亞馬遜河，但當時亞馬遜河尚未被命名，所以沒有名稱。至於介在伯西爾和孛露之間，連鳥兒都飛不過去的大山，當然就是今日所稱的安地斯山。

書中記載，巴西「蘇木更多，亦稱為蘇木國」，由於描述不多，只能推測可能是指巴西蘇木[33]。「有一獸名懶，面甚猛，爪如人指，有鬃如馬，腹垂著地不能行，盡一月不踰百步。喜食樹葉，緣樹取之，亦須兩日，下樹亦然，決無法可使之速。」這很明顯就是描述動作緩慢的樹懶。雖然描述得比較誇張，趴在地上一個月才走不到百步，但是真的很生動；還有毛如馬鬃，喜歡吃樹葉，會爬樹等，都相當貼切。「又有獸，前半類狸，後半類狐，人足、梟耳，腹下有房，可張可合，恆納其子于中，欲乳方出之。」我猜這應該是美洲的有袋類動物負鼠吧！

讀到了「北亞墨利加者有墨是可」，這一定是墨西哥了。「有雞大於鵝，羽毛華彩特甚，味最佳。吻上有鼻，可伸縮如象，縮之僅寸餘，伸之可五寸許。」不難猜到是在描述嘉義火雞肉飯的火雞，看過火雞的人，都對其羽毛跟鳥嘴上的肉瘤有深刻印象。「今所建都城，周四十八里。不在地面，直從大湖中創起。堅木為樁，密植湖中，上加板以承城郭宮室。其堅木名則獨鹿，能入水千年不朽。」這裡講的則獨鹿是音譯自西班牙語 cedro，指的應該是俗稱西班牙柏木的南美香椿。

或許有人會問，為什麼沒有介紹可可和橡膠？我在《看不見的雨林》有詳細介紹這兩種植物的歷史，歐洲人到了十七世紀才迷上可可，十八世紀才開始重視橡膠，在《職方外紀》成書年代，可可和橡膠還未受到注意，推想或許這就是被《職方外紀》跳過的原因吧！

除了南、北美洲，這本書也描述了亞墨利加諸島——加勒比海上的西印度群島，書上寫的古巴和牙賣加，不用猶豫，一定就是今日的古巴與牙買加囉！

---

32 更多祕魯香脂的引進與栽培史，請參考《看不見的雨林——福爾摩沙雨林植物誌》。

33 學名：*Paubrasilia echinata*。

南亞墨利加最後接墨瓦蠟尼加。墨瓦蠟尼加翻譯自拉丁文 Magallanica，又稱為「麥哲倫洲」，當時是指南方未知的大陸，應該就是後來的南極洲：「亦此大地之一隅，其後追厥所自謂墨瓦蘭實開此區，因以其名命之，曰墨瓦蠟尼加，為天下之第五大州也。墨瓦蘭既踰此峽，遂入太平大海，自西復東，業知大地已週其半竟，直抵亞細亞，馬路古界，度小西洋，越利未亞、大浪山，而北折遵海，以還報本國，徧繞大地一週。」墨瓦蘭就是我們熟悉的麥哲倫，用義大利語來唸他的名字，便可以理解為何翻譯做墨瓦蘭[34]了。這段講述未知大陸以麥哲倫為名。麥哲倫船隊越過南美最南端的麥哲倫海峽，然後到達亞洲摩鹿加，渡過印度洋和非洲，回到歐洲，繞地球一圈。文字不多，但是交代得十分清楚。

美洲部分全文不過五千多字，除了上述動植物，書上還描述了馬雅、阿茲提克、印加這三大美洲古文明。介紹地點同時加上詳細的緯度，相信真的開了當時人的眼界，也難怪這本書會大賣。只是很奇怪，這樣的奇書與其作者我們今天卻很少提到。

---

34 麥哲倫的義大利文是 Magellano，直接音譯更接近馬吉蘭諾。

跋

永難忘懷的拉美

雖然拉丁美洲是令人嚮往的神祕國度，公認的生物多樣性熱點，但是拉丁美洲的自然史，相較於馬雅、阿茲提克或印加帝國等古文明，卻是大家更少接觸的部分。國內鮮少華文資料，也沒有什麼相關書籍，當然也不太會有人討論她跟台灣有什麼關聯。

我因為對拉丁美洲的嚮往，對拉丁美洲動植物的好奇，驅使自己不斷爬梳拉美植物的發現史與引進史，從華文古書與外文資料中挖掘了許多有趣的故事。從個別植物的發現史切入，認識植物的發現者與命名者，進一步去找出那些歐洲古代曾踏上美洲大陸的知名探險家與科學家。從他們個人事蹟與著作再認識其他植物，並且整理出關於拉丁美洲探險與植物的發現史。

在搜尋資料與認識植物的過程中，我漸漸發現，原來從古至今，東亞地區就對這塊大陸充滿了好奇與想像；原來歐洲列強在拉丁美洲打得你死我活，除了爭霸權也爭植物資源；原來透過植物，就可以將太平洋兩端的台灣和拉丁美洲串聯在一起。

我從小在台灣認識美洲，從手邊僅有的資料不斷拼湊著遙遠的拉美。隨著年紀增長，蒐集資料越來越豐富，拉丁美洲在我腦海中越來越鮮明。於是乎，在我第一次踏上拉丁美洲，從安地斯山到亞馬遜的過程中，植物就像熟悉的老朋友般逐一現身，彷彿在向我打招呼。而更讓自己驚訝的是，在這趟美洲旅行結束後，我彷彿更認識台灣，

也更加認識自己。

寫作《被遺忘的拉美》，我首先透過懷舊，帶大家認識藏在台灣歷史文化中豐富的拉美植物，藉此先拉近拉丁美洲在大家心中的距離。然後從厄瓜多旅程，帶大家順著我的思緒和學習歷程，深入認識這塊大陸，還有我寫作本書的原因。最後一章，從我自己的旅程串聯到拉丁美洲的探險，介紹拉美的自然史，還有近代的考古發現。最後再拉回大家熟悉的華文世界，從古文的角度來看待美洲。雖然無法將我對拉丁美洲的認識全部放進書中，卻也盡最大可能涵蓋我對拉丁美洲認識的每一個部分。

我一貫的寫作架構，都是以植物串聯台灣與世界。從東南亞出發，到印度，再到拉美，並從中找一個主題做為連結：新住民與東南亞，佛教文化與印度，懷舊與拉丁美洲。一方面拉近植物與大家的距離，從植物的角度認識這些地方；一方面也增加故事性，在科普書中加入一些人文的溫度。

然而，拉丁美洲的豐富與多元，就如同印度與東南亞，不是一本書就可以講明白，也因為主題而在植物選擇上必須有所取捨，無法把所有植物都寫進書中。

拉丁美洲，在我個人學習歷程中占有舉足輕重的分量。我沒有辦法用三言兩語來說明，只能藉由本書十七萬餘言，闡述我心中永難忘懷的拉美，並期望將來還有機會再訪亞馬遜。

五穀雜糧	蔬果香料	藥用	工業用	童玩	景觀	其他民俗	引進年代	參考頁碼
●			●				17 世紀荷蘭來台前便引進	52
●		●	●				可能 17 世紀荷蘭來台前便引進	61
●			●				可能 17 世紀荷蘭來台前便引進	70
					●		1992 年	70
●		●	●		●		可能是明清時期	75
●	●	●	●	●	●		最早引進無法確定，1902 年橫山壯次郎自爪哇引進；1931 年 6 月台灣生藥株式會社曾引進；1932 年增澤深治自爪哇印度引進	83
●		●				●	18 世紀乾隆年間自華南引進	88
●		●	●				17 世紀荷蘭引進	89
	●	●					19 世紀馬偕引進	95
	●	●				●	18 世紀乾隆年間自華南引進	95
	●	●					1969 年高雄農友種苗引進	99
	●	●					約 1990 年代	98
	●	●					1955 年台農企業引進；1969 年張半農引進	99
	●	●					17 世紀荷蘭時期大肚王國便有栽培	100
	●	●			●		1911 年自日本引進	102
	●	●			●		可能是 1911 年自日本引進	103
	●	●			●		可能是 1911 年自日本引進	103
	●	●			●		1973 年張碁祥自日本引進	104
	●	●			●		可能是 17 世紀荷蘭引進	107

中名	台語	別名	學名
番薯	番薯（han-tsî、han-tsû）	蕃薯、甘藷、紅薯、地瓜	*Ipomoea batatas* (L.) Lam.
玉米	番麥（huan-be̍h）、玉米（gio̍k-bí）	番麥、玉蜀黍、包穀、御米	*Zea mays* L.
花生	塗豆 / 土豆（thôo-tāu）	土豆、落花生、塗豆、長生果、長壽果	*Arachis hypogaea* L.
蔓花生	矮土豆（é-thôo-tāu）	長喙花生	*Arachis duranensis* Krapov. & W.C. Greg.
太白薯	太白薯（thài-peh-tsî）、粉薯（hún-tsî）、藕薯（ngāu-tsî）	葛鬱金、粉薯、藕薯、竹芋、箭根薯	*Maranta arundinacea* L.
樹薯	樹薯（tshiū-tsî）	木薯、南洋薯、樹番薯	*Manihot esculenta* Crantz.、*Manihot dulcis* Baill.
豆薯	豆薯（tāu-tsî）、豆仔薯（tāu-á-tsî）、葛薯 / 刈薯（kuah-tsî）	番葛、葛薯、刈薯、涼薯、田薯、洋地瓜	*Pachyrhizus erosus* (L.) Urb.、*Dolichos erosus* L.
馬鈴薯	馬鈴薯（má-lîng-tsî）、荷蘭薯（hô-lân-tsî）、蕑研薯（kan-tan-tsî）	荷蘭薯、洋芋、土豆、蕑研	*Solanum tuberosum* L.
四季豆	敏豆仔（bín-tāu-á）	敏豆、醜豆	*Phaseolus vulgaris* L.
皇帝豆	皇帝豆（hông-tè-tāu）	萊豆、利馬豆、御豆、觀音豆	*Phaseolus lunatus* L.、*Phaseolus limensis* Macfad.
黑子南瓜	魚翅瓜（hî-tshì-kue）	魚翅瓜	*Cucurbita ficifolia* Bouché
印度南瓜	金瓜（kim-kue）	西洋南瓜、栗南瓜	*Cucurbita maxima* Duchesne
美洲南瓜	金瓜（kim-kue）	櫛瓜、夏南瓜、麵條瓜、冬南瓜、玩具南瓜	*Cucurbita pepo* L.
南瓜	金瓜（kim-kue）	金瓜、中國南瓜	*Cucurbita moschata* Duchesne
小米辣椒	番薑仔（huan-kiunn-á）、薟薑仔（hiam-kiunn-á）、薟椒仔（hiam-tsio-á）	鳥嘴椒、朝天椒	*Capsicum frutescens* L.
漿果辣椒	番薑仔（huan-kiunn-á）、薟薑仔（hiam-kiunn-á）、薟椒仔（hiam-tsio-á）	風鈴椒、燈籠椒、蓮霧辣椒、皇冠辣椒	*Capsicum baccatum* L.
中華辣椒	番薑仔（huan-kiunn-á）、薟薑仔（hiam-kiunn-á）、薟椒仔（hiam-tsio-á）	黃燈籠椒、黃帝椒、黃辣椒、哈瓦那辣椒、古巴辣椒	*Capsicum chinense* Jacq.
絨毛辣椒	番薑仔（huan-kiunn-á）、薟薑仔（hiam-kiunn-á）、薟椒仔（hiam-tsio-á）	紫花椒	*Capsicum pubescens* Ruiz & Pav.
辣椒	番薑仔（huan-kiunn-á）、薟薑仔（hiam-kiunn-á）、薟椒仔（hiam-tsio-á）、大同仔（tāi-tông-á）	番椒、青椒、甜椒	*Capsicum annuum* L.

五穀雜糧	蔬果香料	藥用	工業用	童玩	景觀	其他民俗	引進年代	參考頁碼
	●	●			●		17 世紀荷蘭引進	112
	●	●		●	●		可能是 17 世紀荷蘭引進	118
	●	●	●				可能是 17 世紀荷蘭引進	125
	●						1901 年 9 月及 1907 年 9 月，田代安定自日本引進	132
	●				●		約 1990 年代	135
	●	●	●		●		可能是 16 世紀明鄭時期自華南引進	137
	●	●					1935 年	140
	●	●					可能在 18 世紀前	141
	●	●				●	可能在 18 世紀前	141
●					●		1935 年	143
	●		●				17 世紀荷蘭時期大肚王國便有栽培	151
	●						1929 年 3 月大島金太郎自菲律賓引進	155
	●	●			●		1902 年新渡戶稻造自澳洲引進	162
	●	●	●		●		1902 年兒玉史郎自爪哇引進	163
	●	●			●		1917 年中研院林業部自菲律賓引進	162
	●				●		20 世紀	161
	●	●					17 世紀荷蘭引進	169
	●	●					17 世紀荷蘭引進	168
	●						1930 年代	168

中名	台語	別名	學名
番茄	柑仔蜜（kam-á-bit）、柑仔得（kam-á-tit）、臭柿仔（tshàu-khī-á）、烏柿仔（oo-khī-á）	西紅柿	*Solanum lycopersicum* L.、*Lycopersicon esculentum* Mill.
番石榴	菝仔 / 拔仔（pa̍t-á）、林菝仔 / 那菝仔（ná-pua̍t-á）	芭樂	*Psidium guajava* L.
番木瓜	木瓜（bo̍k-kue）	番瓜樹、萬壽果、乳瓜	*Carica papaya* L.
百香果	時計果（sî-kè-kó）、雞卵果（ke-nn̄g-kó）、風車花（hong-tshia-hue）	西番蓮、時計果	*Passiflora edulis* Sims
翼莖西番蓮	時計果（sî-kè-kó）	香蜜百香果	*Passiflora alata* Curtis
晚香玉	月下香（gue̍h-ē-hiong）	夜來香	*Agave amica* (Medik.) Thiede & Govaerts、*Polianthes tuberosa* L.
佛手瓜	香櫞瓜仔（hiunn-înn-kue-á）、佛手瓜（hu̍t-tshiú-kue）、香櫞瓜仔鬚（hiunn-înn-kue-á-tshiu）	龍鬚菜、香櫞瓜、梨瓜	*Sicyos edulis* Jacq.、*Sechium edule* (Jacq.) Sw.
野莧菜	山莧菜（suann-hīng-tshài）、鳥仔莧（tsiáu-á-hīng）	野莧菜、山莧菜、豬莧、鳥莧	*Amaranthus viridis* L.
刺莧	刺莧（tshì-hīng）、豬母刺（ti-bó-tshì）、鹼水草（kinn-tsuí-tsháu）	野刺莧、白刺莧	*Amaranthus spinosus* L.
千年芋	五冬芋（gōo-tang-ōo）、九冬芋（káu-tang-ōo）	紫柄千年芋、大千年芋、南洋芋、山藥芋	*Xanthosoma sagittifolium* (L.) Schott、*Xanthosoma violaceum* Schott、*Xanthosoma atrovirens* K.Koch & C.D.Bouché、*Arum sagittifolium* L.
鳳梨	王梨（ông-lâi）	黃梨、波羅、菠蘿、番波羅蜜	*Ananas comosus* (L.) Merr.
仙桃	仙桃（sian-thô）	蛋黃果、桃欖、獅頭果	*Pouteria campechiana* (Kunth) Baehni、*Lucuma campechiana* Kunth、*Lucuma nervosa* A. DC.
酪梨	阿母跤脹（a-bú-kha-lò）、鱷梨仔（kho̍k-lâi-á）	鱷梨、油梨、黃油梨、牛油果	*Persea americana* Mill.、*Laurus persea* L.
人心果	查某李仔（tsa-bóo-lí-á）	吳鳳柿、沙漠吉拉	*Manilkara zapota* (L.) P. Royen
山刺番荔枝	羅李亮果（lô-lí-liāng-kó、lô-lí-liōng-kó）、阿娜娜（a-ná-ná）	羅李亮果、阿娜娜	*Annona montana* Macfad.
婁林果	牛奶釋迦（gû-ling-sik-khia）	瓣立婁林果、瓣立羅林果、霹靂果、牛奶釋迦	*Annona mucosa* Jacq.、*Rollinia mucosa* (Jacq.) Baill.、*Rollinia deliciosa* Saff.
釋迦	釋迦（sik-khia）	番荔枝、佛頭果	*Annona squamosa* L.
牛心梨	牛心梨（gû-sim-lâi）	牛心番荔枝	*Annona reticulata* L.
冷子番荔枝	無	祕魯番荔枝、巴西番荔枝、毛葉番荔枝	*Annona cherimola* Mill.

五穀雜糧	蔬果香料	藥用	工業用	童玩	景觀	其他民俗	引進年代	參考頁碼
	●	●					1930 年代	168
		●			●		17 世紀荷蘭引進	180
	●	●			●		17 世紀荷蘭引進	178
		●			●		1901 年田代安定自日本引進	180
	●	●			●		1960 年代	183
		●					1907 年田代安定自日本引進	183
		●			●		1909 年自日本引進	186
		●			●		1909 年自日本引進	186
		●			●		1911 年	187
	●	●			●		1911 年	189
	●	●			●		1911 年	189
	●	●			●		1911 年自日本引進	191
		●			●		可能是 19 世紀初	191
		●					可能是 19 世紀	193
		●	●		●		1911 年	196
		●	●				可能是 19 世紀	196
		●			●		1910 年藤根吉春自新加坡引進	199
		●			●		1900 年代	201

中名	台語	別名	學名
圓滑番荔枝	無	野番荔枝	*Annona glabra* L.
仙人掌	龍舌（lîng-tsih）、觀音掌（Kuan-im-tsióng）	金武扇仙人掌	*Opuntia tuna* (L.) Mill.、*Cactus tuna* L.
叢生仙人掌	觀音掌（Kuan-im-tsióng）	澎湖仙人掌	*Opuntia dillenii* (Ker Gawl.) Haw.、*Opuntia stricta* var. *dillenii* (Ker Gawl.) L.D.Benson
仙人球	八卦癀（pat-kuà-hông）	仙人球、八卦黃、八卦球、旺盛丸、長盛丸、多子海膽	*Echinopsis oxygona* (Link) Zucc. ex Pfeiff. & Otto、*Echinopsis multiplex* (Pfeiff.) Zucc. ex Pfeiff. & Otto
毛西番蓮	龍珠（liông-tsu）、龍吞珠（liông-thun-tsu）	野百香果、小時計果	*Passiflora foetida* L.
三角葉西番蓮	烏李仔藤（oo-lí-á-tîn）、冇仔藤（phànn-á-tîn）	栓皮西番蓮、小果西番蓮	*Passiflora suberosa* L.
蚌蘭	紅三七（âng-sam-tshit）、紅川七（âng-tshuan-tshit）	紫背鴨跖草、紫背萬年青、葉包花、水紅竹	*Tradescantia spathacea* Sw.、*Rhoeo spathacea* (Sw.) Stearn
吊竹草	水龜草（tsuí-ku-tsháu）	吊竹梅、紅舌草、紅竹子草、二打不死、百毒散	*Tradescantia zebrina* Heynh.、*Zebrina pendula* Schnizl.
薊罌粟	假鴉片（ké-a-phìnn、ké-a-phiàn）、刺鴉片（tshì-a-phìnn）、黃花雞角刺（n̂g-hue-ke-kak-tshì）、刺夯夯（tshì-giâ-giâ）	刺罌粟、黃花雞角刺、老鼠竻	*Argemone mexicana* L.
假人蔘	土人蔘（thóo jîn-sim）、假蔘仔（ké-som-á）、土高麗（thóo ko-lê）、蔘仔草（som-á-tsháu）	土人蔘	*Talinum paniculatum* (Jacq.) Gaertn.
稜軸假人蔘	土人蔘（thóo jîn-sim）、假蔘仔（ké-som-á）、土高麗（thóo ko-lê）、蔘仔草（som-á-tsháu）	稜軸土人蔘	*Talinum fruticosum* (L.) Juss.、*Talinum triangulare* (Jacq.) Willd.
松葉牡丹	午時花（ngóo-sî-hue）、豬母乳仔（ti-bó-ling-á）、五色草（ngóo-sik-tsháu）	毛馬齒莧、龍鬚牡丹	*Portulaca pilosa* L.
馬利筋	羊角麗（iûnn-kak-lē）、尖尾鳳（tsiam-bué-hōng）、馬利筋（má-lī-kin）	蓮生桂子花、見腫消	*Asclepias curassavica* L.
長柄菊	肺炎草（hì-iām-tsháu）	長梗菊、燈籠草、肺炎草	*Tridax procumbens* L.
紫花藿香薊	牛屎草（gû-sái-tsháu）	墨西哥藍薊、紫花毛麝香、勝紅薊	*Ageratum houstonianum* Mill.
白花藿香薊	牛屎草（gû-sái-tsháu）	白花勝紅薊	*Ageratum conyzoides* L.
王爺葵	五爪金英（ngóo-jiáu-kim-ing）、樹菊（tshiū-kiok）	五爪金英、提湯菊、假向日葵、小向日葵	*Tithonia diversifolia* (Hemsl.) A. Gray
藍蝶猿尾木	耳鉤草（hīnn-kau-tsháu）、久佳草（kú-ka-tsháu）	長穗木、玉龍鞭、假馬鞭、木馬鞭、假敗醬	*Stachytarpheta cayennensis* (Rich.) Vahl

五穀雜糧	蔬果香料	藥用	工業用	童玩	景觀	其他民俗	引進年代	參考頁碼
		●			●		1900 年代	200
		●					1910 年藤根吉春自新加坡引進	199
	●	●				●	可能是 19 世紀前	206
	●	●				●	可能是 19 世紀前	207
	●	●		●	●		17 世紀後期	211
		●	●			●	可能 17 世紀荷蘭來台前便引進	219
		●					可能是 19 世紀末	213
		●				●	未引進	220
		●				●	1910 年藤根吉春引進，1923 年阿部幸之助引進	226
		●	●				未引進	231
		●	●		●		1900 年今井兼次自夏威夷引進；1901 年達飛聲自墨西哥引進；1904 年今井兼次自夏威夷引進	240
	●	●	●	●			17 世紀荷蘭引進	241
●		●		●	●	●	17 世紀	246
		●	●		●	●	17 世紀	247
		●			●	●	1911 年	247
	●	●			●	●	17 世紀荷蘭引進	255
	●	●			●		17 世紀荷蘭引進	255
	●	●			●		1980 年代	252
	●	●			●		1980 年代	252
	●	●			●		1980 年代	252

中名	台語	別名	學名
牙買加長穗木	耳鉤草（hīnn-kau-tsháu）、久佳草（kú-ka-tsháu）	長穗木	*Stachytarpheta jamaicensis* (L.) Vahl
瑪瑙珠	瑪瑙珠（bé-ló-tsu）	黃果龍葵、冬珊瑚、玉珊瑚	*Solanum diphyllum* L.
小決明	羊角豆（iûnn-kak-tāu）、決明（kuat-bîng）	決明、假花生	*Senna tora* (L.) Roxb.、*Cassia tora* L.
望江南	羊角豆（iûnn-kak-tāu）、石決明（tsio̍h-kuat-bîng）	羊角豆、假決明	*Senna occidentalis* (L.) Link、*Cassia occidentalis* L.
紫茉莉	煮飯花（tsú-pn̄g-hue）、胭脂花（ian-tsi-hue）	煮飯花、洗澡花	*Mirabilis jalapa* L.
菸草	熏草 / 薰草（hun-tsháu）、菸草（ian-tsháu）	紅花菸草	*Nicotiana tabacum* L.
山菸草	假熏草（ké-hun-tsháu）	假煙葉	*Solanum erianthum* D. Don
古柯	高根（ko-kun）、龜根（ku-kun）	高卡	*Erythroxylum coca* Lam.
長柄古柯	高根（ko-kun）、龜根（ku-kun）	爪哇古柯、長柄高卡	*Erythroxylum novogranatense* (D. Morris) Hieron.
墨西哥菝葜	沙士（sà-suh）	宏都拉斯沙士	*Smilax ornata* Lem.、*Smilax regelii* Killip & C.V.Morton
瓊麻	瓊麻（khîng-muâ）	劍麻、龍舌蘭麻、鳳梨麻、西沙爾瓊麻、菠蘿麻	*Agave sisalana Perrine* ex Engelm.
銀合歡	臭青仔（tshàu-tshenn-á）、擗仔（phia̍k-á）	白相思子、白合歡、細葉番婆樹	*Leucaena leucocephala* (Lam.) de Wit
美人蕉	蓮蕉花（liân-tsiau-hue）	蓮蕉花、蕉芋、食用美人蕉、紅花美人蕉、紫葉美人蕉	*Canna indica* L.、*Canna edulis* Ker Gawl.、*Canna coccinea* Mill.、*Canna warszewiczii* A.Dietr.
圓仔花	圓仔花（înn-á-hue）	千日紅、百日紅	*Gomphrena globosa* L.
新娘花	新娘花（sin-niû-hue）、新娘綢仔（sin-niû-bāng-á）	蔦蘿、五角星	*Ipomoea quamoclit* L.
曇花	瓊花（khîng-hue）	月下美人	*Epiphyllum oxypetalum* (DC.) Haw.
火龍果	紅龍（âng-lîng）、搭壁蓮（tah-piah-liân）、倒吊蓮（tò-tiàu-liân）	三角柱仙人掌、搭壁蓮、倒吊蓮、壁蓮花	*Hylocereus undatus* (Haw.) Britton & Rose、*Selenicereus undatus* (Haw.) D.R.Hunt
紅肉火龍果	紅龍（âng-lîng）		*Hylocereus costaricensis* (F.A.C. Weber) Britton & Rose
深紅肉火龍果	紅龍（âng-lîng）		*Hylocereus polyrhizus* (F.A.C. Weber) Britton & Rose
麒麟果	無	厄瓜多燕窩果	*Selenicereus megalanthus* (K. Schum. ex Vaupel) Moran、*Hylocereus megalanthus* (K. Schum. ex Vaupel) Ralf Bauer

五穀雜糧	蔬果香料	藥用	工業用	童玩	景觀	其他民俗	引進年代	參考頁碼
	●	●		●	●		1900 年代	261
		●		●	●		17 世紀荷蘭引進	262
			●	●	●		1898 年福羽逸人自日本寄贈；1899、1902 年今井兼次氏自夏威夷引進	263
		●			●		1872 年馬偕自英國引進；1901 年 10 月田代安定自日本引進	269
		●			●		1872 年馬偕自英國引進	269
		●			●		17 世紀荷蘭引進	272
		●			●		17 世紀西班牙引進	272
	●	●	●		●		17 世紀荷蘭引進	274
		●			●		17 世紀	277
●		●	●		●		18 世紀乾隆年間自華南引進	277
		●			●		1911 年鈴木三郎自新加坡引進	279
		●			●		1911 年鈴木三郎自新加坡引進	279
		●			●		1911 年鈴木三郎自新加坡引進	279
		●			●		1911 年鈴木三郎自新加坡引進	279
		●			●		1911 年鈴木三郎自新加坡引進	279
		●			●		19 世紀	282
	●	●	●		●		17 世紀荷蘭引進、1904 年自泰國引進	283
	●	●	●		●		1898、1901 年田代安定引進	288
					●		1930 年代	289

中名	台語	別名	學名
紫花酢漿草	鹽酸草（iâm-sng-tsháu）、鹹酸草（kiâm-sng-tsháu）	鹽酸草、鹹酸草	*Oxalis debilis* Kunth、*Oxalis corymbosa* DC.
含羞草	見笑草（kiàn-siàu-tsháu）、驚撓草（kiann-ngiau-tsháu）	怕羞草、怕癢花	*Mimosa pudica* L.
大王椰子	椰子樹（iâ-tsí-tshiū）	王棕	*Roystonea regia* (Kunth) O.F. Cook
九重葛	刺仔花（tshì-á-hue）、三角梅（sann-kak-muî）	南美紫茉莉、三角花、勒杜鵑、葉似花、葉子花	*Bougainvillea spectabilis* Willd.
光葉九重葛	刺仔花（tshì-á-hue）、三角梅（sann-kak-muî）		*Bougainvillea glabra* Choisy
馬纓丹	摃破碗（kòng-phuà-uánn）、摃破花（kòng-phuà-hue）	馬櫻丹、五色繡球、變色草	*Lantana camara* L.
金露花	台灣連翹（tâi-uân-liân-khiâu）、苦林盤（khóo-nâ-puânn）、番仔刺（huan-á-tshì）	假連翹、台灣連翹、苦林盤、籬笆樹	*Duranta erecta* L.、*Duranta repens* L.
雞蛋花	番花（huan-hue）、貝多羅（puè-to-lô）	緬梔、鹿角花、三友花	*Plumeria rubra* L.
紅蝴蝶	金鳳花（kim-hōng-hue）、蝴蝶花（ôo-tia̍p-hue）	黃蝴蝶、番蝴蝶、金莖花、金鳳花	*Caesalpinia pulcherrima* (L.) Sw.
向日葵	日頭花（jit-thâu-hue）、向日葵（hiàng-jit-kuî）	太陽花、天葵子、花葵子	*Helianthus annuus* L.
孤挺花	鼓吹花（kóo-tshue-hue）、紅閣丹（âng-kok-tan）	喇叭花、朱頂紅、朱頂蘭、華胄蘭	*Hippeastrum* spp.
孤挺花	鼓吹花（kóo-tshue-hue）、紅閣丹（âng-kok-tan）	喇叭花	*Hippeastrum puniceum* (Lam.) Voss、*Hippeastrum equestre* (Aiton) Herb.
華胄蘭	鼓吹花（kóo-tshue-hue）、紅閣丹（âng-kok-tan）	喇叭花	*Hippeastrum reginae* (L.) Herb.
白肋孤挺	鼓吹花（kóo-tshue-hue）	白肋華胄蘭、白肋朱頂紅	*Hippeastrum reticulatum* Herb. var. *striatifolium* (Herb.) Herb.
朱頂蘭	鼓吹花（kóo-tshue-hue）、紅閣丹（âng-kok-tan）	朱頂紅	*Hippeastrum vittatum* (L'Hér.) Herb.
蔥蘭	鐵韭菜（thih-kú-tshài）、白菖蒲（pe̍h-tshiong-pôo）	風雨蘭、白菖蒲蓮	*Zephyranthes candida* (Lindl.) Herb.
金龜樹	羊公豆（iûnn-kong-tāu）、金龜樹（kim-ku-tshiū）	牛蹄豆、洋酸角、洋皂莢、馬尼拉羅望子	*Pithecellobium dulce* (Roxb.) Benth.
布袋蓮	水蕾（tsuí-luî）、大水薸（tuā-tsuí-phiô）、大薸（tuā-phiô）	鳳眼蓮、水風信子	*Pontederia crassipes* Mart.、*Eichhornia crassipes* (Mart.) Solms
水蘊草	水蜈蚣（tsuí-giâ-kang）、水蜈蚣草（tsuí-giâ-kang-tsháu）	蜈蚣草	*Elodea densa* (Planch.) Casp.、*Egeria densa* Planch.

參考文獻

Alberto Villoldo, Ph.D., Erik Jendresen，Dance of the Four Winds: Secrets of the Inca Medicine Wheel。周莉萍譯，2014。四風之舞：印加藥輪的奧祕（初版）。生命潛能。

Alberto Villoldo, Ph.D.，Courageous Dreaming。許桂綿譯，2008。印加大夢：薩滿顯化夢想之道（初版）。生命潛能。

Alexander Abair, Colin E. Hughes And C. Donovan Bailey, 2019. The evolutionary history of Leucaena: Recent research, new genomic resources and future directions. Tropical Grasslands-Forrajes Tropicales (2019) Vol. 7(2): P65–73.

Alfred W. Crosby，The Columbian Exchange: Biological and Cultural Consequences of 1492(30th Anniversary Edition)。鄭明萱譯，2013。哥倫布大交換：1492年以後的生物影響和文化衝擊（初版）。貓頭鷹。

Andrea Wulf，The Invention of Nature: The Adventures of Alexander von Humboldt, the Lost Hero of Science。陳義仁譯，2016。博物學家的自然創世紀：亞歷山大 馮 洪堡德用旅行與科學丈量世界，重新定義自然（初版）。果力文化。

Andrés Ruzo，The Boiling River。韓絜光譯，2016。沸騰的河流：亞馬遜叢林的探險與發現（TED Books系列）（初版）。天下雜誌。

Chantal Loibon-Cabot, 1992. Origin, phylogeny and evolution of pineapple species. Fruits - vol. 47: P25-32.

Claude Lévi-Strauss，Tristes Tropiques。王志明譯，2015。憂鬱的熱帶（全新修訂本）（二版）。聯經。

Darryl Wilkinson, 2018. The influence of Amazonia on state formation in the ancient Andes. Antiquity, Volume 92, Issue 365: P1362-1376.

David Grann，The Lost City of Z: A Tale of Deadly Obsession in the Amazon。陳信宏譯，2010。失落之城Z：亞馬遜的世紀探險之謎（初版）。時報文化。

David John Bertioli et al., 2016. The genome sequences of Arachis duranensis and Arachis ipaensis, the diploid ancestors of cultivated peanut. Nature Genetics volume 48: P438–446.

David T. Courtwright，Forces of Habit。薛絢譯，2017。上癮五百年（三版）。立緒。

Dolores R. Piperno, 2011. The Origins of Plant Cultivation and Domestication in the New World Tropics. Current Anthropology, Vol 52, No. 54: P453-470.

Donald R. Kirsch, Ogi Ogas，THE DRUG HUNTERS：The Improbable Quest to Discover New Medicines。呂奕欣譯，2018。藥物獵人：不是毒的毒 x 不是藥的藥，從巫師、植物學家、化學家到藥廠，一段不可思議的新藥發現史（初版）。臉譜。

Ed Stafford，Walking The Amazon: 860 Days. The Impossible Task. The Incredible Journey。紀迺良譯，2012。860天！前所未有亞馬遜河徒步大冒險（初版）。麥田。

Emily W. Emmart Trueblood, 1973. “Omixochitl”—the tuberose (Polianthes tuberosa).Economic Botany volume 27: P157–174.

Erik Stokstad, 2017. Hundreds of years later, plants domesticated by ancient civilizations still dominate in the Amazon. Science News.

Erin Ross, 2017. Amazon rainforest was shaped by an ancient hunger for fruits and nuts. NATURE NEWS.

Heather Pringle，涂可欣譯，2019。第一個美洲人。科學人博學誌(科學人雜誌特刊35號)：科學探險奇兵：一起踏上飛向太空、航向極地與深海、追尋人類足跡的22趟旅程：P132-140。

Greg Grandin，Fordlandia: The Rise and Fall of Henry Ford’s Forgotten Jungle City。謝佩妏譯，2017。橡膠帝國：亨利．福特的亞馬遜夢工廠（初版）。左岸文化。

Jason Daley, 2016. Genes of Ancestral Peanuts May Help Feed the World. Smithsonian Magazine.

Joe Kane，Running the Amazon。馮克芸譯，1998。航向惡水：亞馬遜河探險之旅（初版）。天下文化。

Jorge C. Trejo-Torres, George D. Gann, and Maarten J.M. Christenhusz, 2018. The Yucatan Peninsula is the place of origin of sisal (Agave sisalana, Asparagaceae): historical accounts, phytogeography and current populations. Botanical Sciences 96(2) : P366-379.

Josefina Lema, Pamela Báez Echeverría y Luis Enrique Cachiguango Cachiguango, 2011. Kuy - Phichay: el ritual de la sanación andina con el cuy. Proyecto: "Mejora de las condiciones de vida y defensa de la población andina de Cotacachi, Ecuador". Cruz Roja Ecuatoriana. Cotacachi Ecuador.

Judith Magee，The Art of Nature: Three Centuries of Natural History Art from Around the World。張錦惠譯，2017。大自然的藝術：圖說世界博物學三百年（初版）。暖暖書屋。

Karin Kao，2019。葛鬱金是什麼？養出健康寶寶的好選擇。Hello 醫師。

Kim MacQuarrie，The Last Days of The Incas。馮璇譯，2018。印加帝國的末日（初版）。自由之丘。

Klaus Schönitzer，Ein Leben für die Zoologie: Die Reisen und Forschungen des Johann Baptist Ritter von Spix (edition monacensia)。陳克敏譯，2017。亞馬遜森林探勘先鋒：徐畢克斯用科學寫日記，發掘全新物種（初版）。新銳文創。

Logan Kistler et al., 2018. Multiproxy evidence highlights a complex evolutionary legacy of maize in South America. Science Vol. 362, Issue 6420: P1309-1313.

Logan Kistler et al., 2020. Archaeological Central American maize genomes suggest ancient gene flow from South America. PNAS Latest Articles.

Lynne Cherry，The Great Kapok Tree: A Tale of the Amazon Rain Forest。劉清彥譯，2016。大木棉樹：亞馬遜雨林的故事（初版）。和英。

Maria Sibylla Merian，Metamorphosis insectorum Surinamensium。杜子倩譯，2020。蘇利南昆蟲之變態（初版）。暖暖書屋。

Mark Kurlansky，Paper: Paging Through History。王約譯，2018。紙的世界史：承載人類文明的一頁蟬翼，橫跨五千年的不敗科技成就（初版）。馬可孛羅。

Melanie J. Miller, 2019. Chemical evidence for the use of multiple psychotropic plants in a 1,000-year-old ritual bundle from South America.PNAS vol. 116 no. 23: P11207–11212.

Michael J. Heckenberger，林慧珍譯，2019。失落的亞馬遜古城。科學人博學誌(科學人雜誌特刊35號)：科學探險奇兵：一起踏上飛向太空、航向極地與深海、追尋人類足跡的22趟旅程：P132-140。

Mort Rosenblum，Chocolate—A Bittersweet Saga of Dark and Light。楊雅婷譯，2007。巧克力時尚之旅（初版）。天下雜誌。

P.P. Joy, Anjana R., 2016. Evolution of pineapple. EVOLUTION OF HORTICULTURAL CROPS. Astral International Pvt. Ltd. New Delhi.

Pakarichik-Mama, Cumba Conde, 2010. Nuestras Plantas Medicinales De La Zona Andina De Cotacachi. Cruz Roja Ecuatoriana. Cotacachi Ecuador.

Patricia Colunga-GarcíaMarín and Filogonio May-Pat, 1993. Agave Studies in Yucatan, Mexico. I. Past and Present Germplasm Diversity and Uses. Economic Botany Vol. 47, No. 3: P312-327.

Plants of the World Online | Kew Science網站（http://www.plantsoftheworldonline.org/）。

R. Douglas Cope, 2018. The History of the New World: Benzoni’s Historia del Mondo Nuovo.Ethnohistory Volume 65, Issue 2: P323–325.

Rainer W Bussmann and Douglas Sharon, 2015. PLANTAS MEDICINALES DE LOS ANDES Y LA AMAZONIA - La Flora mágica y medicinal del Norte del Perú. William L. Brown Center, Missouri Botanical Garden.

Richard Evans Schultes, Albert Hofmann, Christian Rätsch，Plant of the GODS: Their Sacred, Healing, and Hallucinogenic Powers。金恆鑣譯，2010。眾神的植物：神聖、具療效和致幻力量的植物（初版）。商周。

Robert VanBuren et al., 2015. Origin and domestication of papaya Yh chromosome. Genome Res. 25(4) : P524-533.

Rosita Arvigo, Nadine Epstein，Sastun: My Apprenticeship with a Maya Healer。白玲譯，2013。薩斯通：雨林中的藥草師（初版）。生命潛能。

Sonia Zarrillo et al, 2018. The use and domestication of Theobroma cacao during the mid-Holocene in the upper Amazon. Nature Ecology & Evolution volume 2: P1879-1888.

Steve Parker，2019。DK醫學史：從巫術、針灸到基因編輯（簡體書）（初版）。中國：中信。

Tropicos網站（https://www.tropicos.org/home）。

Tony Rice，Voyages of Discovery。林潔盈譯，2019。發現之旅【新版】（初版）。好讀。

Umberto Lombardo et al, 2020. Early Holocene crop cultivation and landscape modification in Amazonia. Nature Vol 581:P190-193.

Yossi Ghinsberg，Lost in the jungle。方祖芳譯，2009。迷走亞馬遜（初版）。遠流。

網野徹哉，インカとスペイン 帝国の交錯。廖怡錚譯，2018。印加與西班牙的交錯：從安地斯社會的轉變，看兩個帝國的共生與訣別（初版）。八旗文化。

山本紀夫，トウガラシの世界史 - 辛くて熱い「食卓革命」。陳嫻若譯，2018。辣椒的世界史：橫跨歐亞非的尋味旅程，一場熱辣過癮的餐桌革命（初版）。馬可孛羅。

中華民國自然步道協會，2000。台大校園自然步道（初版）。貓頭鷹。

王怡，2006。亞馬遜的殺人樹——世界植物未解之謎（初版）。驛站。

王昭月，2016。在台灣落地生根的植物：飄洋過海來台的番椒。《科學發展》526期：P28-33。

王派仁，2014。經典的文化城大門：你可能不知道的台中車站。文化台中NO.14：P70-71。

王泰權，2014。巫帝國藏在甲骨文裡（初版）。橡實文化。

王瑞閔，2018。看不見的雨林——福爾摩沙雨林植物誌：漂洋來台的雨林植物，如何扎根台灣，建構你我的歷史文明、生活日常（初版）。麥浩斯。

王瑞閔，2019。舌尖上的東協——東南亞美食與蔬果植物誌：既熟悉又陌生，那些悄然融入台灣土地的南洋植物與料理（初版）。麥浩斯。

王瑞閔，2020。悉達多的花園——佛系熱帶植物誌：日常中的佛教典故、植物園與花草眾相（初版）。麥浩斯。

王慶之，2011。中國最早的職業舞者～巫。舞世界月刊。

王麒銘，2009。奇人奇事——日治時期私設植物園 萬樹園。《台灣學通訊》第18期：P14-15。國立台灣圖書館。

中華郵政全球資訊網「集郵業務專區」網站（https://www.post.gov.tw/post/internet/Philately/）。

王禮陽，1994。台灣果菜誌（初版）。時報。

伍淑惠，2015。恆春熱帶植物園—跨世紀的熱帶林木（初版）。行政院農業委員會林業試驗所。

好吃研究室，2019。好吃36：日常裡的青草學（初版）。麥浩斯。

江柏樟，2011。員林手造茶點、圓形花生酥 年節拌嘴好心情。樂活風情在彰化。

行政院農業委員會農業知識入口網「農業主題館」網站（https://kmweb.coa.gov.tw/theme_list.php?theme=subject_list_vie）。

何晉勳，2008。六十七兩種《采風圖》及《圖考》之關係考察。《台灣學研究》第6期：P53-70。

何國世，2015。在地球的彼端：拉丁美洲（初版）。五南。

吳昭慧，2016。在台灣落地生根的植物：澱粉之王——木薯。《科學發展》526期：P34-37。

吳雪月，2006。台灣新野菜主義（初版）。天下文化。

吳慧琴，2015。部落野菜食在健康（初版）。台東縣政府。

李依倩，2005。土懷舊與洋復古—流行風潮的年代建構與歷史想像。去國．汶化．華文祭：2005 年華文文化研究會議。交通大學。

李慧宜等，2017。「菸葉點燃的台灣史」專題。上下游。
沈小榆，2003。印加的智慧：太陽之子與太陽帝國（初版）。新潮社。
周婉窈，2003。陳第〈東番記〉——十七世紀初台灣西南地區的實地調查報告。《故宮文物月刊》第241期：P22-45。
周湘雲，2014。景觀植物與熱帶南國景象——椰樹栽植。《台灣學通訊》第80期：P13-15。
林正木，2017。光復鄉第一市場原住民野菜區介紹。花蓮區農業專訊102期：P9-12。
林哲安，2011。荳莢花開落地生：花生與清季台灣漢人社會的經濟活動。台灣文獻第62卷第1期：P189-232。
林富士，2011。宗教與醫療（初版）。聯經。
林照松，2016。恆春熱帶植物園史話—談田代安定。林業研究專訊第23卷第1期：P18-21。
施福珍，2003。台灣囝仔歌一百年（初版）。晨星。
施福珍，2009。台灣童謠園丁——施福珍囝仔歌研究（初版）。晨星。
洪馨蘭，2004。台灣的菸業（初版）。遠足文化。
洪馨蘭，2010。屏北平原「台灣菸草王國」之形成：以《台菸通訊》（1963-1990）為討論。《師大台灣史學報》第3期：P45-92。
胡台麗、劉璧榛，2019。當代巫文化的多元面貌（初版）。中央研究院民族學研究所。
胡維新等，2001。台灣低海拔植物新視界（初版）。人人。
夏洛特，2009。我的雨林花園（初版）。商周。
夏洛特，2009。雨林植物觀賞與栽培圖鑑（初版）。商周。
夏洛特charlot，2019。附生植物觀賞圖鑑（初版）。晨星。
高雄山林管理所，1952。台灣熱帶林業（初版）。高雄山林管理所。
鬼王／文青別鬼扯，2019。木瓜牛乳：躍入議事殿堂的國飲。自由評論網。
鬼王／文青別鬼扯，2020。有一種裸露叫菸葉遮體。自由評論網。
康原，2010。逗陣來唱囝仔歌IV：台灣植物篇（初版）。晨星。
張之愷，2018。穿越亞馬遜：紅天行者的狂人手札（初版）。三一二八生活美學文化創意有限公司。
張永勳、江倍漢、何玉鈴，2005。台灣青草藥店現狀之調查研究。中醫藥年報第 23 期第 5 冊：P337-448。
張夢瑞，2003。不捨的青春：中壯族懷舊風引領流行。台灣光華雜誌。
曹銘宗，2016。蚵仔煎的身世：台灣食物名小考（初版）。貓頭鷹。
梁書瑋，2019。安柏不在家 在南美洲（初版）。作者自行出版。
章錦瑜，1990。最新室內觀賞植物（初版）。淑馨。
莊宗益，2013。巨樹精靈生態觀察：雙溪熱帶樹木園（初版）。黃蝶翠谷保育基金會。
郭寶章，1989。育林學各論（初版）。國立編譯館。
陳小雀，2015。魔幻拉美》致命的黃金國傳奇。自由評論網。
陳小雀，2020。魔幻拉美Ⅰ：動盪中的華麗身影（初版）。聯合文學。
陳小雀，2020。魔幻拉美Ⅱ：平凡中的絢麗生命（初版）。聯合文學。
陳威仁，2018。台灣製藥工業發展70年光影（初版）。台灣製藥工業同業公會。
陳柏勳，2019。《俗女養成記》中的淑世醫藥：漢藥店、神明藥籤與台灣生藥株式會社。The News Lens關鍵評論。
陳省吾，2018。清代台灣蔬菜的引進與利用。東海大學歷史學系碩士論文。

陳德順、胡大維，1976。台灣外來觀賞植物名錄（初版）。作者自行出版。

傅瑋瓊，2017。黑松百年之道：堅持夢想的腳步（初版）。天下文化。

全台詩「智慧型全台詩知識庫」網站（http://cls.lib.ntu.edu.tw/TWP/b/b02.htm）。

曾品滄，2007。物競與人擇——荷治與明鄭時期台灣的農業發展與環境改造。《國史館學術集刊》14：P1-38。

曾品滄，2019。美國的滋味：冷戰前期台灣的可口可樂禁令與消費（1950-1967）。《台灣史研究》第26卷第2期：P1-38。

黃仕傑，2018。昆蟲上菜（初版）。天下文化。

黃啟瑞、黃嘉隆、董景生，2011。串起荞葛艾：魯凱下三社群民族植物（初版）。行政院農業委員會林務局。

黃啟瑞、董景生，2009。邦查米阿勞：東台灣阿美民族植物（初版）。行政院農業委員會林務局。

楊双子，2020。老台中人的夜間點心：陳家牛乳大王的牛乳木瓜汁與烤土司麵包。太報。

楊致福，1951。台灣果樹誌（初版）。台灣省農業試驗所嘉義分所。

楊藹華、陳國憲，2016。在台灣落地生根的植物：上開花下結果——落花生。《科學發展》526期：P16-21。

葉綠舒，2014。大芻草(teosinte)真的是玉米的祖先嗎？PanSci泛科學。

董景生、黃啟瑞、張德斌，2013。婆娑伊那萬——蘭嶼達悟的民族植物（初版）。行政院農業委員會林務局。

詹雅勛，2016。在台灣落地生根的植物：多用途的玉米。《科學發展》526期：P12-5。

廖日京，1991。台灣桑科植物之學名訂正（初版）。作者自行出版。

廖日京，1994。台灣棕櫚科植物圖誌（初版）。作者自行出版。

廖靜蕙，2018。恆春半島儼成「銀合歡廊道」切斷！ 種回原生林有效。環境資訊中心。

管仁健，2015。從頂新無罪回想淫合歡醬油。新頭殼Newtalk。

劉昭民，2015。明末徐光啟著《甘藷疏》對農業生產科技之貢獻。中華科技史學會學刊第20期：P9-15。

劉棠瑞、廖日京，1980、1981。樹木學（上）、（下）（初版）。台灣商務。

劉還月、劉於晴，2017。琅 風土，半島風物（初版）。墾丁國家公園管理處。

滕淑芬，2010。非浪漫傳奇——台灣夜市文化。台灣光華雜誌。

潘富俊，2008。台灣外來植物引進史。環境資訊中心。

蔡佾霖（馬雅人mayaman），2017。古典&前古典？——馬雅文化分期。Facebook。

蔡佾霖（馬雅人mayaman），2018。亡靈節與《可可夜總會》的中美洲古文化元素。方格子。

蔡佾霖（馬雅人mayaman），2018。如何理解前哥倫布時代的中美洲文化？方格子。

蔡佾霖（馬雅人mayaman），2018。登入馬雅重生Online，認識真實殘酷的馬雅文化。方格子。

蔡佾霖（馬雅人mayaman），2019。【一月阿茲特克專題】墨西哥國旗有什麼學問。方格子。

蔡佾霖（馬雅人mayaman），2019。食慾流動：樸實無華且枯燥的飲料——馬雅熱可可。方格子。

蔡佾霖（馬雅人mayaman），2020。一本明代的地理書，如何描繪千里之外的印加帝國？（上）、（下）。故事。

蔡承豪，2012。嘉義地區藍靛業的發展與變遷。台灣文獻第63卷第3期：P151-200。

蔡承豪、楊韻平，2004。台灣番薯文化誌（初版）。果實。

蔡炎城，1991。二水軼聞（增修版）（二版）。作者自行出版。

蔡惠文、張哲瑋、鍾志明，2016。在台灣落地生根的植物：幸福之果——酪梨。《科學發展》2016年10月，526期：P38-44。

衛生福利部國家中醫藥研究所，2019。日治時期台灣的藥業網絡。台灣中醫藥醫療文化記憶。
鄧書麟、傅昭憲，2016。承襲百年之歷史～探究中埔研究中心的興革與蛻變。林業研究專訊第23卷第1期：P22-25。
鄭元春，1988。台灣的常見野花——最常見篇（初版）。渡假。
鄭元春，1993。神奇的多用途植物圖鑑（初版）。綠生活雜誌。
鄭元春，1997。台灣的常見野花——新增篇（初版）。渡假。
賴永昌，2016。在台灣落地生根的植物：養生健康食品——甘藷。《科學發展》526期：P6-11。
應紹舜，1992。台灣高等植物彩色圖誌第四卷（初版）。作者自行出版。
應紹舜，1993。台灣高等植物彩色圖誌第二卷（二版）。作者自行出版。
應紹舜，1995。台灣高等植物彩色圖誌第五卷（初版）。作者自行出版。
應紹舜，1996。台灣高等植物彩色圖誌第三卷（二版）。作者自行出版。
應紹舜，1998。台灣高等植物彩色圖誌第六卷（初版）。作者自行出版。
應紹舜，1999。台灣高等植物彩色圖誌第一卷（三版）。作者自行出版。
鍾怡陽，2012。流傳千年的印地安神話故事（初版）。知青頻道。
藍戈丰，2012。橡皮推翻了滿清（初版）。秀威資訊。
嚴新富，2011。阿美族傳統市場上的野菜世界。國立自然科學博物館館訊第286期。
釋聖嚴，2015。比較宗教學(精裝本)(改版)。台灣中華書局。
顧雅文，2011。日治時期台灣的金雞納樹栽培與奎寧製藥。《台灣史研究》第18卷第3期：P47-91。

忘的拉美──福爾摩沙懷舊植物誌

農村、童玩、青草巷，我從亞馬遜森林回來，追憶台灣鄉土植物的時光

作　　者　胖胖樹 王瑞閔
社　　長　張淑貞
總 編 輯　許貝羚
主　　編　謝采芳
校對協力　王秋美、王瑋湞、劉家駒、陳子揚
美術設計　Bianco_Tsai
內頁排版　關雅云
插畫繪製　胖胖樹 王瑞閔
行銷企劃　洪雅珊
數位主編　曾于珊

發 行 人　何飛鵬
事業群總經理 李淑霞
出　　版　城邦文化事業股份有限公司 麥浩斯出版
地　　址　104 台北市民生東路二段 141 號 8 樓
電　　話　02-2500-7578
傳　　真　02-2500-1915
購書專線　0800-020-299

發　　行　英屬蓋曼群島商家庭傳媒股份有限公司城邦分公司
地　　址　104 台北市民生東路二段 141 號 2 樓
讀者服務電話 0800-020-299（09:30 AM ～ 12:00 PM．01:30 PM ～ 05:00 PM）
讀者服務傳真 02-2517-0999
讀者服務信箱 E-mail：csc@cite.com.tw
劃撥帳號　19833516
戶　　名　英屬蓋曼群島商家庭傳媒股份有限公司城邦分公司

香港發行　城邦〈香港〉出版集團有限公司
地　　址　香港灣仔駱克道 193 號東超商業中心 1 樓
電　　話　852-2508-6231
傳　　真　852-2578-9337
馬新發行　城邦〈馬新〉出版集團 Cite(M) Sdn. Bhd.(458372U)
地　　址　41, Jalan Radin Anum, Bandar Baru Sri Petaling,57000 Kuala Lumpur, Malaysia
電　　話　603-90578822
傳　　真　603-90576622

製版印刷　凱林彩印股份有限公司
總 經 銷　聯合發行股份有限公司
地　　址　新北市新店區寶橋路 235 巷 6 弄 6 號 2 樓
電　　話　02-2917-8022
傳　　真　02-2915-6275

版　　次　初版 4 刷 2023 年 9 月
定　　價　新台幣 680 元　港幣 227 元

國家圖書館出版品預行編目 (CIP) 資料

被遺忘的拉美：福爾摩沙懷舊植物誌：農村、童玩、青草巷，我從亞馬遜回來，追憶台灣鄉土植物的時代 / 胖胖樹王瑞閔著. -- 初版. -- 臺北市：城邦文化事業股份有限公司麥浩斯出版：英屬蓋曼群島商家庭傳媒股份有限公司城邦分公司發行, 2021.06
　面；　公分
ISBN 978-986-408-703-7(平裝)
1. 植物志 2. 臺灣
375.233　　110008788